U0155527

广东省"粤菜师傅"工程丛书

中国粤菜故事

粤食粤美　让世界爱上广东味

广东省职业技术教研室　组织编写

SPM 南方出版传媒

广东科技出版社 | 全国优秀出版社

·广　州·

图书在版编目（CIP）数据

中国粤菜故事 / 广东省职业技术教研室组织编写. —广州：广东科技出版社，
2020.8 （2021.12重印）

ISBN 978-7-5359-7515-7

Ⅰ.①中…　Ⅱ.①广…　Ⅲ.①粤菜—饮食—文化　Ⅳ.① TS971.202.65

中国版本图书馆 CIP 数据核字（2020）第 114640 号

出 版 人：朱文清
策 　 划：朱义清　罗孝政
责任编辑：区燕宜　于　焦
封面设计：柳国雄
漫画插图：扬　眉
责任校对：陈　静
责任印制：彭海波
出版发行：广东科技出版社
　　　　　（广州市环市东路水荫路 11 号　邮政编码：510075）
销售热线：020-37607413
http：//www.gdstp.com.cn
E-mail：gdkjbw@nfcb.com.cn
经 　 销：广东新华发行集团股份有限公司
印 　 刷：广州市彩源印刷有限公司
　　　　　（广州市黄埔区百合三路 8 号　邮政编码：510700）
规 　 格：787mm×1 092mm　1/16　印张 23.5　字数 400 千
版 　 次：2020 年 8 月第 1 版
　　　　　2021 年 12 月第 2 次印刷
定 　 价：128.00 元

如发现因印装质量问题影响阅读，请与广东科技出版社印制室联系调换（电话：020-37607272）。

《中国粤菜故事》编委会

序言

岭南自古风物华，果珍馐美不须夸。粤菜，以其清淡鲜美、精工细作的特色享誉海内外，五味调和间凝聚着世代相传的精湛技艺和绵远丰厚的人文底蕴，诠释着世人对美好生活的向往和追求。"食不厌精""不时不食、不鲜不吃""粗料精选、粗料精做""药膳同源"等饮食文化理念深入人心、代代相传。特别是改革开放以来，伴随广东开放的经济环境、高速发展所带来的人口内外迁徙，粤菜表现出更加旺盛的生命力，与广东这片热土一起兼容并包、积极进取、蓬勃发展，使"食在广东"蜚声海外、誉满天下。

2018年4月，广东省委、省政府创造性地部署实施"粤菜师傅"工程，将精准扶贫、乡村振兴工作与光大传承粤菜文化结合起来,为粤菜注入新使命、新活力。经过两年多的实践探索,"粤菜师傅"工程以"小切口"推动大变化,在促进乡村振兴、脱贫攻坚、健康广东及文化强省建设等方面发挥越来越重要的综合效应,得到社会各界和人民群众广泛支持、热情参与。如何讲好粤菜故事,守优良传统之正,创时代精神之新,提升"粤菜师傅"工程文化传播力和影响力,成为摆在我们面前的重大课题。

我们聚焦"讲好中国故事,传播中国声音",组织高水平专家学者着手收集整理粤菜故事,深入探究经典粤菜的来龙去脉、动人传说,深入挖掘古往今来众多粤菜大师的传奇故事。历时近一年,查阅史料、采风问俗、广搜博采,五易其稿,形成长达40万字的《中国粤菜故事》。

全书分为粤食之美、名菜故事、名点故事、名店故事、新派粤菜、域外粤菜六章,故事内容侧重于粤菜的历史性和人文性,接地气、有温度,从粤菜及广东人的一日三餐入手,探究诠释岭南文化"敢为人先""兼容并包""求新务实""以和为贵"的优秀特质。在叙述故事的同时,对粤菜的成因、在海内外的影响力、风俗民性的形成、当代食风进行深度挖掘,并对食材、烹饪技法进行创始探源,汇聚了粤菜掌故、坊间传说、食坛趣闻,展现了粤菜里的人文景观,是研究粤菜文化的一部力作,也是"粤菜师傅"工程继 2019 年推出《广东省"粤菜师傅"工程培训教材》（全套 9 册）后又一重大研究成果。

以美食之名，追寻岭南文化之道；怀世界格局，弘扬"粤菜师傅"品牌。我们将进一步深入贯彻省委省政府工作部署，加快推动"粤菜师傅"工程高质量发展，将粤菜这一岭南文化瑰宝发扬光大，打造彰显文化自信的广东名片、中国名片。

广东省人力资源和社会保障厅

2020 年 7 月

目录

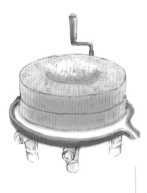

第一章

粤食之美

第二章

名菜故事

第三章

名点故事

目录

4

第四章

名店故事

5

目录

第五章

新派粤菜

第六章

域外粤菜

第一章

粵食之美

粤菜地图：菜系版图与前世今生

粤是广东的简称，粤菜的范围却大于广东。粤菜的版图包括广东、广西、海南、香港、澳门[1]，覆盖了岭南地区。

打开世界地图，岭南处于欧亚大陆的东南端，扇形向海，如同敞开胸怀，准备拥抱蔚蓝浩瀚的太平洋。正是这样的地理优势，造就了岭南文化的海洋特质。

岭南境内，北面蜿蜒层叠的南岭山脉，是阻挡寒流的一道绿色屏障。从北往南，高山密林，丘陵溪涧。岭南因地处亚热带和热带，全年高温多雨，植物种类繁多，且经冬不凋。全国第二大第三长的珠江水系横贯全境，早在新石器时期，岭南的先人已经在肥沃的珠江三角洲上繁衍生息。濒临南海，还有长6000多千米的海岸线、一眼望不到尽头的滨海湿地和繁茂的红树林。

良好的生态环境带来了得天独厚的食材资源：热带、亚热带动植物，咸淡水域的鱼、虾、蟹、贝……取之不尽。此外，岭南海域自古以来就是中国连接世界的交通枢纽，早在秦汉时期就开辟了"海上丝绸之路"，繁荣的商贸给岭南带来源源不断的多国食材。所以，明末清初著名的广东学者屈大均在《广东新语》里说："天下所有食货，粤东几尽有之；粤东所有之食货，天下未必尽也。"

1　林乃燊、冼剑民：《岭南饮食文化》，广州，广东高等教育出版社，2010年。

清代外销画

岭南在先秦时代是百越族聚居之地，古越人爱吃、能吃、会吃，饮食种类繁杂，且有生吃鱼虾的习俗。秦汉时期，中原汉人大批移民南下，带来先进的烹饪技艺，促成第一次汉越融合，粤菜由此发端。唐宋时期，岭南的中心——广州已经成为中国最大的通商口岸之一，南北交流频繁，中外饮食纷至沓来，酒楼、彩楼、高塔及中小食店林立，有流动摊贩，还有夜市，一派太平盛景，"广州菜以'南食'之名著称于世"[1]。

可以说，岭南食材之丰、商贸之盛、食风之炽，成就了粤菜。粤菜以选料广杂精细、工艺博采中外、风味崇尚清鲜而独树一帜，风行寰宇。

粤菜分三大流派：广府菜、潮州菜、客家菜，这是由岭南三大方言民系形成的。广府民系讲粤语，分布于珠江三角洲、粤中、粤西南、香港、澳门和广西南部。潮州民系讲潮

◎唐代的"广州通海夷道"世界闻名，可达100多个国家和地区，是当时世界上最长的国际航线。这一世界纪录保持了八九百年。

第一章　粤食之美

1　赵荣光：《中国饮食文化史》，北京，中国轻工业出版社，2013年。

州话，聚居于粤东潮汕地区，以及惠东、揭西小部分地区[1]。客家民系讲客家话，聚居在粤东梅州地区、粤北韶关、粤中惠州汕尾一带。

　　因为客家人多在粤东山区，潮汕人在粤东沿海，广东人习惯用"靠山吃山""靠海吃海"来形容客家菜及潮州菜。客家菜以禽畜及山区自产的豆腐、腌菜、竹笋为特色，"主咸重油，汁浓芡亮，酥烂入味"；潮州菜以海产品为主，擅长烹制海鲜，"菜肴口味清醇……偏重香、鲜、甜"[2]。

　　实际上，在粤菜体系，海洋属性已超越了"靠海吃海"的谋生手段，上升到精神价值层面。与其他菜系相比，粤菜更鲜明地体现海洋文化所具有的广纳百川、开放包容，以及善于与外来文明相互交流、取长补短的特质。这些特质已经成为粤菜的遗传密码，世代相传。

　　近代以来，粤菜的中心一直是广州。随着改革开放的深入，中国经济的腾飞，粤菜形成了多元化、多中心、齐头并进的喜人局面。粤菜区系内，被誉为"美食天堂"的，除了老牌地标广州、香港之外，还有新出炉的顺德、澳门！继 2014 年 12 月佛山市顺德区被联合国教科文组织授予"世界美食之都"后，2019 年 8 月，澳门又获得同等殊荣。

　　可以说，粤港澳大湾区，已经成为展示粤菜璀璨历史的美食文化带。

1　林乃燊、冼剑民：《岭南饮食文化》，广州，广东高等教育出版社，2010 年。

2　王晓玲：《食在广州：岭南饮食文化经典》，广州，广东旅游出版社，2006 年。

"食在广州"：天堂之名与天堂之实

中国饮食文化

"食在广州"这一说法，来自清代坊间流传的民谣。民谣说："生在苏州，死在柳州，玩在杭州，食在广州。"苏州园林好，柳州棺木好，杭州好玩，广州好食——完美概括了老百姓津津乐道的人生享受。

清光绪年间有位名叫胡子晋的南海人写过一首《广州竹枝词》，大赞广州美食："由来好食广州称，菜式家家别样矜，鱼翅干烧银六十，人人休说贵联升。"从中可见，广州"好食"的声誉由来已久。

事实上，"食在广州"不是某人某天突然说出来的，而是在民间渐渐生成的。这一俗话流传了很多年，几乎是路人皆知，才见诸报端。民国十四年（1925年）6月4日《民国广州日报》登载一篇《食话》，开门见山地写道："食在广州一语，几无人不知之，久已成为俗谚。"

举世公认广州的东西好吃，举世公认广州人会吃。

早在唐代，广州崛起为世界性贸易城市，国际化大都市。朝廷在广州设市舶司，相当于海关，每年从这里获得大量关税。广州不但成为全国外贸中心，还是国际海洋贸易东方中心，以至于广州在外国人心中已经成为

中国的代名词[1]。

当时有位名叫苏莱曼的波斯商人对中国丝绸的先进程度表示惊叹。有一天，他遇到一位中国官员，官员穿着一身白色丝绸，像裹了雪一样漂亮。苏莱曼对他说："我奇怪的是，你胸口的那一颗黑痣竟然透过身上的两层衣服也能看到。"官员哈哈大笑，伸开手臂让苏莱曼数数他穿了几件衣服。苏莱曼一数，惊讶得舌头伸出去就收不回来：原来中国官员身上穿了六件丝绸衣服！苏莱曼感叹：中国丝绸轻柔透亮得令人难以置信[2]。

与商贸兴起匹配，广州同时成为美食之都。高档宴席讲究上菜程序，有满满的仪式感。值得一提的是，唐宋时期的广州，已经呈现"全民皆食"的景象：除了高档的酒楼、彩楼、高塔，还有适合一般人的中小食店，做熟食沿街叫卖的流动小贩，夜宵夜市喧声不绝，小酒铺有女侍应。此外，中外小吃诸如波斯、阿拉伯人聚居地"番坊"的牛杂，佛教的罗汉斋，游牧民族的油饼、胡饼、烧饼，北方的馄饨、面食、饼食……遍地开花。

真正确立广州成为全国乃至世界"美食之都"地位的还是清代。

乾隆二十二年（1757 年）清政府关闭了沿海城市贸易港口，只保留广州"一口通商"，广州成为中国经济的南大门，广州十三行成为唯一合法的进出口贸易区，全世界的白银流入十三

1　义净：《大唐西域求法高僧传》卷上，北京，中华书局，1988 年。

2　穆根来、汶江著，黄倬汉译：《中国印度见闻录》，北京，中华书局，1983年。

行。各地商贾云集，十三行的行商富可敌国，他们对饮食的追求"更上一层楼"，令广州饮食花样迭出，向高端精致化发展。广州第一间现代化的茶楼——三元楼，就诞生在外商云集的十三行。三元楼有三层，装饰金碧辉煌，陈设典雅名贵，人们称之为"高楼馆"[1]，中外商人在这里洽谈商务。它的高大上与广州早期低矮的茶肆、"二厘馆"有云泥之别。

　　1825年，一位名叫亨特的年轻美国人来到广州，他在十三行的美国洋行供职，是外贸小职员，一干20年，其间学会中文并写下了《广州番鬼录》和《旧中国杂记》，里面对中西贸易及旧广州的生活情景都有精彩实录。

　　当时十三行富商有潘、卢、伍、叶四大家族。潘家在广州西

扫一扫，更精彩

───────────

1　林乃桑、冼剑民：《岭南饮食文化》，广州，广东高等教育出版社，2010年。

关的花园式住宅非常漂亮，有自己的厨师。亨特有幸去过，并记下了潘家"筷子宴"菜单：

> 我们吃的菜有美味的燕窝羹、鸽蛋，还有海参、精制的鱼翅和烧鲍鱼，这些只不过是全部菜式中的一小部分，最后还有各式各样的点心。饮料是用大米酿造的"三苏"（烈酒），也有一种用绿豆、一种用水果黄皮，以及其他我们从未听到过的东西酿成的酒。盛酒的是小银杯或瓷杯，每只杯都放在制作精美的银座上[1]。

十三行时代的高级粤菜宴席，盛酒盛菜的器皿都很讲究。宴席侧重于海味，尤其少不了最高级的鲍、参，这是高档次的标志。鲍、参都是干品，需要提前泡发，耗时费力、制作烦琐，对厨艺要求也高，只有大户人家才具备这种条件。

鲍、参的原材料都是舶来品：极品鲍鱼产于日本青森县，海参产于日本北海道。这也充分体现了广州贸易的发达，粤菜已经率先国际化了。

1831 年 1 月 27 日，中国农历正月初二这一天，亨特与一伙中外洋行职员到芳村花地游园，模仿广州人过年：先是观赏鲜花，然后登上一艘预订的喜庆花艇游览珠江，并在艇上吃了一顿中式酒宴。这艘花艇是最大最豪华的，可载他们连同厨师随行六十几人。这天的菜单同样荟萃中外食材：

> 果品有荔枝干、黄皮干，来自南京的干枣、红柑、黄柑、腌糖姜及来自英国的乳酪。正餐先上来的是鸽蛋、鲳鱼、鳎鱼、鲱鱼、炒鸡蛋、南京羊肉、肥鸡、郊外油菜，还

扫一扫，更精彩

1　[美]威廉·C·亨特著，冯树铁译，骆幼玲、章文钦校：《广州番鬼录：缔约前"番鬼"在广州的情形，1825—1844》，广州，广东人民出版社，1993 年。

有来自澳门的鲜蚝，来自孟买的鸭肉（其实是干鱼肉）、野鸭、野鹅、水鸭。酒水有英国的两种啤酒，还有上等咖啡。

亨特本是重口味一族，那天他醉醺醺的，竟还记得清淡的三种鱼类和来自澳门的鲜蚝，可见粤菜海鲜之美味。

在亨特的笔下，广州俨然是美食天堂，广州人在美食方面有着强烈的优越感。

清末民初，"食在广州"享誉天下。粤菜博采中外之长，烹饪技艺多达 20 多种。广州包揽天下美食，茶楼酒家星罗棋布，有些名店重金聘请京师名厨，中国各派菜系都在广州设馆，潇湘名吃、四川小吃、金陵名菜、姑苏风味、扬州小炒、京津包点、山西面食等应有尽有。据统计，广州的招牌菜有贵联升的满汉全席、香糟鲈鱼球；聚丰园的醉蟹；南阳堂的什锦拼盘、一品锅；品容升的芝麻鸡；玉波楼的半斋炸锅巴；福来居的酥鲫鱼；万栈的挂炉鸭；文园的江南百花鸡；南园的红烧鲍片；西园的鼎湖上素；六国的太爷鸡；愉园的玻璃虾仁；旺记的烧乳猪；新来远的鱼云羹；金陵的片皮鸭；冠珍的清汤鱼肚；陶陶居的炒蟹；陆羽居的化皮乳猪、白玉猪手；宁昌的盐焗鸡；利口福的清蒸海鲜；太平馆的红烧乳鸽等。[1]

出生于珠江三角洲美食之乡的先行者革命家孙中山，因为精通饮食之道，连强国兴邦这种宏大话题都以饮食为例，且信手拈来。

在撰写《建国方略》时，他开门见山，以饮食论天下。1918 年前后，在孙中山看来，

第一章　粤食之美

1　陈基：《食在广州史话》，广州，广东人民出版社，1990 年。

中国要数能排在世界首位的，是饮食文明。中国菜品之丰富，为欧美各国闻所未闻，不说源远流长的古代"八珍"及鱼翅燕窝，诸如肉食里面六畜的脏腑，以及日常所吃的豆制品及三菇六耳，欧美人都很少作为食材。大部分中国老百姓无论身处何地，都或多或少了解清茶淡饭、菜蔬豆腐能养生。欧美人很少关注食疗养生，烹饪手法也较单一，在饮食文明上跟中国有一定差距。

孙中山还创过一道"四物汤"，原材料为木耳、黄花菜、豆腐和豆芽。这四种素菜非常家常，简单营养，关键是它们尤为搭配。搭配就是味道互相碰撞，能撞出美味来。煮这道菜有个讲究，不是一次全部倾入，而是先后有序：烧镬下油爆香姜丝、蒜丝，先放木耳，其次是黄花菜，再是豆腐，最后是豆芽。木耳补气补血，润燥利肠，含蛋白质、甘露聚糖和多种氨基酸，能润肺抗衰老；黄花菜富含维生素 A、纤维素和铁，健胃补脾又通便；豆腐为豆制品，富含植物蛋白，有"肉类之功"而无"肉类之毒"。

这四物相撞，质感不同，却相辅相成互为补足。这样的什锦素菜，斋而不寡，色彩鲜艳，拼配巧妙，食养同源——这就是中国菜的伟大之处。

"食在广州"还有标志性的人物和家族[1]。

清末民初，粤菜达到一个鼎盛期。当时最负盛名的有两个代表性家族，一个是谭家菜，一个是太史菜。这两个家族都诞生于广东南海。谭家菜北迁之后，融合各菜系而成为顶级官府菜，而太史菜恪守粤菜特点并发扬光大，成为羊城食坛第一家。太史菜由南海绅士江孔殷所创，他是羊城食坛的首席美食家，是"食在广州"的标志性人物。

江孔殷是清末最后一届进士，曾任英美烟草公司南中国代理，家底殷实，诗酒风流。江家食事繁荣，厨子设了四名：一位中菜大厨，一位点心师，一位斋厨，还有一位西厨。

1　粒粒香：《粤菜传奇》，广州，广东科技出版社，2013 年。

◎江太史剿匪，弃枪设宴，乡匪不剿而自清。

广州各大酒家唯江家马首是瞻，江家每推出新菜，各大酒家立即模仿，冠以"太史"之名招徕食客。凡冠上"太史"二字的新菜，不胫而走，风靡一时。著名菜式包括太史豆腐、虾子炆柚皮、玻璃大虾球、冬瓜蟹钳、炒肚尖及生炒牛肉饭等。当时的军政要员、中外使节、富商巨贾、骚人雅士，各路英雄好汉，都以登临太史第宴席为荣。

每年秋冬，江家开始办宴，江太史每天只请一席。他平生最痛恨的就是筵开百席。他认为，厨子集中精力，每天只能做好一桌子菜，如果再多，水准难保。一旦水准不保，宴客就失去意义。所以，无论军、政、商、艺各界朋友多少人在排队，江家也只是一天一席地宴请，务求尽善尽美。于是乎，江家宴会从秋风乍起一

◎谭家菜

直办到农历年底。

江太史公为人侠义豪爽，以食结缘，广交各界朋友。在当广东清乡督办期间，他不但不去剿匪，还请三山五岳的匪首饮宴，

在觥筹交错之间结成莫逆之交，结果乡匪不剿而自清。

如果说太史菜是"食在广州"的本地传奇，那么谭家菜就是"食在广州"的京师传奇。

谭家菜的创始人是广东南海谭宗浚父子。谭宗浚于同治十三年（1874 年）考中榜眼，北上进入京师翰林院，成为官员及最高级别的知识分子。他精于美馔佳肴。晚清京城官圈每月举宴，家家有私厨，轮流做东，攀比成风。谭家菜是粤菜与京菜巧妙融合，鲜美可口，风格独具，赢得"榜眼菜"的美誉。

清帝退位，朝代更迭，没有影响京城食风。到民国初年（1912 年），有三家私房菜饮誉京城：军界的段家菜（段祺瑞），银行界的任家菜，财政界的王家菜。不过，谭家菜却名盖此三家，技压群芳，独领风骚。

谭家菜精于鲍、参、肚，它的特点是用料精贵，甜咸适度，鲜滑软稔，慢火细做，回避剧烈。它只用糖和盐，以甜提鲜，以咸提香，突出原汁原味，决不用胡椒、花椒和味精，这便是南甜北咸、互为提携的中庸之道。

20 世纪 20 年代，谭宗浚之子谭篆青开始收费办宴。谭家菜也很快风靡上流社会，被达官显贵追捧。最初来订席的要提前三天，后来是一周，再后来是一个月，甚至三个月。

吃过谭家菜的张大千评价："谭家菜的红烧鲍脯、白切油鸡为中国美食中之极品。"另一位京城美食家在品尝过谭家菜后，发出了"人类饮食文明，至此为一顶峰"的感叹。

以上故事，犹如"食在广州"的吉光片羽，在多个时空发出耀眼的光芒。

今天，"食在广州"已经成为一种文化自信，激励着一代代岭南人，他们用美食把平凡的一日三餐变成艺术。改革开放 40 多年来，粤菜一步步从复苏走向高度繁荣，延续着"食在广州"的高光时刻。

扫一扫，更精彩

广府美食 唱响上海

中国粤菜故事

1843 年，上海在五口通商开埠以后，以其独特的区位优势，迅速取代广州成为远东国际贸易中心。商机灵敏的广东人，随即蜂拥而至，一方面填补大量买办（国际贸易专才）的空缺，一方面从事广泛的工贸活动。居沪粤人，短时间内就猛增至十数万乃至数十万，配套的粤菜馆也在当年粤人的聚居地——虹口一带成行成市地开办起来，并以其优良的品质，逐渐征服各色人等，尤

◎西风东渐

其是一众文人。而文人们在至为发达的商业传媒上摇笔弄舌，"食在广州"的名声就这样不胫而走，并且渐渐臻于"表征民国"的境界。

比如徐珂在所撰传世名著《清稗类钞》及《康居笔记汇函》里，对粤菜再三致意，并提升到文化的高度："吾好粤之歌曲，吾嗜粤之点心，而粤人之能轻财，能合群，能冒险，能致富，亦未尝不心悦诚服，而叹其有特性也。粤多人材，吾国之革命实赖之。"又在《粤人财力之雄》中说："先施公司之月饼，有一枚须银币四百圆，冠生园亦有之，则百圆。惟角黍有一枚须银币五圆者。先施冠生之资本，粤人为多，购月饼、角黍者，亦大率为粤人，否则且骇怪且咨嗟。珂谓此固足以见粤人财力之雄，丰于自奉。"并因食及人："然就在粤之粤人，未为他方所同化者觇之，其待人

◎民国时期粤式酒楼

亦厚。生则资以财，死则葬以地，慷慨性成，非尽由势利而然。"因人及事："且有激于人言，倾其私囊者，故凡掀天动地之事，若戊戌惟新，若辛亥革命，莫不藉粤人之力以成。吾浙之甬人，且瞠乎其后，而况于其他。"这种文字，待粤菜之厚，真是无以复加了。

特别是民国以后，作为革命的策源地和新经济文化的衍生地，岭南饮食在经济发展与革命北伐的双轮驱动下一路飙歌北上，在北京以谭家菜与本地的太史菜遥相呼应，共同开创"食在广州"时代的先河；在上海以海派粤菜赢得"国菜"的殊荣，将"食在广州"推向时代巅峰，臻于"表征民国"的饮食至高境界。在作为上海地标的南京路上，主要餐馆多为粤人所开。永安、先施、新新、大新四大百货公司均为粤人所开，均附设高档餐厅。民国食品工业大王冼冠生开设的冠生园餐厅，文人曹聚仁先生离开上海后还念念不忘地说："近十多年来，上冠生园吃点心，还是上海市民的小享受呢。"而从新新公司独立出来的新都饭店，更是后来居上，力压群雄。与新都望衡对宇的新雅粤菜馆，在抗战胜利后招待的客人三分之二都是欧美人。明末四公子之一冒襄后人、著名剧作家舒湮（冒效庸）在《吃的废话》中记录道："粤菜做法最考究，调味也最复杂，而且因为得欧风东渐之先，菜的做法也掺和了西菜的特长，所以能迎合一般人的口味。上海的外侨最晓得'新雅'，他们认为'新雅'的粤菜是国菜。"方此之际，新雅粤菜赢得了"国菜"的殊荣。

现在，新雅粤菜馆和最老牌的杏花楼粤菜饭馆，仍是上海滩赫赫有名的百年老店，且分店众多，即便是广州的老字号餐馆，也瞠乎其后。上海社会科学院出版社 2006 年出版的《上海饮食服务业志》中"饮食名店"一节，即有多家粤菜馆上榜：广茂香烤鸭店，1923 年在北四川路 266 号创立；新亚大酒店，1934 年在天潼路 422 号创立；杏花楼（原名杏华楼），1856 年在福州路

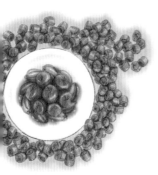

343 号创立；羊城酒家，1941 年在万航渡路 82 号创立；珠江酒家（原名维多利亚酒店），1950 年在南京西路 1201 号创立；大同酒家，1937 年在淮海中路 725 号创立；美心酒家，1920 年在陕西南路 314 号创立，几乎都是百年老号啊！上榜的粤菜名师也不少：李金海（1876—1947 年），广东番禺人，光绪十四年（1888 年）入福州路杏花楼厨房间当学徒，后成为该店厨房的当家名师，并在 1927 年接手杏花楼将其带入黄金时代；冼冠生（1887—1952 年），名炳成，字冠生，1915 年创办冠生园并将其发展成全国最大的食品企业集团；何喜惠，1908 生，美心酒家名厨；余洪，1896 年生，大三元酒家著名广帮砧礅师；宋泰来，1904 生，大三元酒家著名广式糕点师；至于 1906 年生于顺德的锦江饭店国宴主厨萧良初，志书将其写成川帮大师，实为大误！

此外，上海的粤菜馆还具有特别的文化渊源与文化品位。施晓燕《鲁迅在上海的居住与饮食》（上海书店出版社，2019 年版）说，民国时期，上海粤菜最为发达，报刊上关于上海饮食的专门文章，数粤菜的篇幅最多。文化人既多写之，当然更多食之，鲁迅先生就常在粤菜馆请客或去赴宴，常去的几家有东亚、大东、新雅、冠生园、杏花楼、味雅等粤菜馆。特别是新雅粤菜馆，曹聚仁先生说："文化界熟的朋友，在那儿孵大的颇有其人。傅彦长君，他几乎风雨无阻，以新雅为家。"《时事新报》副刊主笔林微音不仅孵在新雅，更喜欢约聚新雅，被誉为开了"上海滩文人相约新雅的先河"；约不到人时，他也会上新雅，枯坐着想："叶灵风、刘呐鸥、高明、杜衡、施蛰存、穆时英、韩侍珩等有的时候简直好久不来，有的时候就好几个人一起来。"新雅为摄影泰斗郎静山辟有专门的"静山茶座"，成为上海滩的顶级摄影沙龙。而最有意味的，当属爱的相约：巴金与萧珊的初次相见是在新雅；郁达夫与王映霞的初次订交，也是新雅；戴望舒与穆时英胞妹穆丽娟的初坠爱河，还是新雅……

"饮头啖汤"：先锋意识与商业渊源

"饮头啖汤"，是粤语口头禅。广州人喜欢把"头啖汤"挂在嘴边，有家餐厅以汤为卖点，就叫"头啖汤"。头是"第一"，啖是"口"，连起来就是：喝第一口汤。

广府有煲老火靓汤的习惯，汤煲好，揭开锅盖，舀一小勺，尝第一口汤，这一定是整锅汤里最鲜最醇的精华，没有稀释过，其美味与营养都处于巅峰。

这里面最重要的信息是第一口，时机最重要！要尝到最好的那一口，就要争先，要有先锋意识。先走一步，意味着获得甜头的机会大，成功率高。自然，风险也大。

岭南文化的精髓之一是敢为人先。因为受到自然环境和历史因素的影响，岭南文化从萌芽之日起就有一种海洋般博大的胸襟，以及开放兼容的情怀，容易接纳多元文化。从得风气之先到领风气之先，逐渐形成一种敢为天下先的文化特质。

广州是岭南的中心，是千年商都。唐宋以来，广州地区一直是中国重要的对外贸易中心，商业意识浓厚。"饮头啖汤"，就是要捕捉先机，要有敏锐的商业触觉。

还是以美食为例，讲一个广府个体食店敢为人先创品牌的典型故事。

1983 年，广州长堤大马路出现了第一家个体户餐厅，叫胜记。这是广州第一批大排档。它表面粗陋，竹棚加石棉瓦盖顶，餐台是折叠的，人来即开。胜记的老板，叫温万年。他领着七八个"自寻出路"的待业人员，自筹资金，架起煤炉，在竹棚底下，一边蒸，一边煮，经营粥粉面饭，从早餐做起。

就在这么艰难的起步环境下，温万年竟然通过十几年的奋斗，创造了三个"第一"：是全市、全省甚至全国，第一个设水族箱的餐厅；第一个开创生猛海鲜"即点即称即宰即烹"吃法；第一个搭建"透明厨房"。

俗话说：一胆二力三功夫。温万年哪样都不缺。他会在胜记的任何位置出现：采购、洗切、加工、煲粥、炒菜、开台、收银……与客人聊天，眼、手、口终日不停，全方位服务。

胜记的业务根据市场情况天天调整，真正地随行就市：从卖早餐、粥粉面饭，过渡到主营午饭、晚饭两顿饭市，晚上也不停歇，夜宵一直经营到凌晨 3~4 点。不论几点，只要有客人，胜记就不会关门。胜记主打粤式小炒，镬气充足，出品卓越，服务周到，丰俭由人。

结果，越夜越旺，到凌晨经常有三四十张桌子，排列在长堤大马路两旁，像一朵朵硕大的莲花，开放在马路边上，蔚为壮观。整条马路都是胜记的镬气菜香：油泡豉椒鹅肠、清蒸顶角膏蟹、红烧乳鸽、葱姜炒蟹、油泡钳鱼腩、油泡生鱼头、干炒牛河、水蟹粥……数不胜数。

胜记生意很快火爆，成为参加交易会的港、澳及东南亚客商口口相传的夜宵点。

当时广州两家五星级酒店——白天鹅宾馆、中国大酒店的客人，最爱光顾胜记。缘何？客人向司机打听：去哪儿宵夜？问 10 个，10 个都会答："长堤，胜记。"白天鹅宾馆的出租车是白色的，中国大酒店的出租车是黄色的。一到晚上，白色的黄色的出租车就一辆一辆、悄无声息地停在长堤边上。它们载着一批批寻味的客商、华侨，来到胜记。温万年极有经营头脑，凡是送客来胜记吃夜宵的司机，都获优惠：司机只要花五角钱，就可吃到一大碟香喷喷的炒牛河和一碗瘦肉粥。

来吃夜宵的香港客人很多是酒楼的高层。他们对出品要求很高，温万年最喜欢与他们交流，听他们对每一碟菜评头品足。有错即改，现学现做，马上重炒一碟。温万年回忆：我们那时炒蟹，习惯最后撒葱花，像撒芝麻一样。香港师傅就说：这样卖相不好，应该用葱条。把蟹炒后倒入上汤焗、兜油的时候，再放葱条，让葱条出味。而且一条葱不是什么位置都用，要以靠近葱头那一截葱白为主，那一截葱香浓郁。

胜记的厨房是敞开的，就在内街，没有间隔墙。眼到不如手到，香港师傅经常走到镬边，直接跟炒菜的师傅讲怎么做。这样的教学，哪家酒楼有呢。诸如此类，胜记在"高人"指点下，出品越来越好。那时的胜记，成了广州餐饮的一面旗帜。坊间各餐厅快速仿制胜记的出品，所以温万年说："很快，整个广州都这么做了。"

不久，胜记扩展，从路面转入了内街，搭起一个巨大的拱形金属架，铺了水泥顶，既防晒又防雨。金属架下安装了日光灯和几十把吊扇，墙上的小黑板列着菜单。就在这样的条件下，胜记在通道口处，摆放了一个3层水族箱，也就是海鲜池。这是广州首创，也是中国大陆的首创。

温万年回忆，胜记是全广州最早经营海鲜的餐厅。那时，广州还没有海鲜批发市场，他经香港师傅的指点，深夜开着小货车，到深圳元田海边，买海鲜，装海水。从香港购置一套专门养海鲜的加氧、过滤设备，在胜记门前摆放水族箱。

做海鲜，标榜的就是正宗粤菜孜孜以求的一个"鲜"字。水族箱及它标志的"鲜"，今天看来似已司空见惯。但是，在改革开放之前，全国吃鱼凭票，没有人能吃到活鱼。广州经济体制改革最早就是从流通领域开始，率先放开河鲜、蔬菜价格，以此为突破口的。

胜记自从有了水族箱，就开创了海鲜"即点即称即宰即烹"的做法。

胜记的海鲜，都是活蹦乱跳的生猛海鲜，加上被香港厨师调教过的新派烹技，出品之优，有口皆碑。因为生意太过红火，还被人告状，说是以高价牟暴利。

原来，那时的国营饭店，是按肉码定价的。比如北园酒家一碟鱼是 4.5 元，里面只有一块鱼肉，不是全鱼。也就是说，一条鲩鱼可以做出 4~5 碟菜。每碟鱼是按碟里肉的重量标价的。国营饭店上一碟蟹，用的不是整只，而是把蟹斩开，一分为二，给这个客人半只，留半只给下一位客人。定价就按半只蟹计算，所以便宜。

但是，胜记不是这样定价的。胜记卖的是一个"鲜"字，是即点，即称，即宰，即烹。客人可以自选海鲜，点蟹，就按一只

计。有的蟹，一只重3斤，就按3斤计价。同样，点鱼，就按一条鱼计价。所以总价就显得贵。

后来物价局经周密调查、核算，最终结论是胜记定价不但没有偏高，相反，利润还低于国营饭店。

此外，胜记设立透明厨房，也是业界首创。

20世纪90年代初，胜记便在供电局的仓库位置建起了两层楼房，二楼大厅可以筵开10桌，还有10来间包房。几年之间，胜记工作人员从八九人到几十人，再到过百人。

厨房怎么设计呢？温万年提出，就设计透明厨房，在大厅砌一个玻璃厨房。

为什么要透明？透明，可以给客人观赏，并且接受客人监督。还有，透明是胜记的传统。以前是没有条件做间隔墙，也正因为没有间隔墙，胜记的厨师，获得很多港厨的指导。

果然，因为厨房透明，厨师们就自觉地把工位收拾得干干净净。后来广州很多酒楼都采用了透明厨房，作为吸引客人的一种手段。

作为广州第一家个体户大排档，胜记真正饮到了"头啖汤"！

胜记的口碑，先是由香港人传开来的。霍英东、郑裕彤等港商名流，许士杰、叶选平、杨资元等多位省市领导，甚至国家领导人都微服光顾过这里。

今天，回顾过去40多年的历史，胜记显然是改革开放的一个鲜活的标本，它浓缩了粤菜从得风气之先到领风气之先的一部奋进史。

扫一扫，更精彩

扫一扫，更精彩

"辛苦揾来自在食"这句大俗话，代表着广州人的价值理想。

法国人喜欢悠闲，有人盛赞法国人是享受生活的高手。这点上，广府人跟法国人有得一比：看一下广府人喝早茶的情形，就知道，广府人是多么善于分配时间。早茶从七八点就开始了，它可长可短，但茶客都不喜欢短。到这里来，就是为了"叹世界"。这个"叹"不是叹息的"叹"，而是粤语的"享受"。广府人天生有慢生活的倾向，他们重汤、喜粥、好茶。当他们面对汤、粥、茶时，都会从容不迫、悠闲淡定地吃，仿佛今生就为此而来，口在尝心也在尝，每一个细胞都在品味食物之美，别无牵挂，这叫自由自在——这是慢生活的艺术。

20 世纪 90 年代，广府人出差到外地，总是抱怨一旦错过饭市，就吃不上东西。在广州没有这个忧虑，早茶之后是午饭，午饭之后是下午茶，接着是晚饭，晚饭后是夜茶，夜茶之后还有夜宵。这就是三茶两饭一宵夜。外地人从前批评广州人："整天就知道吃、吃、吃！"但明白人就会这么回答："是的，他们一天都在吃，却没有耽误任何事情。"

"辛苦揾来自在食"这句大俗话，代表着广府人的价值理想。

粤语把"工作"叫作"揾食"，字面解释是找吃，非常直接，

『打拼得来叹世界』：粤食人生观

"揾"是为了"食",来来去去地折腾都是为了"揾两餐"。努力工作、敢打敢拼为的是好好地享受生活,而且是享受口腹之欲,从"吃得饱"进而"吃得好",这是人生的意义。

反过来,如果辛辛苦苦了一天,一年,一辈子,还吃不好,那这个"辛苦"有何必要?

广府人对吃这件事情,从来不马虎。在吃事上花费时间、花费功夫、花费金钱,他们认为是"叹世界"的最佳方式。赚了钱不吃不喝的人,在广州人看来,有点虚度光阴。吃是"叹世界"的最佳方式。

下面讲一个广府美食家精益求精地追求极致之味的故事。

广东有一道美食叫礼云子。锦缎般的名字,其实是小螃蟹的卵。这种小螃蟹生长于河涌溪涧中,永远长不大,像一枚银圆那样的个头,广东人称之为"蟛蜞"。为什么叫礼云子?有一种很民间的说法是,蟛蜞习惯横行,偶尔直行的时候,两只前螯合抱,一步一叩首,摇摇摆摆,非常趣怪,就像古人行礼作揖,所以叫礼云,它孵的卵,就叫礼云子。

多年前,香港电视台做了一个美食特辑:礼云子入馔。

现场摆着一瓶珍贵的礼云子,它来自珠江三角洲,是大厨专门到番禺乡间请人收集来的。礼云子向为稀罕之物,可遇不可求。它的稀罕在于收集过程的烦琐耗时,卵子保鲜期的极其短暂,还有季节、产地的限制……凡此种种,使它成了稀缺资源。试想想,从一只银圆般大小的蟛蜞身上能取出多少粒卵子?要捕捉数以百计、几百计的蟛蜞,才能积攒一瓶礼云子!

这天来了两位大厨:一位来自日本,一位来自中国香港,同台献技,烹制礼云子。日本大厨没见过礼云子,把礼云子与海鲜同烹,做出一道平常海鲜菜肴;香港大

厨则用柚子皮，做出一款出人意料的礼云子扒柚皮。柚皮本为弃物，是粗贱食材，经过师傅一番点石成金的加工，再在上面铺一层礼云子羹，一贵一贱，衬得艳丽夺目，柚皮的清冷异香烘托着礼云子的异常鲜美，终成一道色香夺人的美食。

清末民初，羊城首席美食家江太史是怎么吃礼云子的？据他的孙女江献珠回忆：祖父江太史的嘴巴刁钻无比。有一天，江家大厨做了一道礼云子炒蛋，江太史只吃了一口就说："蛋太嫩，油太多，欠火候，再炒一碟。"一会儿，大厨又端上来一碟，这回江太史吃了一口就皱眉了："这回又炒得太老了，再来！"原来那大厨一紧张，矫枉过正，炒过火了。第三次端上来，才勉强过关。而那第一次第二次做得不及格的两碟礼云子，江太史让大厨用来炒饭给大家吃。那顿炒饭被礼云子染红了，上面洒了葱花，蛋黄葱绿混合着礼云子的红，斑斓一片。江献珠很诧异：儿孙辈都想不到，这般美味异常的礼云子，在祖父江太史那儿竟然是次品！

世事难料。礼云子未烹制前是灰灰黑黑的一堆小颗粒，一经火烹，马上脱胎换骨，蜕变成一片珊瑚一样的艳红，其味类似蟹黄，却胜过蟹黄。

老饕们完全可以为一瓶礼云子而跨海集结一次。

记得香港美食家唯灵说过，有一年复活节假期前，他得了一瓶礼云子，他把送货的人称作"恩人"。那一天，他把礼云子做成两个菜：一个是蒸粉果，一个是炒饭。前者是用礼云子拌馅包粉果，留着一撮放在粉果面上，再用两片绿色的芫荽叶遮盖，以防蒸制时礼云子受热过度香气散失；后者以白饭彰显了礼云子之红与香。吃了一半，饭稍凉，他再用干葱头、姜米、葱白起锅，翻炒礼云子饭……尽心尽力，始得其妙。

圣人说过，治大国如烹小鲜。有的时候，烹小鲜恰如治大国。美食家忠告食客，若是三五老饕聚会，最重要的是吃时要静默，静默方能聆听礼云子在嘴里碎开的声音，那是另一种天籁。

扫一扫，更精彩

追随着每天太阳的升起，广府人喜爱饮茶、爱说"饮茶"。第6版《现代汉语词典》收入"饮茶"词条时，加贴"方（言）"标签并说明道："是粤港一带流行的生活方式。"

饮茶，俗称"一盅两件"，应属于整个广府民系的生活习俗标记，颇具独特性。或相约说个事，或表达个谢意，或纯属亲友间、夫妻间只为享受一下纯粹的广式生活。广府人挂在嘴边的一句话总是"得闲出来饮茶"。

同说"饮茶"，同在广东，广府民系与潮汕民系所表达的意思完全不同。若潮汕人邀约"饮茶"，则饮的多是"工夫茶"，其间种种"工夫"，尽是为了渲染一个"茶"字，展示茶叶与水相遇的成茶过程。至于广府人所说的"饮茶"，会让人疏忽茶本身，在乎"两件"，诸如虾饺、拉肠、烧卖、粉果、凤爪、叉烧包、牛肉丸、蛋挞、煎饺、马拉糕、萝卜糕、春卷、咸水角、芋角、糯米鸡、裹蒸粽、蒸排骨、蒸猪肚、牛百叶等统称为"点心"的食物，实为多件，喧宾夺主。

如果要追溯广式茶市的兴起源头，时间或可回到清咸丰、同治年间，那些为普罗大众所欢迎的"二厘馆"。所谓"二厘馆"，实属方便劳动者休息交流的地方，茶价只收二厘（1钱银两约等于72厘），固有其名。馆内匹配的正是"一盅两件"："一盅"，一般为大耳粗嘴瓷壶再配个瓦茶盅，壶里所放茶叶多为"粗枝大

叶",冲出的茶味涩而缺茶香,当时茶客的评价是"最好省肠"(粤语,意为适宜冲洗肠胃);"两件",一般是松糕、大包、大粽、钵头饭之类价廉物美的茶点,"至紧要塞饱肚"(粤语,意为关键能填饱肚子)。

"一盅两件"成为广府人社交的普遍载体,全赖茶居、茶楼、茶室等应运而生。广州作为中国海上丝绸之路中最重要的对外通商口岸,在始于清乾隆年间"一口通商"的日子里,全国各产地的好茶叶都得经此外销,这就为"一盅"在品种和品质上的诸多提升提供了条件。各色红茶、绿茶、花茶、乌龙、普洱、铁观音等,水开茶好,很适宜生意人约在一起谈合作。"得闲出来饮茶",这时又相当于"谈生意",斟着茶吃着点心,生意也谈成了。到清末民初,广州甚至形成了颇有口碑的"如"字号系列茶楼,以示样样如意,其中又有"九条鱼(如)"之称。据老广州人回忆,"九条鱼"分别是:惠如、三如、太如、多如、东如、南如、瑞如、福如、天如。到了20世纪五六十年代,不少"鱼"仍是街坊饮茶的首选地。

作为社交方式上的延伸,"得闲出来饮茶",其功能当然又是多方面的。著名作家巴金在《旅途随笔》中记下,那年到广州陶陶居饮茶的发现,"席间有位老妇人掀帘而入,还带有两位女子进来,请他们睇相论银"。巴金后来从朋友那里获知,所见到的情境就是"相睇"(粤语,意为相亲),也就是陌生男女在媒人的牵线下相互对看,看能否发展为朋友关系。广东著名作家陈残云在《香飘四季》里,同样活灵活现地描述了发生在陶陶居的"相睇"故事。当时人们的社交方式很少,且不知道互联网为何物,广府地区的茶楼一直就是最合适的社交平台,尤其是男女相识、交往的沟通平台,"一盅两件"的怡情惬意,不知同时玉成多少好事。

广式茶市与人们的社交方式有着这么密切的关系,于是催

生出一些与此有关的茶俗。比如扣指谢茶，当人家给你斟茶时，你要以食指和中指轻扣桌面，表示感谢，现已成饮茶应知的基本礼节。此礼节要溯源则溯自当年乾隆皇帝微服下江南。一次皇帝给随从斟茶，受宠若惊的随从很想下跪叩拜，又怕因此暴露了皇帝的身份，急中生智，遂以两指微屈，轻叩桌面以示叩礼。至于乾隆皇帝到底有没有微服巡视过广州，微服下江南的故事如果只发生在江南何以江南反倒没这茶俗？这些事情虽然一直没有人予以较真、予以考究，但此斟茶标配茶俗却连同故事本身，一路传承至今。

开盖续水，是又一个有意思、有故事的茶俗。饮茶时茶壶里若要续水，只需打开壶盖并将其放置壶边，服务员自会会意地把水满上。故事由此说起，旧时有钱人上茶楼饮茶，酷爱一手持"私家茶壶"一手持鸟笼前往。有一回有堂倌被茶客揪住大骂，说是掀盖续水时，把放茶壶里的画眉放飞了，这鸟儿价值千金，非赔偿不可。经此教训，茶楼业形成了一个不成文的行规，凡不自己打开壶盖者，一律不予续水。凡此种种，闻"得闲出来饮茶"召唤者，若不懂茶俗，就会少了好多饮茶乐趣。

饮茶文化，作为一张可勾勒城市品格和人文神韵的最佳名片，原来可以这样让广府文化悄无声息地融入粤港澳大湾区各城市人们的生活习惯和社会交往中。一壶茶、一支烟、一杯酒、一份报纸、一桌点心、一班茶友，一起谈天论地，家事国事天下事，对于广府人的饮茶生活来说都是赏心乐事。

扫一扫，更精彩

海纳百川：
南北汇聚与中西合璧

粤菜行家有句老话，即粤菜是：有传统，无正宗。"无正宗"就是指粤菜的开放包容。开放到什么程度？广泛吸收各派之长，不管它来自何方，不管它属于哪一派哪一系，凡好必纳。

以广府菜为例，受益于广州的开放包容。海内外商人带来的多种美食，在此碰撞融合。

广府人最爱吃的街头美食——牛杂，要溯源的话，可以追溯到唐代。最初的牛杂档诞生于光塔寺附近。光塔寺是中国第一间清真寺，建于唐开元年间，当时这一带是番坊——广州第一条老外街。番坊最多的是阿拉伯商人和波斯商人，他们带来了伊斯兰教，光塔寺为此而建。他们是来广州做贸易的商人，要按季节跑船，因为当时蒸汽机、内燃机尚未问世，航海只能靠季风。冬春之季靠东北信风扬帆而去，夏秋之间借西南信风张帆而来。每次他们都要在广州待好几个月。唐开元二十年（732 年），政府设立"番坊"让他们聚居在光塔街一带。聚居番坊的外国人带来了各自的家乡风味菜，爱在食事上琢磨的广州人，但凡有一点可

取的，都马上学习并变通，按自己的口味改造一番。

不过牛杂出名的时代不在唐代，而在清光绪年间。有一位回族师傅创造了一种搭配：用牛肠、牛膀、牛肺、萝卜，加上花椒、八角等五种香料调和的酱汁焖煮，直至萝卜吸收牛杂的肉香，牛杂渗透了萝卜的清甜为止。自此之后，这种搭配长久传承，成为广州牛杂的标识。

牛杂的原料是牛肚、牛肠、牛百叶、牛肝、牛腰等下水料，这在"识饮识食"的粤人眼里却是清心、补血、明目的"心肝宝贝"。

广州牛杂的制作要诀是选料要新鲜，清洗要彻底：牛肚内壁有无数皱褶，还有蜂窝状组织，要搓洗得一干二净，然后用盐腌制，文火煲至九成熟，再次冲洗，至此牛杂异味尽除。接下来用文火慢慢熬焖，以保障牛杂爽滑，吃起来既有筋道又不硌牙。

在广州有 70 年历史、原位于中山四路城隍庙口的"苏记牛杂"传人霍师傅却说："我们已经不用香料和药材，而用七八种酱料混合调制。"即便你猜得出酱料，也猜不出比例。不过，想不到，回族师傅王守义近年公开了他秘制牛杂的"十三香"，里面有八角、茴香、山奈、白胡椒、小茴香、砂仁、花椒、白芷、陈皮、草果、木香、肉蔻、丁香、肉桂、高良姜。老饕说，十三香牛杂一旦出现在冬夜的街头，那诱惑无法抵抗。

粤菜在调味方面崇尚清鲜，口味以清、鲜、爽、嫩、滑为主，讲究清而不淡，鲜而不俗，嫩而不生，油而不腻。清鲜是一个极高的指标。清鲜，就是没有强烈的刺激，让人得以自由细致地品味各种令人愉悦的美感。中国烹饪大师、原广州酒家行政总厨黄振华说："这个指标，逼着我们不断探索调味的技巧，从而不断地改进烹调技法。"

20 世纪 80 年代，由于改革开放，粤菜又逢机遇。时任广州酒家总经理的温祈福是个经营奇才，思路开阔，敢为人先。他带

领大家去香港，见识港式粤菜的新技艺。广州酒家特意在香港设了分公司，人人都有机会与香港厨师交流。很快，他们就学到了"几招"，诸如咖喱菜、脆皮鸡和蒸鱼，当时香港已经启用蒸柜来蒸鱼。大家发现，这种五六格层的蒸柜，效率高，效果好，蒸的时间更短，蒸出来的鱼肉更嫩滑。回来之后，广州酒家就改用了蒸柜。

温祈福还叫厨师们向香港渔村学习。黄振华回忆：每次去香港，一定会去海边的渔村。在渔村排档式餐厅，师傅用的鱼又大又生猛，即点即杀即烹，从杀鱼、起鱼片，到入镬炒、上桌，环环紧扣，一气呵成，充满节奏感，虽然是连皮炒的，口感竟然更好。

正是在这种学习过程中，黄振华领悟到粤菜"有传统，无正宗"的说法。

还有一道广东名菜佛跳墙，原来是福建首席名菜，被广东人借过来一百多年，基本把它的籍贯改掉了。凡是高级粤菜酒楼，隆重筵席，一定少不了佛跳墙。名闻粤港两地的阿一鲍鱼，推出"金镶银套餐"，打头阵的就是佛跳墙。

关于佛跳墙的来历和名称，说法多多。

最怪诞的说法来自著名学者费孝通。费先生说，发明此菜的是一群乞丐。当年有位饭店老板，在街上闻到浓郁肉香，寻香而去，看见一群乞丐正用一只破瓦罐把白天讨来的残羹剩饭混着煮，欲来个一锅熟。他由此获得灵感，用名贵主料混搭再兑入绍酒，调制出佛跳墙。

最民间的说法来自福建习俗"试厨"：新媳妇过门要煮一顿饭给公婆吃。碰巧有个娇生惯养的女子，不会做菜，试厨的前一晚，她把从娘家带来的上等原料一包包拆开，摆了一桌子，却忘记了母亲讲过的步骤，无计可施之际，听说婆婆要入厨房，她吓得把所有原料倒入身旁的一只空酒坛里，用包原料的荷叶包住坛口，把整只酒坛放到快要熄灭的炉火上，然后逃回娘家。第二天，公婆来试厨，不见儿媳，便走进厨房，发现酒坛子坐在炉子上，还是热的，开盖一看，浓香扑鼻，这便是佛跳墙。

最正统的说法是来自一个大户人家。光绪二年（1876 年），福州一钱局官员举办家宴，请布政司周莲吃饭，他太太亲自下厨，选用鸡、鸭、猪肚、羊肉等 20 多种原料，放入一只绍兴酒坛里煨成汤肴。周莲以能诗善饮名播福州，尝了此菜后，回家叫家厨郑春发登门求教。郑春发十三岁行走江湖，会做多种菜肴，耳聪目明，看过之后，他回周莲家调试，增加海鲜，减少禽肉畜肉，使这个汤荤香适口，不肥不腻，并把它命名为"坛烧八宝"。多年后郑春发与人合开了三友斋菜馆，之后慢慢转为独资，菜馆更名为聚春园。聚春园的第一道菜就是坛烧八宝，又叫"福寿全"，后来改为"佛跳墙"。

之所以叫佛跳墙，有两种说法：一说"福寿全"的福州土话谐音就是"佛跳墙"；一说当日聚春园引来众多文人雅士，有位秀才吃过坛烧八宝，惊喜而赋诗："坛启菜香飘四邻，佛闻弃禅跳墙来。""佛跳墙"三个字是从诗里拣出来的，和尚跳墙是夸张比喻，喻其美味可把出家人拉回俗世。

佛跳墙其实就是一道大杂烩汤肴，究竟汤为主还是料为主，没人清楚。一百多年过去，它从厚重荤腻走向清淡香醇，可浓可淡，可繁可简，原料增删随意，根据餐厅档次而设，贵的上千元一锅，便宜的，也有几十元一盅的。

广府人务实，学习能力强，就点心来说，师傅们广泛学习西方及全国各地的制作技艺，包括宫廷面点、京津风味、姑苏特色、淮扬小吃及西式糕、饼的技艺。而且，不是学会就算，而是进行"本地化"改造，不断精耕细作，推陈出新，最终青出于蓝。

仅举两例：蛋挞和萨其马。

蛋挞如今已是广式早茶里面的"四大天王"之一。有人说它源自英国，蛋挞的"挞"来自英文"tart"的发音。早在中世纪英国人就开始用牛奶、糖及鸡蛋，制作蛋挞类食品。在中国北方，"挞"就译成"塔"。香港美食大师江献珠则认为：广式酥皮的做法，取自法国。法国人最早掌握了用面粉制成多层酥皮的方法，如法国的千层饼。在香港，"挞"已经成为专有名词，泛指以酥皮作盏，盛入甜或咸的馅料，烤制而成的点心。

蛋挞的盏，是用水油皮制成。水油皮指的是水皮和油心。面粉开窝，放入牛油、猪油，擦匀即成油心；面粉开窝，放入糖、鸡蛋、猪油拌匀，加入水，拌入面粉，搓至纯滑即成水皮。然后用水皮包着油心，擀薄对折，再擀薄再对折，如此三番五次反复而成。

盏里面的馅料，是流质蛋浆。

广州点心大师何世晃却认为，蛋挞其实还是"中国心"，它脱胎于传统点心——蛋钵。20世纪三四十年代，由于蛋挞在香港的茶餐厅流行起来，粤餐厅顺应潮流，马上把广式传统的蛋钵进行改造。改造的重点在外皮上，经过反复试验，师傅们以酥皮做盏，以盏替代钵。盏里是嫩黄色的蛋浆。蛋浆是用鸡蛋液、白糖、三花淡奶、蒸馏水、吉士粉等制成。烤焗之后成为蛋挞，挞盏的酥皮一层又一层，蛋浆刚刚凝固，吹弹可破的样子。可以说，蛋挞就是中西合璧的典型。

另一款点心：萨其马，也有称萨骑马，这是一款源自满族的点心。它在满语里的意思是"糖缠"，可以想象它有多甜。

粤点大师陈勋介绍：萨其马最初传来的时候，不是现在这样制成方块，而是散开的。广府人把它改造成入口即融却不黏牙、柔软松化。用手掰开，有糖丝相连而不会有面条掉下。这是怎么做到的呢？用全蛋制作，搓面、油炸要讲究技巧，上糖是关键。糖胶煮不好就不成团，即是失败[1]。

何世晃大师后来改造了糖胶。他说，以食用葡萄糖浆来替代糖，控制它的甜度。制糖浆有秘诀，何大师在书里介绍："冬天把糖炼到103℃，雨天把糖炼到113℃，一般气温把糖炼到107℃便可端离火位。"[2]

外来的茶点经过一代代粤点师傅精益求精的改良和优化，实现华丽转身。而且，从口感到外形款式，精致新颖，口味多样，能适应时令和各方人士的需要，具有超强的生命力。

1　胡卓等：《食经》，广州，广东科技出版社，1981年。

2　何世晃：《何世晃经典粤点技法》，广州，广东科技出版社，2018年。

"万事有商量"：灵活变通与务实求真

广府有深厚的商业文明基础。广府人务实、低调，崇商重利，以和为贵，强调和气生财，家和万事兴。比较突出的一个特点，就是广府人温和平淡，较少在公共场所争吵。

争什么呢？"吾啱讲到啱（粤语，意为不合适谈到合适为止），万事有商量"。这不但是口头禅，还是行动纲领。茶楼里，一桌桌谈生意的甲方乙方，他们都是边喝茶边吃点心边议交易，从不会高声对骂，一定互惠互利，双方都能接受，在融洽的气氛中"倾掂"（粤语，意为谈妥）一桩桩生意。

千年商城，就是这样一天天、一年年有斟有酌地发展起来的。只有务实又能灵活变通的人才能把生意做大、做长久。

广州是中国禅宗的发源地。第一代和第六代祖师都曾在广州驻留。

中国的禅学经过六祖慧能的改造，加入了岭南文化的务实精神，注重当下，关怀现实，最终在岭南立住脚跟，并开枝散叶。慧能开创的南禅，被称为"农禅"，强调"一日不作，一日不食""担水砍柴，无非佛道"，所以能深入民心，是生活化、世俗化的禅。

1400 多年前，印度高僧菩提达摩乘船经水路来到广州。

那时的西关下九路就是珠江岸边，达摩在下九路北侧码头登岸，就地结草为庵开始传教，这块地被后人称为"西来初地"，这个草庵后来成了华林寺，也叫"西来庵"。

这一年是 527 年，正是南北朝时期的梁朝。梁武帝信佛，大兴佛教，广州刺史（广州最高行政长官）得知达摩到来，如获至宝地把他送入京师，让他为梁武帝讲佛。可惜达摩与梁武帝话不投机，达摩心灰意冷，从京师转道去了嵩山少林寺。

达摩把自己身上披的木棉袈裟和吃饭的钵——合称衣钵，作为禅宗道法授受的信物，传给第二代宗师，此后代代相传，直到第六代祖师慧能才终止。

为什么不再传衣钵？因为禅宗的核心是传心印、传经典，而非传衣钵。衣钵无非是象，当初达摩携禅宗而来，担心世人不信，才以衣钵为证，证明有法可依，有法可学。到六祖时，禅宗已经大弘于天下，不需要衣钵证明了。

衣钵是尘世争名夺利的焦点，慧能一生因衣钵之争而陷于颠沛流离，九死一生。为了躲避追杀，他逃到广东四会一带藏匿了 15 年。这 15 年，他与一群猎人一起生活。猎人以捕食山中猎物为生，是吃肉最多的一群。慧能感觉混迹于这群人中是最安全的，追杀者怎么也想不到在一群杀生食肉者中间藏着一个念佛食素不杀生的和尚。

慧能理解的禅宗是充分生活化的，他说："佛法在世间，不离

世间觉。"意思是不必抛弃现实生活去进行修炼。而且,修炼方式不拘一格,"吃、住、坐、卧都是禅师,无处不是禅,处处都是禅,修禅,学禅不拘形式,只要你心中念佛,学佛,行佛,你就是佛,心中有佛就能成佛。"于是,他把贵族式的静坐安心修禅转换为在"运水搬柴"劳作世间俗事中悟禅。把当时的贵族佛教改造为普罗大众的佛教。他还特别指出:"佛在心中,悟时众生是佛,迷时佛是众生。"所以,"求佛参禅无时,无处,无在。"

猎人叫他守网,他把落入网里的禽畜放生。在山里,猎人每天吃肉都是涮熟就吃。众人围坐一起,中间架一口大锅,底下烧柴火。水沸了,把肉放入锅里涮一涮就大嚼起来。慧能不吃肉只吃青菜,但他从不张扬。在深山老林,只有一口锅,他不能提出更多要求。他默默地把青菜放入锅边,在肉汤里烫熟了再挟到自己碗里吃,他的青菜不可避免地沾上了动物的腥膻油脂,后人称他吃的为"锅边菜"或"肉边菜"。猎人问他:"你怎么不吃肉呢?"他说:"我从小习惯了。"

慧能的智慧慈悲、外方内圆就体现在这里:身陷诱惑之海,既执守素食原则,又灵活应对。在"肉"与"菜"之间,做到了自净其心。

如今,在广东四会一带,老百姓逢年过节便打边炉(粤语,意为打火锅),做一桌"肉边菜",纪念慧能。火锅里有大量素菜,也不必避荤,骨头和肉作汤底是少不了的。等锅里的肉汤煮开了,便逐一地放入豆腐、猪红、豆干、面筋、萝卜、香菇、金针菜、平菇、草菇、蘑菇、金针菇等,最后是各式蔬菜。

后人评价慧能的最大贡献是他完成了佛教的中国化、世俗化、平民化。

慧能之后世间再无七祖八祖九祖……但佛禅光大于世,信众无数,禅宗成为中国佛教最大宗门,上至皇帝百官,文武俊贤,下至贩夫走卒,黎民百姓,朝野共赏。

翡翠羹　　　　　煎酿三宝　　　蜜浸百花
素乳猪拼盘　　　百花酿竹笙　　泡菜
烧素鱼　　　　　双果浸素猪肚　素烧春卷
半江沉月（香菇面筋）荷香素肉　　松仁芋茸魔芋甜汤
罗汉斋　　　　　鲍汁大花菇
芋仔焖素烟鹅　　荔枝菠萝烩杂果
　　　　　　　　淮山香枳盅
　　　　　　　　素烧鹅
　　　　　　　　酿豆腐
　　　　　　　　菇汁素面

这一切与他的出身、经历，尤其是躲避追杀、多年与猎户一起生活的种种磨难是不能分割的。

藏匿了 15 年之后，慧能现身广州光孝寺，这是光孝寺最辉煌的一页。

广州人都知道"未有羊城，先有光孝"。光孝寺原是南越王第三代子孙所建的住宅，到三国时吴国有一个官员被贬到这里，把它扩建成讲学堂，之后这里成为寺庙。东晋开始有印度名僧来传教。

光孝寺最出名的是那棵年代久远的菩提树。那是南朝（502年）印度和尚智药三藏种下的，不过原树已仙逝，如今这棵移植来的菩提树也有 200 多年的历史，有两三人合抱那么粗。原来，此树是毕钵罗树，产于印度，传说佛祖就是在这种树下"证得觉悟"，大家便把这种树改称为"觉悟"树，觉悟在梵文里就是"菩提"。这棵菩提树之所以闻名遐迩，是因为它成就了六祖慧能。唐高宗上元三年（676 年），慧能听说广州光孝寺来了一位名叫印宗的大法师，便悄悄地来到光孝寺。这天，印宗正在讲经，忽来一阵大风，把悬挂在大殿上的佛幡吹得东摇西摆。印宗问，什么在动。弟子们议论纷纷，有的说："是幡动。"有的说："幡是无情物，是风在动。"这时慧能排众而出："不是风动，也非幡动，而是仁者心动。如果仁者的心不动，风也不动，幡也不动。"印宗一听，知道高人现身，便邀他私下详谈。慧能把珍藏了 15 年的衣钵拿出来，印宗这才知道大家找了那么多年的六祖就在眼前。于是，印宗择好正月十五元宵节，邀来全唐十大高僧，在菩提树下，见证慧能剃发受戒，成为禅宗第六代宗师。

如今，光孝寺里里外外都有素菜馆。

吃素是中国人的天赋特权，因为中国的蔬菜有 600 多个品种，相当于欧洲的 6 倍，正可谓"我不吃素，谁去吃素"！素菜在东汉初年便随佛教传入中国，之后在寺院中流传。早年和尚化缘，

沿路乞食，遇肉吃肉，遇素吃素，因地制宜，全无禁忌，只要保证吃到嘴里的是"三净肉"就可以了。哪三净？不是自己所杀，不是自己教唆别人去杀，不是亲眼看见禽畜被杀，此为三净。如是这样，今天所有都市人吃的都是"三净肉"。可喜可贺，社会在进步，我们无意中抵达初期的佛境。粤式素菜里最正宗的要数罗汉斋，不仅有"三菇""六耳"，还有"九笋""一笙"：三菇是草菇、蘑菇、冬菇；六耳是榆耳、桂花耳、雪耳、黄耳、石耳、木耳；九笋是露笋、毛尾笋、冬笋、笔笋、吊丝笋、猪肚蓝、甘笋（胡萝卜）、菜笋（菜远或银芽）、姜笋；一笙就是竹笙。汇集 19 种材料，才成就一钵上等素馔。

素食不仅能促进健康，还有清除杂念、催人向善的作用。为此，我们的老祖宗说："咬得菜根，百事可做。"也就是说，要做大事，成大业，非得有咬菜根的韧性和毅力。幸好，咬菜根也不是纯粹的苦行，懂得食素的人，能从菜根里面嚼出芳香来。

遥想当年，慧能天天吃"肉边菜"，这其实与"大隐隐于市"异曲同工，既是变通，也是最艰难的坚守。

扫一扫，更精彩

『食嘢讲意头』：
崇商业重沟通讲效率

　　"意头"这东西，是广东人的"通灵宝玉"，玄得很。广东人天性爱吃，满桌佳肴尽取好"意头"的名字，"食嘢讲意头"。

　　一年之中最为重要的一顿饭，无疑是大年三十的团年饭了。一家人团团圆圆辞旧岁迎新春，热热闹闹，只为满桌的"意头"而来。请看一份团年饭菜单："鸿运当头""凤凰于飞""连年有余""哈哈大笑""发财就手""好市大利""满地金钱""添丁添寿""包罗万有""新年步步高""百年好合"，你读懂了吗？

　　读"意头"菜单有如读天书，广东人对这些"意头"菜式却都耳熟能详，要说正式的菜名反而不太习惯。比如上述"天书菜单"，其实就是烧乳猪、白切鸡、清蒸鱼、白灼虾、发菜猪手、蚝豉猪脷、冬菇扒菜胆、杂锦肉丁、包点、糕点、莲子百合糖水。这足以体现广东人对食物"意头"有近乎虔诚的追求。

　　粤语里的"意头"，语义相近于普通话中的"彩头"，凡事都要讨个吉利。文字发音表达上有不吉利意思的，怎么办？闻过即改啊！猪舌（蚀）改叫"猪利"，猪肝（干）成了"猪润"，丝（输）瓜变身"胜瓜"，苦瓜又名"凉瓜"……这就不难理解，广东人的饮食何以全吃成了"意头"，粤菜中又何以蕴藏那么多古怪的励志元素。

"食嘢讲意头"，这在春节、清明、端午、中秋等中国传统节日中，又是最让广东人上心的。传统节日在传承过程中，形成一套相应的节日传说、节日饮食、节日娱乐、节日仪式、节日禁忌等烦琐的节日习俗，这其中，节日饮食因其极具地方特色的"意头"诱惑，尤为广东人所看重。未吃过，未算过节。

春节是中国重要的传统节日，所以才有团年饭那"意头"爆满的菜单。当然这囊括不完，光是看年前小吃的准备，就有诸多"意头"讲究。油器和蒸糕，是必须要有的标配。油器之中，煎堆为例，"年晚煎堆，人有我有"，只因为"煎堆碌碌，金银满屋"，更寓意着"五谷丰登""家肥屋润"。而年糕、萝卜糕、马蹄糕等多种糕点的蒸制，则全为了"人生步步高"。

团年饭的准备，旧时广府人家还稍带有些"磧（压）年"小动作：两条鲮鱼煎香后放在米缸里，以示"连年有余"；买一整条的甘蔗，加上带根的生菜、芹菜、红头葱、大蒜等，分别代表"有头有尾""掂过碌蔗（粤语，意为事情进展得非常顺利）""生活节节甜""生财有道""勤勤力力""聪明会算"。总之，"意头"不怕多。

元宵节了，"月半大如年"，除了有如团年饭、开年饭（大年初二）一样有鸡有鱼的"意头"饭局外，汤丸是必须要吃的。据其形，尝其味，汤丸有"团团圆圆""甜甜蜜蜜"之"意头"。不过，广东人又有"吃了汤丸大一岁"的说法。该说法要追溯到"冬大过年"，冬至曾是岁之首，冬节比春节的形成时间还要早。故此，执着于过冬（至）的广东人，晚餐也要摆满可与团年饭比肩的丰

扫一扫，更精彩

扫一扫，更精彩

盛"意头"菜式,并遵循吃汤丸的传统习俗,还要叮嘱家里小孩讲一句"吃了汤丸大一岁"。

清明节的备受重视,缘因慎终追远的节日意义。祭拜先人,更为感恩先人庇佑之福,金猪在上以示"金猪佑福",吃烧肉是暗示"红皮赤壮"。清明吃荞菜(荞头)寓意"轿菜",想到被阳界唤醒的先人始终要返去,总要备好体面的交通工具。至于这"轿"是八人大轿还是劳斯莱斯,自是要看先人所处年代去灵活用之,"轿到财到"。

端午节赛龙夺锦,广东人过这个节的饮食特点主要聚焦于粽子和龙船饭。或在家里安安静静吃粽子,或到祠堂热热闹闹吃龙船饭,重要的目的还在于"与龙共吃",吃了便"龙马精神""龙精虎猛"。在珠江三角洲的传统习俗里,吃粽子与纪念屈原无关,

052

而与水乡记忆中的龙图腾有关。不管是咸肉粽还是枧水粽，都是龙爱吃的专享食品。龙船饭当然也属"龙食""圣食"，独乐乐不如众乐乐。

有意思的是，在四月初八，澳门有个入选国家级非物质文化遗产名录的鱼行醉龙节。该节俗的重头戏之一是派、领龙船头长寿饭，"与龙共吃"要趁早。每年一到过节，澳门人一方面用极具仪式化的醉龙舞蹈，把龙醉酒的神态步态演绎得惟妙惟肖；另一方面万人空巷，街头形成一队队人龙，都在派、领龙船头长寿饭，都把吃上这一口饭视为当年非完成不可的人生大事。这应属于岭南水乡龙图腾的一个另类版本，通过"与龙共舞""与龙共吃"，来完成对长命百岁、丁财两旺、老少平安的节日祈福。

提到中秋节，其在传统节日中的重要性仅次于春节，也讲究"食嘢讲意头"。八月十五月圆之夜，月饼作为传统祭月的主角、传说中嫦娥仙子最喜爱的食物，大家肯定要"与月亮女神共吃"，从中感受团圆、甜蜜与温馨。中秋的特色食品是很丰富的，碌柚（粤语，意为柚子）肯定不会缺席，柚同"佑"，吃着吃着就"保佑安康"了。芋头则有"护头"之意，吃它是为"维护家中领头人"；而芋仔又等同"护仔"，芋头、芋仔一起吃，便寓意"合家平安"。还有炒田螺，"对月吮田螺，越吮越眼明"，吃了做人心明眼亮；盐水花生吃之"生生性性（粤语，意为懂事听话）"；菱角进入食物行列则因"棱角分明"，吃了"聪明伶俐"，诸如此类。

事情就是这样，广东人"食嘢讲意头"，把我们的节日过得活色生香。无论这个节那个节，广东人总是善于用特定的饮食仪式及各种度身订制的节日食品，来实现"意头"的传递与送达，实惠且实在地传承着传统节日文化。

扫一扫，更精彩

改革开放初期，粤菜里给人留下深刻印象的，除了海鲜，恐怕就是白切鸡了。岭南不仅产好鸡，而且还有不少故事和传说。以鸡为卜，是岭南最为悠久的文化传统之一。所以，鸡成为广府人最佳的上味。同时，鸡、吉谐音，无鸡不成筵，鸡也成为筵席上必不可少的佳肴，这进一步刺激了鸡馔的发展。

在广东菜系里，鸡确如凤一般尊贵。而其尊贵，除了广府人烹调得法，还在于其质地的上佳。以前上海的第一流粤菜馆，多用信丰鸡供客。这信丰鸡，是地道的广东鸡，关于信丰鸡，有两种说法。一是从前广州杉木栏路有一家店名为"信丰"的专卖蔬菜杂货的几十年老店，专门采办广东鸡，他家的鸡喂养考究，味道香嫩，远近驰名，"如果吃鸡不是信丰的，便不名贵"，因而批销甚广，远及上海。另一说法是，十七甫信丰米铺特别善于养殖并出售脍炙人口的软骨鸡，其

在门店零售自家烹制的鸡，生意火爆，乔迁于鬼驿市，改名双英斋，后成为大酒楼，也成为早期广州鸡馔的佳话。

中华人民共和国成立后，粤菜鸡肴，更是升级换代，臻于极致。上海锦江饭店首任行政总厨顺德籍烹饪大师萧良初，先后为一百多个国家的国王、总统、首相、总理等政要主厨，因而有"国宴主厨"之称。

萧良初具代表性的"三大杰作"，均为鸡馔，堪入烹饪史。其一，1952 年，作为中国派出的第一位厨师代表，参加莱比锡国际博览会，不仅以一款"荷叶盐鸡"夺得烹调表演金奖，而且"征服"了德国总统皮克，获赠金笔和亲笔签名个人照片，堪称外交轶事。其二，在 1961 年的联合国日内瓦会议上创制八珍盐焗鸡。要知道，1954 年，中国首次以五大国身份参加联合国的讨论重大国际问题的会议，取得了一系列重要成果。为了维护这一成果，1961 年，联合国再次召开日内瓦会议。古语云：折冲樽俎，即在酒席宴会、觥筹交错间，解决重大问题。折冲樽俎的效果如何，掌厨者的表现非常关键。当此之际，外交部部长陈毅钦点了萧良初。而萧良初也倾情回报，所创制的八珍盐焗鸡，受到各国嘉宾的交口称誉。这款名菜，乃是在广东客家菜东江盐焗鸡的基础上，在鸡腔内加入鸡肝、鸭肝、腊肉、腊肠、腊鸭肝、腊鸭肠、腊板底筋、酱凤鹅粒等配料，用荷叶包裹，外以锡纸包住，在海盐中焗熟，鸡肉的鲜美、盐香的浓郁、荷香的清淡、腊味的馥郁，能神奇地集于一体。1961 年，萧良初休假回顺德省亲，在岭南四大名园之一的清晖园献艺，将这道名菜传授给了当时并肩下厨、后任顺德市副市长的欧阳洪，欧阳洪后又传授给顺德十大名厨之首、长期主政京穗著名的粤菜馆顺峰山庄的罗福南先生，堪称沪粤厨坛佳话。其三，则是撒切尔夫人1982年访问上海，香港船王包玉刚在锦江饭店设宴款待，萧良初以76岁高龄重出掌勺，一下引爆了香港媒体的兴奋点，报道几欲喧宾夺主："船王午宴英相，顺德厨师掌灶"；"主厨是78岁（应为76岁）萧良初，顺德大良人"……其实，这三款鸡馔，只是萧良初的"冰山一角"，鸡馔在他手艺中的地位，就如同在粤菜中的地位一样，渊源十分深厚。据曾受萧良初亲炙的前顺德市副市长欧阳洪说，萧良初曾亲口对其说他能做三百多款鸡馔。

　　需要说明的是，萧良初的烹调技艺，并非来自海派粤菜，而是粤菜的正宗嫡传。1926年他20岁，便进入广州文昌巷广州酒家正式拜师学艺，三年期满，前往南京掌勺，后来再到上海多间酒家，一步步成为上海广帮厨师的领头人，嗣后入主锦江厨政，也就顺理成章。

扫一扫，更精彩

第一章　粤食之美

◎广州酒家的招牌文昌鸡

医食同源：『健康中国』与健康粤菜

2016 年中共中央发布了《"健康中国 2030"规划纲要》，提出：实现国民健康长寿，是国家富强、民族振兴的重要标志。未来 15 年，是推进"健康中国"建设的重要战略机遇期。同年，习近平总书记在全国卫生与健康大会上发表重要讲话时指出：人们常把健康比作 1，事业、家庭、名誉、财富是 1 后面的 0，人生圆满全系于 1 的稳固。并提出"要把人民健康放在优先发展的战略地位"，由此对"健康中国"建设作出全面部署。2017 年，他又在十九大报告中强调，实施"健康中国"战略。建设"健康中国"的根本目的是提高全体人民的健康水平，人民健康也是社会主义现代化强国的重要指标，是民族昌盛和国家富强的重要标志。

对照之下，粤菜崇尚的清淡、新鲜及不时不食等特征，正好与"健康中国"对标。尤其是粤菜里面的汤水，就是保健药膳与美食的完美合体，最能体现广东人源远流长的保健意识，也是广东千家万户世代相传的健康密码。

广东人的理论水平通常体现在喝汤这件事情上。

广东药材消耗量居全国第一位，至少有一半是加到汤里了。有条件的广东餐馆，在门前摆放一个蔚为壮观的"汤煲阵"：三四排高腰汤煲整齐列队摆在火炉上，像兵马俑。这种阵势，唯粤菜馆独有，是世界性符号。它的视觉冲击力，强于任何广告。大家都知道，那煲里就是著名的老火靓汤。

老火靓汤是家常的，从餐馆到每家每户都必不可少。家庭主妇勿论有文化或没文化，都爱谈论"清润"和"滋补"，都懂得定期煲汤对一家人的养生意义。外地人愣是不明白，你们哪来那么多的"火"和"湿"？

那是因为，岭南气候湿热，水土带有温热之性，有热气和暑气，到了人体内就是五脏六腑之热气、火气。古时候岭南地区森林覆盖，动植物资源丰富，但瘴疠之气严重。秦统一六国后派兵进入岭南，没想到秦军遇上瘴气，一批批染疾而亡，后来幸得土著送药，才止住了疫病。那时连百越族人也容易得病，寿命不长。为此南越先祖摸索出种种饮食疗法，祛湿、祛邪、祛热毒，开创了医食同源的先河。其中，最著名的就是老火靓汤。千百年来岭南民间似约定俗成，顿顿要有汤。广东有句老话："宁可食无肉，不可食无汤。"

广东的老火靓汤，主要指老火汤和炖汤，全是慢火细熬出来的，费时费力，故又叫功夫汤。这可是粤菜的精髓：汤水美味可口，物料全部溶于其中，既美味、富含营养，又易于消化吸收。可清热解毒、消暑祛湿、养阴润燥、利咽润喉、健脾开胃、活血化瘀、提神醒脑……功效多多，且各有体系。比方说，降火不能硬降，要是硬降，火是泻

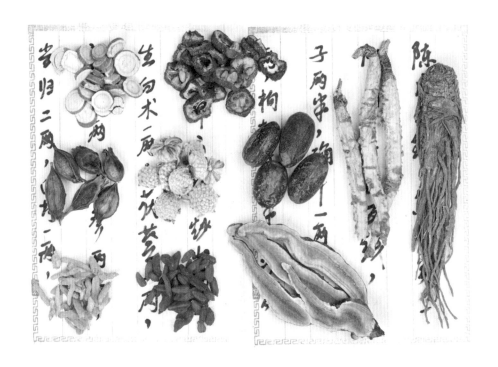

了，但人会虚弱、会"散"（元气受挫），应该滋阴降火。——广东几乎每位主妇都掌握一套与天地万物协调的食补食疗辩证法。

饮老火靓汤最讲究的是适时。怎么适时？根据季节变化而变化，不同的节气煲不同的汤水，这是老火靓汤的最大特色。广东人煲汤贯穿着中医"医食同源"的饮食理念，遵循着古老的养生法，即四时饮食，春生、夏长、秋收、冬藏，根据气候与人体症状所需配上中药材，应季进补。

春天万物生长，阳气升发，肝气旺盛，与此同时，春雨连绵，寒潮袭击，天气寒冷多湿，汤水就要燥湿、柔肝。因为燥能散寒、除湿；柔可以滋养肝脏、养血熄风。宜用猪、鸡、鸽、鱼等，配上党参、花旗参、牛大力、土茯苓、鸡骨草、五指毛桃等，春季名汤有花旗参炖乌骨鸡、鸡骨草煲猪腱、五指毛桃煲瘦

扫一扫，更精彩

肉、牛大力土茯苓煲猪骨等。

夏天暑气酷热，骄阳似火，耗伤津液，与此同时，暴雨也多，湿气亦重，人易患暑湿病邪，汤水就要以清凉益气、健脾利湿、消暑散热、解毒为主。宜用鱼、鸭、瘦肉，配以沙参、玉竹、白扁豆、赤小豆、绿豆、芡实、薏米、冬瓜、荷叶、海带等煲出健脾利湿、消暑解毒汤。夏季名汤有冬瓜薏米芡实煲水鸭、淮山玉竹白扁豆煲瘦肉、桑白皮赤小豆煲鲫鱼、石斛沙参煲瘦肉、凉瓜（苦瓜）黄豆煲排骨等。

秋天天气干燥，阳气收敛，阴气渐长，调补应以养阴润燥为主。宜用鸡、鸭、鱼、瘦肉配上川贝、麦冬、海底椰、黄芪、莲子、杏仁、霸王花等。秋季名汤有海底椰炖鸡、霸王花煲瘦肉、川贝南北杏雪梨炖猪腱、沙参麦冬玉竹炖水鸭等。

冬天寒冷，北风袭人，阳气闭藏。调补以温补助阳、补肾益精为主。宜选用牛羊、乌骨鸡、黄鳝、甲鱼配上北芪、当归、党参、桂圆、板栗等，煲出养藏为本的补气补阴汤。冬季名汤有淮杞炖乌骨鸡、当归生姜煲羊肉、北芪党参炖甲鱼、板栗煲老母鸡等。

因为四时绝妙的搭配，老火靓汤不仅不寒不燥、不腻不滞，还有清润可口、鲜美醇和的口感。每个广东人都有"汤情结"，一辈子都忘不了"妈妈煲的汤"。

坊间有句大俗话："识补的女人不会老。"这句话太厉害了，广东美女即便要减肥，也会说："我哪怕不吃饭不吃菜，也要喝一碗汤。"成群结队去吃夜宵时，她就说："我只要一个炖品汤。"

扫一扫，更精彩

扫一扫，更精彩

美食为媒：开启乡村振兴的『风味之路』

粤东梅州梅县，有一条玉水村，从前是坑坑洼洼、黑水横流的"煤矿村"。近年却一扫脏污穷困，成为声名远播的"厨师村"。全村2600多人，超过1000人当上了厨师。八成以上的家庭靠外出做厨师走上了致富之路。他们分布在全国20多个省区，北至黑龙江，西至甘肃，东至上海，进入大大小小的餐厅厨房埋头打拼。其中年薪20万以上的超过百人，部分人在城里有房有车，每年带回村里的劳务收入达5000多万元。[1]

这是怎么做到的呢？故事得从20世纪80年代讲起。

当时，大部分农村都处于一穷二白的境地。玉水村因为有煤，全村60%以上的村民以挖煤为生，到处是小煤矿。村民回忆：他们的爷爷辈往地下挖200米，煤采光了，到父亲辈再往下挖200米，煤越挖越少，到孙辈的时候，就挖到500米深处，矿坑道不足1米高，斗车进不去，人只能爬进去，把煤掏出来。所以，累了一天的人从矿井出来，只有牙齿是白的。

也就在这时，改革开放的春风吹遍神州大地。有一位年轻人从矿井爬出来，第一次仰望星空。这一年，他才17岁。他意识到：挖煤赚钱越来越难，不能再这么挖下去了！他听

1　人民网.广东梅县玉水村：从"煤矿村"到"厨师村".(2019-09-06).
https://baijiahao.baidu.com/s?id=1643887031773073707&wfr=spider&for=pc.

　　说外面的世界很精彩，珠江三角洲发展势头良好，于是决定结束黑暗的采煤生涯，到外面去闯荡一番。

　　这位先知先觉者，叫郭开扬。他回忆童年："我从小几乎没有穿过新衣服。我的衣服都是父亲的旧衣服改成的。我长高之后，弟妹又接着穿我的旧衣服。即便这样，我们还不时地去外婆家借口粮。"

于是他离开家乡，孤身来到珠海。开始时他在一家皮革厂干活，后来卖猪肉，很累，赚钱也不多，他很困惑，甚至打过退堂鼓，跑到长途车站，想返回家乡。就在买票那一瞬间，他犹豫了一下，还是决定咬咬牙留下来，再熬一段时间看看。就在这时，转机来了，有人介绍他进入一家企业的饭堂当厨务杂工，也就是给厨师打下手。他勤恳好学，经过几年磨砺，厨艺精进。有一天他发现一家四星级酒楼正在招聘厨师助理，他便前去应聘。凭着一道美味的扬州炒饭，他被破格录用了，他几乎喜极而泣。

从此他踏上厨师的进阶之路。1991年，他跳槽到一家规模更大的酒店。这家大酒店有更多的机会，不过，一切得从头开始。他每月的工资从450元降至190元，他知道，这是进阶路上必要的付出。为了学好厨艺，他豁出去了。晚上下了班，有的人累得倒头就睡，有的人跑出去找老乡玩。只有他待在宿舍，抱着几只买来的胡萝卜、冬瓜、南瓜，在上面练习雕花。

功夫不负有心人，又几年过去，郭开扬步步上升，终于成为掌勺大厨。之后他一路奋斗，从厨师到老板，累计参股投资了11家酒店，分布在深圳、珠海、中山等地。他成为玉水村的标杆人物，成为楷模。

如果郭开扬当年没有外出闯荡，仍留在玉水村，情况会怎样？

2005年，由于别村有矿难的先例，经历整顿的玉水村的小煤矿厂全部关停。留在村里的人这下才如梦初醒，挖煤这条路算是彻底断绝了，不能一直待在村里了！但是，上哪儿去呢？

幸好郭开扬成了先行者。正在为村民生计犯愁的村两委班子，马上想到了郭开扬。郭开扬也欣然提议："到城里去吧，入厨行。做厨师门槛不高，收入不低。"

就这样，村两委搭台，郭开扬带路，村民们纷纷放下煤铲，拿起了镬铲。

郭开扬的手机成了村里人投奔城里打工的热线。后辈都叫他作"扬叔"，他热心地为大家牵线搭桥，介绍工作。

榜样的力量是无穷的。玉水村人从此天南地北，四方闯荡，在各地厨行努力拼搏，并逐渐崭露头角。

2015年10月9日，在央视《中国味道·寻找传家菜》节目里，有一位"80后"厨师，以一道"姜蓉鸡"技惊四座。在节目中，这道菜的秘方拍出180万元的天价，轰动全国。

这位名叫郭科的年轻大厨竟然是从玉水村走出来的。

当年玉水村第一家由竹棚搭起来、供矿工们吃饭的排档式餐厅——桥头小店，就是郭科父亲开的。郭科的祖父、父亲都是乡厨，别小看"桥头小店"的熏陶，郭科自幼在这里耳濡目染，学会了不少乡土客家菜。

16岁那年，郭科到深圳学厨，从学徒做起，先学日本菜，后学粤菜。他的解释是"掌握了其他菜系的精华，再回头做中国菜"。因为基础扎实，他只花了4年就升到行政总厨的职位。与此同时，他走遍大江南北，游历多个城市，潜心钻研南北菜系，并获得多个厨艺大奖，成为世界中国烹饪联合会名厨专业委员会的一员，获颁法国蓝带厨艺荣誉勋章。上央视的时候，他是以青岛一家大酒店的大厨身份出镜的。

郭科一上来就介绍自己是客家人。而鸡是客家菜里非常重要的食材。

这只"姜蓉鸡"造型非常独特：姜蓉去汁之后再炸，炸出来像肉松又像刨花，蓬蓬松松地铺满大半只鸡。此前没有人这么夸张地使用过姜蓉。这是郭科在传统菜上的一次大胆创新。

"生姜竖拍成丝，挤出姜汁加盐腌鸡；腌制一刻风干，风干一刻即蒸；原只清蒸一刻，斩件摆回原只；姜丝加盐炸蓉，姜蓉铺鸡上桌。"郭科解释"姜蓉鸡"制法，8个句子夹杂了3个"一刻"，让观众感受到那种环环相扣的紧迫。只有娴熟的技艺才能达到这样的衔接。在节目中，郭科还深情地说出"姜蓉鸡"的传承：以上口诀来自他的爷爷。只有领悟了口诀，掌握了精髓，才能做到"口诀即大厨"。而这道"姜蓉鸡"的灵感，则来自他从父亲那学到的"姜油鸡"。所以"180万元不光是烹制技艺的价值，更有文化传承的价值"。

玉水村沸腾了。如果郭开扬属第一代厨师，郭科等年轻人就是第二代厨师。人们看到了外出打工跻身厨行给自身家庭乃至穷山村带来的巨变。改革开放，尤其是进入新时代以来，国家倡导"大国工匠"，厨师就是这样的技能型"工匠"，厨师的社会地位在不断上升。

玉水村如今已成美丽乡村：村道能通大巴，绿树成荫，田畴千亩，一家家农舍外墙粉刷一新，还涂上了彩色墙画。村中最引人注目的建筑是一个小型博物馆——楚壮堂，里面陈列厨乡文化。壁上挂满从玉水村走出去的数十位"名厨"，犹如"封神榜"。每人一幅大照，配上事迹、专利……各种荣誉，光耀门庭。

2018年，广东省实施"粤菜师傅"工程。借政策东风，玉水村以"客家菜师傅"乡土人才培养为切入点，引入"名师、名厨"，拟建一个集交流、展示、实训为一体的培训基地。除了学厨，村里还引导大家发展养殖业，为餐饮业提供优质食材。资金、人才……产业汇聚，玉水村已经走出一条"以厨脱贫"的乡村振兴之路。

以技脱贫：来自贫困山区的『点心大军』

2012年，广州第一间全天候经营茶市的"点都德"大茶楼诞生。其几乎一开张就受到老百姓追捧，翻台率高，人气爆棚，在广州掀起一股健康时尚的"轻食"潮流。

点都德之所以深受欢迎，是因为它追求新鲜的"手作点心"。"鲜"是粤菜的精髓，用到点心上，就是现场即点即制即蒸，以确保点心的最佳口感。这是点都德的定位，为此点都德不建点心厂，不设中央厨房配送。

从2012年至2020年，点都德连锁店发展到50间，遍布广州、上海、南京、深圳、珠海、佛山、阳江等地。

坚持手工制作太不容易，需要极高的人工成本。以位于杨箕村的点都德（喜粤楼）来说，500多个餐位，需要40~50个点心师。那么，50间店需要多少点心师？两三千位。

两三千人的"点心大军"来自哪儿？来自广东贫困山区。

负责指挥这支"点心大军"的，是饮食集团的出品总监、曾获过"南粤厨王"大奖的黄光明。今天的黄光明已经是业界响当当的"打工皇帝"，由他组建的这支以一技之长立足于大都市的"点心大军"，大部分来自清远或韶关，是他远远近近的乡亲。

记得，粤点大师何世晃曾告诉我："黄光明把他们镇上的人，除了残疾的，全部都带出来了！"黄光明敦厚谦逊，一听就急了："哪有哪有，太夸张了。"

黄光明的家乡在清远英德连江口镇下步村。他说："我的家是真真正正的开门见山。小时候我家厅里有一盏低瓦数的电灯，到晚上天全黑才敢开亮。一亮灯我爸就说：'不要开那么久啊！'弄得我好紧张，每一分钱都要节省。"

他生于 1980 年，16 岁那年，初中都没有读完，他就跟随村中长辈到中山餐馆打工。当时已经是 1996 年，村中很多人到中山谋生：有的做灯饰，有的做建筑，而他选择了厨师行业，因为入厨做菜至少"餐餐有得吃"。

从下步村去中山，相当周折：要走 1 个小时才到墟里，从墟里坐大船，经 1 个多小时才抵达连江口镇。再从镇上坐长途汽车去中山。这长途汽车还不能直达，每次到顺德，要转到另一辆车，才能抵达中山。

说起来，黄光明与饮食还真有些渊源：祖父祖母早年在村里经营云吞铺，逢墟日就挑着云吞到墟里卖。黄光明记得，小时候家里搞卫生，还从旮旯角落挖出一堆云吞蘸料碟。此外，黄光明还有两位舅父都是做点心的。

黄光明到中山餐厅入厨，从厨房杂工、点心学徒做起，两年后就成为点心师。厨行是包食包住的，他把攒起来的钱拿回家盖了一座两层半的砖房。他解释道："那时材料便宜、人工便宜，回村里盖一座房子也不过是两万多元。"

也差不多是这一年，他同村的同学高中毕业，想找工作，便找到他："有什么好介绍？"他完全是出于好意，率先把自己的同学拉进点心行业。从这一年起，他渐渐成了自己村或邻近村庄年轻人的就业介绍人。

从入行之日起，黄光明对自己的职业生涯有一个明确的目标，那就是：绝对投入，做到最好为止。下班之后，他随时听候老板召唤，只要公司需要，他随时返回工位，不管是夜里几点。他说："我熟悉每一个岗位，万一有人辞职，甚至突然离岗，我可以即时补位，哪个位置我都能顶上。"

几年之后，有位山东老板出差到中山，吃到了他做的点心。便问："小师傅，点心做得不错啊。像你这样的点心师，还有没有，介绍到山东来工作？"因为薪资条件不错，黄光明借此机会，带去了一批乡亲，手把手带出一批徒弟。半年后，团队能独立了，他便返回广州做点心。

从东兴顺到点都德，机缘巧合，黄光明跟随着年轻的"餐二代"掌门人，一步步拓展事业。点都德的分店，从广州开到深圳、珠海、佛山、阳江；从省内开到省外的上海、南京。上海的市场反馈让人激动：崇尚洋派的上海人把点都德视为时尚打卡点，都慕名前来，点都德门店快速增长，从1间到2间、3间……7间。

黄光明在几十间店之间巡视奔波。一眨眼就是工作，出差甚至出国期间，他都想着点心创新。从山东回来，他创出了"陈醋凤爪"；跟老板出国考察，他们一起创出"金莎海虾红米肠""日式青芥三文鱼挞""泰式冰榴梿"等。

点都德以"手作点心"为卖点，点心师就成了"镇店之宝"。每开一家新店都需要一批点心师。上哪找人呢？黄光明返回村里，甚至在连江口镇范围内大量招聘。几年下来，他竟然安排了

两三千人就业。

为什么不在广州招人？黄光明说："做点心师，工资不高，但干活儿太苦太累，广州仔没有人肯入这一行的。从前开早市的点心师，凌晨两三点就要起床备料，没睡过整觉。所以人家都说我们这一行是'半夜夫妻'。夏天那么热，在厨房蒸蒸煮煮，温度高达40℃，真是连底裤都湿透了……"

农村人却不一样。黄光明回忆："农村生活水平低，机会少，农家子弟能吃苦。20年前，村里人到镇上打工，一个月几百元，而点心师有1千多元。这个钱拿回农村，养一家人是没有问题的。"

不过，如今这些来自贫困山区的"80后""90后"点心师，与前辈不一样了。他们会把家安置在都市。他们的薪酬除了底薪，还有绩效工资，收入还算可以。此外，他们还有很多晋升的机会。

今天，这支"点心大军"已经在都市开枝散叶。他们成功地从第一产业转到第三产业，成为改革开放的实践者及获益者。

第二章

名菜故事

鲜还不够，还要生猛

粤菜在口味上讲究清而不淡，鲜而不俗，嫩而不生，油而不腻。具体概括，就是"清、鲜、爽、滑、嫩"，尤其突出"鲜"字。这是因为，岭南地处亚热带和热带，全年高温多雨，年平均气温大于20℃，炎热潮湿的气候导致食物容易变质腐败，所以与其他菜系相比，粤菜更加强调食材的新鲜。久而久之，人们对新鲜食物的辨别力越来越强。

对河鲜、海鲜等水产品，鲜还不够，还要"生猛"。"生猛"是肉的弹性处于最高、本味处于最强的时候，是鲜的最高境界。

有关粤菜博采众长、中西合璧、讲究时令、注重营养及保健等特点，上一章已经介绍过。这里要解释一下为什么粤菜选料博杂。

长期以来粤菜遭受一些误解，不少外地人把粤菜归结为两点：一是贵，二是蛮。一提粤菜就以为只有鲍参燕翅，要不就是"蛇虫鼠蚁什么都吃"。其实粤菜的最大特点是精致化，是粗料细做。

粤菜的选料博杂，与岭南的生态环境有关。岭南饮食资源丰富，可供食用的动植物繁多，奇花异果遍野，河鲜、海鲜水产丰饶。据地质学家考证，春秋时期，广东全境森林覆盖率达91%。秦汉之后，黄河流域、长江流域不断被开发，大量野生动物逃到岭南避难。到唐宋，据文献记载，珠江三角洲和东江一带不时有象群、虎豹、猿猴、孔雀等野生动物出现。清康熙年间，广东全境森林覆盖率仍有54.5%，森林里生活着各种动物。捕食各种小型动物并非难事，故早前岭南人有吃野味的传统。可以说，从前吃野味是顺应自然的。

但到了现代尤其是当代，森林覆盖面积锐减，往日的深山老林都渐渐开通了公路，墟镇趋向都市化。随着野生动物越来越少，"吃野味"的习俗也随之式微。国家早就立法保护野生动物，保护生态环境。

可以确定，今天我们餐桌上丰富的肉类食材全部来自人工繁育养殖，符合生态环保原则。这，也是顺应自然。

2003 年的"非典"及 2019 年底发生的"新冠肺炎"都与野生动物有关，一些舆论针对广东人"吃野味"的传统，丝毫没有分析历史成因就一概斥之为"国人陋习"，对广东人及粤菜进行污名化。我们应该理性分析这些偏激言行，用科学发展的眼光看待粤菜。

粤食名片与必食菜单

外地人到了广州，一看到那令人眼花缭乱的美食，都会兴奋不已。但眼阔肚窄，只怕吃错了，等于白来！幸好，美食达人为大家列出了一份"必食菜单"。上面有烧鹅、白切鸡、叉烧、老火汤、炖品、蒸鱼、顺德小炒、干炒牛河、云吞面、拉肠、双皮奶、姜撞奶……种类多多。即便这样，也不能避免挂一漏万，因为好吃的东西实在太多！

先讲地标名菜。排第一的，是广式烧鹅。

广式烧鹅外皮通红香脆，符合世界饮食潮流选味择色的主流偏好。广东产的清远乌鬃鹅和开平马冈鹅，是广式烧鹅的最佳食材，堪称"省鹅"。有一个笼统的说法："广东人每年吃掉 1.7 亿只鹅，占了全国的四分之一。"

第二是白切鸡。广州人"无鸡不成宴"，以鸡喻凤。白切鸡上桌会摆成凤的形状：半圆形匍匐在碟子上，头尾对应，凤凰展翅，皮肉相连，刀口齐整，鸡件匀称，鸡皮油润而不腻，鸡骨髓半凝而不固。口感是鸡皮爽滑，肉鲜回甘，不腍不柴，骨也有味。更刁钻的要求是皮与肉之间要有一层半透明、凝胶状的"鸡啫喱"。

白切鸡精选广东本地名鸡，如清远麻黄鸡、封开杏花鸡、龙门三黄胡须鸡。最贵的白切鸡，莫过于白天鹅宾馆的白切葵花鸡。

第三个必食的是叉烧。广式叉烧惹味香口、甜中带咸、肥肉甘化、瘦肉不柴，不仅有传统的肥叉，还有派生的黑叉、脆叉、炭叉、火叉等。

脆皮叉烧，是取无皮五花头腩，加头抽、曲酒、糖、盐在低温腌制 24 小时，放入挂炉，连续吊烧、扫酱，反复进行 4 次逼油、催熟、勾味、化酥的工艺。黑叉则是使用了较多的珠油黑糖等深色腌料，令外表色泽乌润，焦糖味浓，口感肥而不腻、鲜嫩爽口。脆叉，则外层酥脆，内里甘化。炭叉，是以瓦缸内置的炭火烤制的叉烧，带有炭火的味道。火叉，则保留最后一道工序到食客面前表演：用天津老字号玫瑰露酒燃起瓷盘里的海盐，酒盐喷香，质润味好，腌汁糖浆顺着肉条下淌，被火灼成焦化的糖花。

第四个要推荐的是广东的老火汤。广东全民无汤不欢，豆草果蔬，皆可烹汤。中医药膳或坊间流传的汤谱，在广州这座"汤水之城"演绎得淋漓尽致。外地人难以置信：一桌筵席上的一鼎汤，可能占了餐费的七成。以至于在广州，邀约朋友吃饭可说成"一齐饮啖汤"。

炖汤讲究汤水清香或醇香而不浑浊，汤料搭配十分考究，"煲三炖四"：煲汤需要 3 小时，炖汤需要 4 小时。广州品汤有两类场所：宾馆餐厅和炖品小店。宾馆餐厅第一道捧上餐桌的是炖汤，食客谈笑之间先品汤，再品菜。要实惠，应该找全天候供应炖品汤水的路边炖品小店，这里是男男女女补充能量的"加油站"。广州文明路有"炖品一条街"之称，有些炖品店几十年长盛不衰，成为饮食地标。

第五个要吃的是蒸鱼。鲜而不腥，嫩实各好，一碟蒸鱼能体现一家粤菜馆的水平。品尝蒸鱼应去顺德餐馆，这里有盐油水蒸无骨山坑鲩、现剁豉蒜蒸三鳌、古法三丝（冬菇丝、肉丝、笋丝）蒸大和顺鱼。论鱼质，讲鲜味，说烹调，顺德人蒸鱼之妙，出神入化。

第六个要吃的是小炒。粤菜小炒最重要的指标是：镬气。粤菜师傅用的是弧形镬，炒技高超者，既有炒的香气，蒸的嫩滑，又能保存食材的原味，应爽应脆的菜就能有爽脆的效果。炒得好的菜，

食材上面会冒着些许白烟，香气扑鼻，这便是"镬气"。

　　另一个与镬气相关的，是干炒牛河，这是最不容错过的广州小食。1980年前后，街头大排档，炉火急喷，只见铁镬里河粉芽菜翻飞，抛镬溅出的油酒酱水在镬边燃起簇簇火花。镬气是衡量一碟干炒牛河成败的标签。为了那一口，吃客们相约半夜出动，奔向大排档，每隔10分钟叫一碟干炒牛河，吃完再叫，镬气是按分钟计算的！一碟满分的干炒牛河，应该是吃完之后，用衣袖抹碟都抹不出油的。高温热镬，猪油搪镬，河粉方可不粘，这其中讲究的就是炉火纯青的厨技。

　　第七个要推荐的是云吞面。一碗云吞面必须具备"三好"特质：面好、云吞好、汤好。面是枧水银丝面，细滑爽口弹牙；云吞馅料里面有肉和新鲜虾仁；面汤是用大地鱼、火腿、猪大骨、虾米、虾皮、冰糖等熬成。

　　还有各式拉肠。现点现蒸，馅料是调好味的各种鲜肉，用蒸柜把粉浆和馅料一块蒸熟。一碟广府拉肠，除了粉质薄滑透和有米味之外，豉油调配也十分重要。好的肠粉豉油，稀而不稠，微咸偏甜，适度回鲜，有用"芹菜、姜、青椒、红椒、香叶、八角、芫荽、香葱、水、冰糖、生抽、老抽、味极鲜……鱼露"煮制的，有用生抽和老抽及糖按比例调制的。冬菇韭黄牛肉肠、香茜马蹄牛肉肠是最受欢迎的品种。

　　最后是甜品。广州是中国最"甜"的城市，糖水铺、甜品店星罗棋布。甜品分几大类：第一类是糖水，如番薯糖水、木瓜糖水、红豆沙、绿豆沙等；第二类是糊，如芝麻糊、花生糊、核桃露等；第三类是凝固态的，如姜撞奶、双皮奶、凉粉、龟苓膏等。从香港、澳门、台湾和东南亚其他地区引进的甜品更是琳琅满目，多是在传统基础上演变来的，如红豆伴椰汁双皮奶、椰汁马蹄爽、榴梿撞奶、姜薯白果甜汤、鸽蛋紫米露糖水、朱古力姜撞奶、生磨杏仁姜撞奶、原只椰子炖奶等。

扫一扫，更精彩

由小船上岸的黄埔蛋

黄埔蛋是一款仅用鸡蛋加盐就炒成的经典名菜，流传久远，为大众所熟悉。这不禁令人有点不解，原料如此简单，名气为什么如此大？一般人都会说因为它的身世奇特，它是由小船上岸而成名的。

传说是这样的：珠江流经广州黄埔的河道上生活着不少打鱼、运货或摆渡的船家。摆渡的船家会招待客人饮食。一天傍晚，某摆渡人家里突然来了客人，说饿了需要船家快炒两味菜肴，他们要吃饭。当时天色已黑，哪有菜卖呢。还好，船上还有几枚鸡蛋，最快的自然是炒鸡蛋。也不知道是因为心急还是因为船的摇晃，炒出的鸡蛋跟往常不一样，像一块皱褶的布，面上发亮，显然还没有贴过锅，尝一尝，蛋是仅熟的，而且很滑。菜肴端上桌时船家内心十分忐忑，怕客人责怪菜的样子变了。没想到客人却极为赞赏。事后，这位客人还把这块金黄光亮的"布"到处宣扬。听闻的厨师知道这款炒鸡蛋很受欢迎，就琢磨了这道菜肴的做法，把它搬上了酒家饭店的餐桌。开始根据它的样式叫"黄布蛋"，后来根据它的出生地改叫"黄埔蛋"，十分畅销。黄埔蛋很快就传遍了整个广州城，甚至华南地区。

　　绝大多数食客在选择黄埔蛋时都不知道这个传说，名菜的评委在点评这道菜品时也没有在意这个传说。

　　那么，是什么让黄埔蛋成为名菜的呢？

　　一是它的滋味美。除了油脂和食盐外，黄埔蛋没有任何辅料，菜肴完全体现鲜美的鸡蛋味。口感很滑，却没有一丝生鸡蛋的腥味。它像一幅摆放在白瓷盘上满布皱褶的黄锦缎，给人以奇妙的感觉。

　　二是它的工艺精。这道看似简单的菜肴却需要厨师十足的功力。首先说打鸡蛋，既要让蛋黄蛋白充分融合又不能过度抽打。因为过度抽打会影响蛋液的凝固。炒制时下油少会粘锅，下油多影响成形。火力锅温必须控制好，火大则蛋老口感粗糙，甚至炒焦变味，火小则成不了形。炒制时炒锅和锅铲的操作要灵活自如，同时要使炒锅的旋动、锅铲的推拨、火力的控制和锅内蛋液凝固状态的细心观察相互配合，旋推之间手、眼并用才能烹制出符合标准的黄埔蛋。整个烹制过程论秒计时，没有对工艺细节的反复钻研，没有精益求精的精神是练不成这一功力的。

变戏法般的大良炒牛奶

中国粤菜故事

把液态的牛奶翻炒全凝固，这似乎是个神话，也像魔术师所变的戏法。是的，广东顺德大良的厨师是"魔术师"，他们就能把牛奶翻炒至凝固，放在盘内可以堆成一座"小雪山"。不仅如此，"小雪山"上面还镶嵌着蟹肉、虾仁、鸡肝、橄榄仁和火腿蓉等各种鲜嫩香口的食材。这，就是粤菜经典名菜——大良炒牛奶。"大良炒牛奶"起源于广东顺德大良镇，故以"大良"命名。

广东顺德桑基鱼塘、蔗基鱼塘的生态农业模式为人称颂，但还有更吸引人的是水牛奶。顺德的水牛奶产量很大，质量也很好。牛奶除了喝还可以怎么吃呢？当地的"魔术师"大胆尝试，反复探索，终于把牛奶变出了炒牛奶、炸牛奶、双皮奶、姜撞奶、金榜牛乳等诸多花样，令人啧啧称奇，食欲倍增。更可喜的是，现在能够变幻牛奶魔术的"魔术师"不仅大良有，整个顺德都有，甚至广东其他地区也有。"大良炒牛奶"的工艺技术已

经在南粤大地开花。

　　"大良炒牛奶"的出现，至今已经有80多年历史，在粤菜名菜中当属老资历。大良炒牛奶在广东颇为流行，后来传至香港、澳门，以及华南其他地方，均获好评。散文大师秦牧盛赞此菜："风格独特，莫测高深"。作家端木蕻良形容它"如同白玉一般"。《羊城竹枝词》云："鲜酪炒来味倍香，大良巧手早名扬，尝来一篮鲜留颊，软滑鲜甜见所长。"《中国名食百科》赞扬大良炒牛奶："形状美观，犹如小山，色泽白嫩，香滑可口，营养丰富。"

　　"大良炒牛奶"的制作说起来简单，做起来难，特别不容易达到基本的质量要求：不渗水，不渗油，有牛奶香味，既嫩滑又能用筷子夹起。为了做好这道名菜，满足大家的品尝愿望，大厨们反复试制，调整用料配方，开发新方法。功夫不负有心人，现在制作"大良炒牛奶"的工艺技术基本成熟，成功率大大提高。有的大厨还在原锅直接炒的基础上新开发了泡油炒方法。这种新方法大大降低了牛奶成熟均匀的难度。

中国粤菜故事

急中生智做出的盐焗鸡

客家名菜"盐焗鸡"是将光鸡腌制后，用砂纸包住，用灼热的粗盐焗熟。

此鸡盐香味浓，体现出满满的客家味。民国 35 年（1946 年），广州城隍庙前开了一家客家风味的饭店——宁昌饭店，该店经营客家菜，盐焗鸡便是其中的一道供应菜式。开业不久，盐焗鸡的美味就传遍广州城内，宁昌饭店很快就小有名气，慕名而来的食客络绎不绝，其中不乏显贵名流。吃盐焗鸡的人多，而烹制盐焗鸡的时间又比较长，由生到熟耗时近 1 小时，所以每天制作的盐焗鸡数量有限。为了避免失去食客，无奈之下店家只好采用预订的方法来保证供应。

有一城内警官命人到宁昌饭店预订了一桌酒菜，指明必须有盐焗鸡，晚上 7 点到。迫于警官的威严，宁昌饭店的老板特意挑了一只最靓的盐焗鸡留给这桌酒菜。到了晚上 10 点，所有客人都已经散去，饭店也该收市了，可是警官还未见踪影。这时，老板的旧友趁收市前来叙旧，并且很想尝尝坊间到处传扬的盐焗鸡。宁昌老板寻思，警官怕是遇突发事件不能来了，留给他的盐焗鸡何不让旧友品尝以了其心愿。旧友尝后大加赞赏，盐焗鸡果然名不虚传。

刚过一刻钟，警官一行风行而至，边进门边喊道："快上菜，饿死啦！"老板见状大惊失色，匆忙跑进厨房急问厨师如何是好。幸好厨师是个心灵手巧的人，他灵机一动，让几个伙计烹制其他菜式后，自己快手制作了一只白切鸡，趁热撕开，拌上盐焗鸡调味料，上盘摆砌成鸡形。他还帮老板想了一套应对警官的说辞。老板心领神会，亲自端上菜，满脸笑容地来到警官面前，笑嘻嘻地说："老总，本店今天新试制了一款盐焗鸡，请你们几位食家提提意见。"警官哪管你新还是旧，举筷就吃。咦，肉滑皮爽味不错，不由自主地大喊："好吃！"这一声终于让老板提着的心落下了，老板接着说："你们今天劳苦功高，这只鸡就赠送给你们了。"

警官自然高兴得不得了。厨师的智慧帮老板渡过了难关。事后，老板让厨师重做了这种盐焗鸡，滋味确实好，而且省时。于是就推出这款新的盐焗鸡，起名为"东江盐焗鸡"。

中华人民共和国成立后宁昌饭店改名为东江饭店，东江盐焗鸡成了该店的镇店之宝，每天都售出两三百只，年节期间一天甚至售出近千只。东江饭店进行了技术改进，增加了制冷设备，东江盐焗鸡的质量更好，生产效率也大大提高。

苛刻挑剔逼出的柱侯鸡

清同治年间，佛山祖庙每年都有一场"万人醮"的庙会，来赶庙会的人非常多，十分热闹。祖庙附近有家口碑不错的三品楼酒家。据传，有位姓梁名柱侯的厨师常在祖庙一带卖卤水牛杂，居然卖出了名气。三品楼老板看中了这位梁师傅，遂以高薪聘其为司厨。

有一年，祖庙又举办"万人醮"的庙会，且适逢传统的佛山秋色赛会，祖庙内外人山人海，吃饭的人也到处寻店。三品楼的生意自然好得不得了，从早到晚座无虚席。夜宵时酒家可卖的菜式已经不多了，最好的食材就是鸡笼中的几只鸡。偏偏这个时候来了几个特别刁钻的常客，申明今晚要吃得开心。老板一连推荐了白切鸡、脆皮鸡、清蒸鸡、焖鸡等好几个招牌菜。常客不是说"吃过"就是"对鸡已经没兴趣"。老板没有办法了，只好找梁柱侯商量。梁柱侯想了一下，让老板回复客人，今晚给他们做一道从未听过更没吃过的鸡馔。这几个常客听了心中暗笑，嘴巴是我的，你准备出丑吧。

梁师傅运用自己熟悉的卤水牛杂制作方法烹制新口味鸡。他把原油面豉压成酱料，用油将姜葱蒜爆香，加入上汤浸制鸡只。

采用半浸半焗的方式，将鸡浸在浓香鲜美的汤汁中，用慢火将其浸熟。浸熟的鸡异常芳香，皮色金红。梁师傅心中暗喜，取出鸡，稍凉后斩件上盘，摆成鸡形，后又取原汤汁调味勾芡，浇淋在鸡上。鸡馔一上桌，这几个常客被鸡的香气和色泽所吸引，入口后更被鸡嫩滑入味的滋味所陶醉，不禁失声大叫"好嘢（粤语，意为棒极了）！"之后相互对目而视：怎么忘记了刚才想好的刁难话语？第二天，他们又带了几位朋友来，指明要品尝这款新鸡馔。

当大家知道这款鸡馔由梁柱侯创制后，就把这款菜式命名为柱侯鸡。由于柱侯鸡确实有特色，从此柱侯鸡之名不胫而走，而且一直流传到现在依然魅力不减。

到了今天，餐桌上不仅有柱侯鸡，还有柱侯鸭、柱侯鸽、柱侯甲鱼等，以柱侯味型为特色的菜式成了系列菜。为了方便大家制作柱侯系列菜，调味厂还特地出品了柱侯酱。

中西合璧的西柠煎软鸭

属于粤菜名菜的西柠煎软鸭好一副洋相，大块的鸭肉趴在盘上，被淡黄色的柠檬芡汁覆盖着，旁边除有几滴点缀的芡汁外还围上几片柠檬片装饰。西餐菜肴就是这么做的，这道菜连菜名都用了个"西"字。西柠煎软鸭确实是从西餐移植过来的，用的基本上是西餐煎鸡胸脯肉的做法。

西柠煎软鸭是这样制作的：取半边整块的鸭肉，修整后像西餐做法那样捶松，用调味料腌制，裹上蛋浆，放在煎锅内煎制。煎香煎熟后使用预先调好的柠檬汁调味就可以上盘摆造型了。如果真的这么制作，广东人就只能望"鸭"兴叹了，吃不了。为什么？西餐用的是餐刀和餐叉，吃的时候用餐刀切开，用餐叉送进嘴里。广东人用的却是筷子。筷子没有切的功能，所以无法把这么大块的鸭肉切开吃。

粤菜大厨深知这一点，他们在鸭肉装盘前先切成方便食用的鸭块，按鸭的原样摆砌成形，再浇上柠檬芡汁。大厨切得很高明，斜着切，摆上盘后略为拢一拢，刀痕就看不见了，浇上柠檬芡汁就跟原件一样。这样，广东人就可以用筷子夹起来吃了。

大厨在移植菜式的时候还对一些地方进行了改造。其一是腌制，大厨腌制鸭肉时添加了粤菜习惯用的姜、葱和玫瑰露酒，较好地增加菜式的香气，消除鸭的膻味；还添加食粉使鸭肉更加软嫩。其二是改变柠檬芡汁的配方，把喼汁改为白醋，增加黄油，使柠檬味突出。其三是省去焗制，西餐会在鸭肉浇汁后放入焗炉中略焗。这种做法在粤厨中并不方便，于是改为直接浇芡汁。

从西餐烹调工艺中吸取营养是粤菜常见的做法，大大拓宽了粤菜新菜式的开发思路，丰富了菜式品种。喼汁煎软鸡、果汁煎猪扒、吉列鱼块等都是与西柠煎软鸭同类的姐妹菜。

你知道吗？粤菜经典名菜"太爷鸡"是由非广东籍的周桂生创制的。周桂生是江苏人，清末到广东新会县当知县。1911年，辛亥革命推翻了清王朝，也结束了他的官吏生涯。他举家迁到广州大北直街里的百灵街定居。为生活所迫，他在街边设档，档口边上挂了块木牌，上面写着"姑苏生记"，专营熟肉制品。

周桂生当官时食遍各地佳肴，积累了不少饮食经验。为了把生意做大，他取江苏熏法和广东卤法之长，制成了既有江苏特色又有广东风味的熟鸡，起名为广东意鸡。此鸡精选未下过蛋的小母鸡为原料，宰净后先用卤水卤制至仅熟，再用香片茶叶、红糖、大米炒香后产生的烟香熏制。从工艺上来说这只鸡属于卤熏鸡。由于用了香片茶叶熏制，带有浓浓的茶香气味，可以美名为茶香鸡。此鸡茶香味浓，口味独特，很受街坊欢迎，十分畅销，茶香鸡的名声很快就传播开了。后来，人们知道创制这道鸡馔的人原本是一位县太爷，就将其尊称为"太爷鸡"。"太爷鸡"不久就响遍了广州城。

"太爷鸡"出名后，广州六国大饭店花重金购买其生产和销售权。1936年，六国大饭店改进了"太爷鸡"的制作工艺，并以"驰名太爷鸡"为号，挂出很大的霓虹灯招牌，从此，"太爷鸡"从熟食档的制品变成了大饭店的名菜。

1959年，六国大饭店所在地被列作危楼，无法经营，主制"太爷鸡"的厨师受聘于大三元酒家，"太爷鸡"在大三元酒家延续了它的名气，成为大三元酒家四大名菜之一，并在岭南地区广泛流传。

1981年，周桂生的外孙高德良在广州文明路开设"周生记"，重新经营"太爷鸡"。"太爷鸡"口碑依然不减。

县官下海卖太爷鸡

中国饮食掌故

第二章　名菜故事

086

成名于广州市郊的鱼头

如果你问广东的食家："鳙鱼哪个部位好吃？"问10个，10个都会肯定地告诉你："鳙鱼头！""为什么？""一个字：滑。"确实，鳙鱼头肉质很滑，也很鲜，而且没有细骨丝。这就是鳙鱼头可爱的地方。按现在市场上的价格，一个鳙鱼头的价钱超过两条鳙鱼身。别看现在鳙鱼头的身价这么高，最初的使用基本上都是把它斩碎，用豆豉蒸，或者做豆腐鱼头汤，很难体现它的价值。

广州北郊茶寮的厨师创制出"郊外大鱼头"这道菜式，大大提升了鳙鱼头的地位和价值。北郊茶寮位于广州北部郊区，附近一带都是农田。所以菜名用了"郊外"来提示"郊外大鱼头"的出生地。"郊外大鱼头"以鳙鱼头为主料，以肉丝、豆腐、菜心为副料，特意添加炸蒜子和香菇丝以增加香气。具体做法是将鳙鱼头整个炸香，置于砂锅中心，四周分别放置炸豆腐块、炸蒜子、肉丝、香菇丝和菜心，加汤水和调味料，用小火焖制。焖成后满锅芳香，滋味鲜浓，色彩艳丽，整个鳙鱼头突出在中间，卖相十分气派。难怪有些宴席直接将其命名为"独占鳌头"。"郊外大鱼头"推出后因滋味和造型俱佳而十分畅销。后来被北园酒家接收，成为自己的十大名菜之一。

"郊外大鱼头"自推出后一炮而红，1976年就被载入由商业部饮食服务管理局组织编写、中国财政经济出版社出版的《中国菜谱·广东》一书中。

省城结果的鼎湖上素

中国粤菜故事

在广州的六榕路有一座有 1400 多年历史的海内外闻名的佛教古刹——六榕寺。六榕寺曾有宝庄严寺、长寿寺、净慧寺等多个寺名，后因苏东坡为就寺内的六株榕树而题写"六榕"而定名。寺内供奉禅宗六祖慧能，以"六榕花塔"为特色标志，与海幢寺、光孝寺、华林寺、大佛寺并称为广州佛教五大丛林，引众多善男信女前来朝拜。六榕路与中山六路（原惠爱路）垂直，故位于中山六路的西园酒家邻近六榕寺，专供斋菜以满足善男信女的需要。斋菜中，敬奉高僧的名菜是十八罗汉斋。

肇庆鼎湖山有座庆云寺，擅长使用"三菇""六耳"制作斋菜。20 世纪 30 年代的一天，庆云寺的庆云大师来六榕寺朝拜。礼毕在西园酒家进斋时吃了十八罗汉斋。斋后感觉十八罗汉斋有待改进的地方，就向西园酒家传

授了一些佛家做斋菜的方法。西园酒家老板听了庆云大师的一番话后，知道自家的斋菜还未做到家，于是派师傅到庆云寺拜师学艺。师傅学艺归来，马上改进斋菜的烹制技术，将鼎湖斋菜的制作技巧运用其中。之后又学习榕阴园如来斋的特点，立意重新创制一道高端斋菜。师傅们以香菇、蘑菇、草菇、银耳、榆耳、黄耳、桂花耳、竹荪、鲜莲子、白菌、银针、笋肉和菜远为原料，创制了一道新的精品斋菜，定名为"鼎湖上素"。由于鼎湖上素制作精细，成为素食菜谱中的精品。1956年，鼎湖上素与北菇生筋、五彩软筋、罗汉大斋、杏圆炖银耳、酿扒竹荪、红烧北菇、六宝拼盘、香露芥菜、石耳云吞汤共 10 款广东素菜一起被列入中国名菜谱。

走上名人客宴的太史田鸡

中国粤菜故事

广东江孔殷，师从康有为，颇有文名，与刘学询、蔡乃煌、钟荣光并称清末广东文坛"四大金刚"。晚清时在翰林院拜庶吉士。明清两朝，修史之事由翰林院负责，故当时人们又称翰林为太史，所以广东人尊称江孔殷为江太史。1915 年，江孔殷受聘出任英美烟草公司南中国总代理。

江孔殷当官的事没能引起人们多大的兴趣，唯独他是典型美食家则为大家所称道，他灵感所创的"龙虎斗"被人视为经典，他创制的一系列江府菜引人垂涎。据他的孙女江献珠回忆，江孔殷精研饮食，家里设专厨研究佳肴。除聘了中餐厨师、西餐厨师、点心师外还聘请了素菜家厨。江孔殷常常亲自给家厨讲饮食见解和烹调的道理。此外，他自辟"江兰斋"农场，为自家提供新鲜食材。可见，江孔殷对饮食是十分喜好和执着的。

一天，有客人来拜访江孔殷。江孔殷便让家厨做几道好一点的菜肴招待客人。家厨见江老爷对这顿饭这么重视，自然不敢怠慢。中餐师傅以田鸡为主料，以江珧柱、棋子冬瓜、毛尾笋为副料炖成一道汤品。众客人品尝后赞不绝口。汤品清鲜芳香，不失为夏季佳品，受到称赞不足为奇。江孔殷尝过也十分满意。客人问江太史："此菜叫什么名？"由于是新

汤品，江孔殷也不清楚，就让家厨说。家厨想到江老爷平时讲的道理，答道："叫太史田鸡。"客人追问："何解？""此汤主料是田鸡，所以菜名有'田鸡'二字。副料用了江珧柱，同我家老爷的姓，故叫太史。另外，汤中用了毛尾笋，毛尾笋一节一节的，像我家老爷的文明杖。所以这道汤就叫太史田鸡。"众客人听罢连声称妙，汤炖得妙，名起得妙。江孔殷心中很是得意。

百变的葡国鸡

坊间一般认为葡国鸡是澳门极具代表的菜品之一。葡国鸡是以鸡块为主料，以马铃薯、洋葱等为副料，以咖喱为主要调味料制作而成的热菜，其特点为香味浓郁、辛辣带甜、鸡肉鲜嫩可口。

葡国鸡菜名中有"葡国"两个字，其实它并不是来自葡萄牙，而是源自亚洲本土的菜品，仅仅是借用了葡萄牙的"葡"字。粤菜原本就有类似的菜肴——咖喱焖鸡，现在咖喱焖鸡这个菜名在食肆里已经少见，都因粤菜的包容变成葡国鸡。

葡国鸡是道百变的菜肴。

它的特色调味料是咖喱。咖喱是以姜黄为主料，另加入多种香辛料如芫荽籽、桂皮、辣椒、白胡椒、小茴香、八角、孜然、芥末等配制而成，其味以辛辣为主，配方不同就形成不同的咖喱。通常按颜色分类就有棕、红、黄、青、白等多种，其中红咖喱的辛辣味最重。用不同种类的咖喱烹制的葡国鸡就具有不同的辛辣味和香味。市场上有使用各种咖喱来烹制的葡国鸡，制作的方法也五花八门。所以当你吃到不同滋味的"葡国鸡"时别埋怨它们"不正宗"，因为葡国鸡是百变鸡。

葡国鸡的菜名让人感觉它是欧洲菜。其实，你在澳门尝到的"葡国鸡"确实也像西餐菜。因为澳门的师傅会特意在亚洲本土名

清代外销画

菜葡国鸡里添加奶酪（粤、港、澳习惯把它叫作芝士），这样它就摇身一变，变成了葡国菜。

澳门葡式葡国鸡想原样进入粤菜领地是困难的，因为广东人对奶酪并不感兴趣。但是菜里不加奶酪与本地的咖喱焖鸡就没什么区别，有愧于"葡国"这个菜名。于是进入广东的葡国鸡不加奶酪，改添加花奶和椰浆。改用花奶、椰浆既没

有大家不习惯的奶酪味，又与原本的地方味有区别，带点洋味。这种添加在仍然保留葡国鸡辛辣特色的同时，还增加了椰奶的香味，其辛辣也变得柔和。食客对葡国鸡的新味很满意，尤其是它的汁。于是葡国鸡干脆把原本的少芡汁做成可以拌饭吃的大芡汁，食客开心得不得了。这个变身很成功。现在，这种做法在粤菜市场上已经广为流传了。

完胜山珍海味的霸王鸭

　　李鸿章是清朝四大重臣之一，府上有众多的家厨为他主厨。在他母亲80岁生日那年，李鸿章命家厨每人做一道新菜品展示在他母亲的寿宴上，比一比谁的厨艺更高。李鸿章命令一出，众家厨自然不敢怠慢，都想争个头名。

　　众家厨想，李鸿章是高官，赴宴的除寿星外，座上宾客非富则贵，菜式必须高档。高档的菜式，选料必定要名贵。于是，纷纷在山珍海味上打主意。那些鱼翅、燕窝、鲍鱼、鱼肚统统被家厨们争着选用，力求获得奖赏。

　　家厨中有一位来自广东南海里水的师傅，他的想法跟众家厨不一样。他认为时令菜是最好吃的。现在正值早造禾收割，禾田鸭最肥美。合时令的禾田鸭肉搭配粉糯的莲子、甘腴的咸蛋黄、浓香的火腿、甘甜的栗子，滋味一定不错。如果把鸭肉做得软烂一些，必定会更合老寿星的口味。

　　于是他挑选肥瘦适中的禾田鸭，宰杀干净后在鸭的脖子后侧切开一个口子，运用娴熟的刀技把鸭的整个骨架从这个口子取出，使鸭子成为一个完整的布袋形状。把炖熟的莲子、栗肉、薏米拌进咸蛋黄粒、火腿粒和瘦肉粒做成馅料。将馅料从鸭脖子的开口处填进鸭肚子里，鸭脖子打结锁紧使其不漏馅。用高汤加姜、葱、绍酒将鸭炖熟炖透，取出后趁热在表皮抹上酱油，用热油把鸭的表皮炸至大红色，摆放在精美大盘上，四周围上翠绿的时蔬，面上浇上晶莹透亮的味芡。

　　李鸿章母亲寿宴的那天，赴宴宾客
果然都是达官贵人，其中还不乏饮食老
饕。寿宴上的菜肴色彩缤纷，香气四溢，
非常丰盛。人们一边饮酒一边津津有味地
品尝着各式佳肴，场面很是热闹。

　　酒过三轮终于轮到禾田鸭出场了。"哇！"
不知道谁大喊了一声。这"哇"的一声反映了宾
客复杂的心理。首先是禾田鸭造形大器而又清新，非凡的
气派令人为之震惊。仔细一看，是鸭子，人们心中不免有些泄
气——既非鲍鱼，又非燕窝。然而，当鸭块即将入口时，大家顿
时被香气所陶醉，咀嚼时禾田鸭软滑带粉糯、鲜美夹甘香的滋味
征服了宾客的味觉。宴席上异口同声发出另外一个音"好"。一
时间，寿宴上的山珍海味竟然黯然失色。

　　广东厨师被请出询问菜名。这位厨师想，有莲子，有咸蛋黄，
于是脱口而出，叫"莲王鸭"。一位客人马上纠正说："不对，应
该叫'霸王鸭'。你看，鸭头前伸，意味着独占鳌头，一副霸王
相。"另一位客人接着说："它圆润饱满，肯定是财气冲天。"又一
位客人郑重地说："大家看，菜肴红绿搭配，色彩醒目，预示李大
人福禄寿全呀！"李鸿章越听越开心，重重打赏了那位广东厨师。

　　"霸王鸭"的成功秘诀就是粤菜的烹饪特色，一是注重时令，
二是讲究荤素搭配，三是因人而异。

　　"霸王鸭"不仅流传到现在，而且仍然十分受食客欢迎。不
过，现代人都不愿意称王称霸，所以菜式也更名为"八宝鸭"或
其他名字。1978年该菜式以"莲合香酥鸭"为名入编到由商业部
饮食服务管理局组织编写、中国财政经济出版社出版的《中国菜
谱·广东》里。现在还有不少的厨师喜欢用不同的方式演绎这道
名菜。

『鲜比天大』的广府蒸鱼

鲜而不腥，嫩实各好，一碟蒸鱼能显示一间粤菜餐厅的水平。宰杀一条清蒸鱼背后的秘密，包括选鱼是否严谨、是否干净，火候是否准确，酱汁是否合理，佐料是否辟腥，淋油是否增香等。行家能通过观察蒸碟中鱼的外表，来判断是否是生猛宰杀的鲜活鱼。蒸出来时，鱼眼有没有突出？胸鳍是否竖起来？背鳍和尾鳍有没有粘着碟边？横刀切成的鳝鱼片、塘虱块是否凹凸有致？如果答案为"是"，则基本属于现杀快蒸的鲜活鱼。

顺德是塘鱼之乡，吃淡水鱼由来已久。论鱼质，讲鲜味，说烹调，顺德人蒸鱼之妙，出神入化。广州有一家顺德菜餐厅叫"南国凤厨"，由顺德厨师掌勺，这里的蒸鱼可谓一绝。其追求鱼的原真和鲜美，食客可以来这里品尝到"顺德传统三蒸鱼"。所谓"三蒸"就是盐油水蒸无骨山坑鲩、现剁豉蒜蒸三鰲、古法三丝（冬菇丝、肉丝、笋丝）蒸大和顺鱼。基本囊括古今蒸鱼之最佳技法。

粤语将"匆忙之中的手忙脚乱"称为"频伦"，顺德大良有一家"雷公饭堂"曾演示过一次做"频伦鱼"：将6斤一条的大头鱼去骨，切成无骨鱼片，把骨腩部位生焗成八成熟，上面铺上无骨鱼片。一鱼两味，下煎焗，上蒸焗，鲜美嫩滑，无形无款无得弹，称为"频伦三无鱼"。以往老一辈教人吃鱼一定要慢、要细心，要防鱼骨刺，这里的"频伦"却敢反其道而行，叫客人放心大胆地吃。

蒸鱼要最后才下豉油（酱油），至于怎么个淋法，各有各法，秘而不宣。如果鱼蒸熟了，就将一勺豉油淋在鱼身上，顺德人视之为大忌。他会忍不住火冒三丈："你到底识唔识得食鱼（懂不懂吃鱼的呀）？"正确的方法是在鱼和碟子的间隙里，小心翼翼地注入豉油，由于吃鱼要趁热才鲜，这淋豉油的时间必须控制在两三秒内。看，求鲜求得这么细微！

此外，各家所淋的豉油绝不雷同，都是厨师自己调制的，这是一件秘密武器。用于诱客，绝对有效。

与顺德蒸鱼豉油旗鼓相当的还有珠海斗门井岸益利大酒楼秘制的"海鲜豉油"，30年来，海鲜生意全靠它，从一间小店发展到今天1680个餐位规模的名店。"秘制重壳蟹""豉油王白鸽鱼""清蒸乌鱼"都有赖这款海鲜豉油。

中国大酒店的"花雕女儿红蒸桂鱼球"，在蒸滑蛋的面上，鱼头鱼尾之间铺着卷曲如龙鳞的无骨鱼片，鲜美嫩滑，黄酒与龙虾头汁调校的汁液加进蛋液中，进一步提鲜和辟腥，这一道无骨鱼馔的火候和校味是恰到好处，白雪乌边，橙黄如镜，鱼肉入味，蛋滑酒香。对于一条广州城里罕见、可遇不可求的珠江口河鲜的油鲚，珠江新城的"花城苑"仅仅用油盐姜丝蒸，简单至极。懂吃的，首先用舌头与上腭轻压油鲚鱼头，再慢慢咀嚼，头软鲜美，薄皮嫩肉之间的一层淡淡的黄油，提升油鲚的滋味。来自顺德甘竹滩左滩，经过45日的瘦身，脆肉鲩从20斤瘦至15斤的爽肉鲩，残留鱼身里的泥腥味已消去，五月花广场后的"顺得来"则用"豉汁蒸爽鲩腩"的方法，豉汁吊出鱼味，尝一口爽肉，不觉肥腻。

南沙十四涌的"疍家妹"，有一道每年一度的"疍家礼云子蒸黄脚鲻或鲚鱼"，其滋味隽永。100只怀卵蟛蜞，方集一匙"礼云子"。先将灵活生猛、学名"相手蟹"的蟛蜞用冰冻晕，在水中轻挤奄里的蟹螯，滤水取螯，以油贮之，因其两螯合抱，似古人"拱手行礼"而称蟹螯（卵）为"礼云子"，量稀无价。

从金陵烧鸭到脆皮烧鹅

脆皮烧鹅是广东烧腊行当的灵魂，既可作筵席的美馔，又可作快餐的美食，深得广东人喜爱，是粤菜对外宣传不可或缺的名片。

脆皮烧鹅的技法并非广东原创，是师承南京技法所得。

唐代姚思廉的《陈书》里有陈国因鸭馔鼓舞士气战胜齐国的故事，印证南京人在1500多年前就有这道鸭馔，因而成就"金陵鸭馔甲天下"之说。800多年前，南京厨师在古老的"炙鸭"基础上，发明了利用麦芽糖作焦糖化的辅助剂，使烧鸭色、香、味俱全。再以片皮撕肉的形式膳用，让烧鸭跻身于宋代御膳，成为美食及烹饪技法至臻的象征。

南京烧鸭被称为"金陵烧鸭"。这道菜在1990年前后还是广东特级烧腊厨师考评必选的肴馔。具体做

法是在鸭腋下开一小孔将鸭内脏掏出，用小竹筒将鸭胸顶起使鸭身平滑挺起；关键是用滚水将鸭皮烫紧并涂上麦芽糖。晾干皮的鸭坯在膳用时套在有柄铁叉上摅烧，直至鸭身均匀呈现红彤之色为止。

广东烧鹅是在南京烧鸭的基础上衍生的。

1268年元世祖发起灭宋战争，退往广东新会的赵昺被立为宋怀宗，在广东新会领导抗元。至1279年3月19日因崖门海战失败，宋怀宗赵昺攀爬在陆秀夫身后投海而亡。南宋成为历史。

机缘巧合，这段悲剧却成就了广东烧鹅。身怀宋朝顶尖绝技的烧鸭御厨因勤王辗转流

落到广东新会，使广东新会拥有了烧鸭技术。为了避免遭受元朝的追杀，御厨无奈隐姓埋名，为了谋生计又不得不重操旧业。不过，御厨巧妙之作，使烧鸭技术陡然变身成为具有广东特色的烧鹅技术。

御厨首先将在南京惯用的高邮麻鸭改为广东的黑鬃鹅。其次是用钩环取代铁叉，以挂炉的形式取代人手摇动，从此抹去南京的印记。烧鹅挂炉的设计十分巧妙，柴火在挂炉的外边，热量通过烟囱效应恒定地输入到炉内，多只涂抹了麦芽糖的鹅坯就能轻松烧熟并呈现红彤之色。

最令人赞叹的远不在于批量生产降低劳动强度，而因

清代外销画

炉底有铁镬盛着清水，柴火经过清水的"洗礼"，火毒大大降低，不会引起食者热气（上火），所以百吃不厌。

不过，将烧鹅销售改成预制待售后，鹅肉变质的问题又随之而来。

御厨绞尽脑汁，终于想到了一个两全其美之策：在鹅肉表面涂抹盐味料。这样既抑制鹅肉变质，又赋予鹅肉味道。至此，烧鹅的膳用形式正式转变为皮肉共食，彻底与南京烧鸭分道扬镳。

烧鹅技术的再次升级，是在省城广州实现的。

广州自 1757 年"一口通商"之后，商业繁荣带动餐饮兴盛，广州成为全国乃至全世界的商贸平台，吸引各地名厨前来献技。

此前一直待在新会的烧鹅技师们纷纷奔往广州谋生。他们发现，柴火在外的挂炉并不适合在群居密集的广州使用，有随时引发火灾的风险。于是，炭火在内的新式挂炉应运而生。

新式挂炉炭火置于炉膛内部，完全利用热对流和热辐射传热，使得烧鹅的焦香味更浓。由于热辐射传热迅速，能快捷地消耗鹅皮表面的水分，令鹅皮更易呈现脆的质感，这也是广州烧鹅能够冠以"脆皮烧鹅"的原因。

转眼间，售卖脆皮烧鹅的店铺如雨后春笋般遍布全城，形成了一个崭新的行业。脆皮烧鹅既可作筵席的美馔，又可作快餐的美食。

20世纪末，烧鹅师傅认为既然烧鹅冠以"脆皮"两字，就要充分展现"脆"的特点。怎么才脆？师傅们又开始改进：首先针对鹅皮。选用皮厚身肥的黑鬃鹅，使鹅皮有加热膨化的空间。其次是针对糖水。先是用白醋代替清水开兑

麦芽糖，使鹅皮表面不带油脂。然后是在白醋的基础上增加曲酒，使鹅皮在未烧制前被曲酒低温致熟，烧熟后更加酥脆。而现在多使用酸碱原料混合的糖水，酸性原料可使鹅的生皮变硬、热皮变软，碱性原料则可令鹅的生皮变软、热皮变硬，从而使鹅皮膨化空间加大，由脆变酥。

经过如此这般数次的升级改造，脆皮烧鹅实现华丽转身，在它成为家喻户晓、"食在广州"的标杆美食时，很多人已经忘记它出自何处。

从烧乳猪到『化皮乳猪』

化皮乳猪寓意"红皮赤壮",是广东婚宴上必不可少的金牌美馔。化皮乳猪是烧乳猪的一种形式,而烧乳猪则是中国美食为数不多的"活化石",一脉相承,延绵 2000 多年。

西汉时期《礼记·内则》中就有介绍利用湿泥涂在乳猪表面,再将其放在炭火上致熟的方法。此法拉开了烧乳猪的帷幕。

此后各个朝代的厨师,秉承各施其技的理念完善烧乳猪之技,崭新的技法不断出现。其中最典型的案例发生在 1500 年前。其时,前辈们发现,经过特殊工艺处理,烧乳猪表皮会呈现令人惊叹的质感表现。

贾思勰在《齐民要术》中将这种经过特殊处

理的烧乳猪形容为"色同琥珀，又类真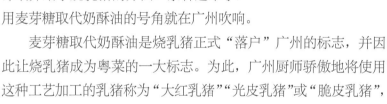
金，入口则消，壮若凌雪，含浆膏润，
特异凡常也"。

到了近代，烧乳猪在筵席上的地位，
鼓舞着无数厨师加入创新和改革的行列，
烧乳猪的工艺频频创新，演绎到无限接
近至臻的境地。

清代美食家袁枚在《随园食单》中
详细介绍了烧乳猪的方法。余音还未了，
用麦芽糖取代奶酥油的号角就在广州吹响。

麦芽糖取代奶酥油是烧乳猪正式"落户"广州的标志，并因
此让烧乳猪成为粤菜的一大标志。为此，广州厨师骄傲地将使用
这种工艺加工的乳猪称为"大红乳猪""光皮乳猪"或"脆皮乳猪"，
并将之列入"满汉全席"的看馔。

1975 年前后，香港一富商要举办一个盛大酒会。他要求，菜
肴除了要体现新颖之外，一定要有烧乳猪。且还有一个苛刻标
准，那就是，猪皮必须酥脆，入口即化。

香港接办团队认为"大红乳猪"历史悠久，工艺成熟，不觉
有什么难度，一口应承。

在酒会举办之前，富商要进行 3 次试菜，以决定宴会入选菜
式。

第一次试菜，烧乳猪名列榜单。

让接办团队始料不及的是，富商对他们出品的烧乳猪十分失
望，形容猪皮是"硬脆，并非酥脆"，直接打了个差评。直至此
时，接办团队方才醒觉，"大红乳猪"的工艺已落后于时代。

按照合同，接办团队还有两次试菜机会，而离下一次试菜只
有 10 天。情急之下，接办团队唯有到广州求教。深谙烧乳猪工
艺的广州厨师很快研发出秘技。第二轮试菜时，用秘技烧出来的

乳猪闪亮登场，富商试菜团试食之后交口称誉，竟然破格地免去第三轮试菜，率先把这款烧乳猪列为宴会指定菜式。

1986 年，英国女皇伊丽莎白二世访华的最后一站下榻广州白天鹅宾馆，白天鹅宾馆同样以这款入口即化的烧乳猪作为筵席的重头戏。结果，这道菜受到英国女皇及随行人员的一致好评，成为一时佳话。

是什么秘技让烧乳猪扭转生机呢？秘密就在糖水上。

前面说过，烧乳猪落户广州的标志，是以麦芽糖取代奶酥油，及后的变革仅围绕着手摊或挂炉方面考虑，只对麦芽糖的浓淡做出调节，其他工艺几乎没有改变。

实际上，早在 1956 年，广州大同酒家的梁冠师傅就已牛刀小试地对烧乳猪的糖水进行改进，可惜改进不全面，不被同行接受。原因在于梁冠师傅设计的糖水，是在清水的基础上配入白醋和曲酒去调兑麦芽糖。白醋和曲酒的比例都未达到酥化猪皮的要求。

经过 10 多年的试验，一批没有留名的厨师前仆后继，终于领悟到乳猪糖水的关键所在，用白醋完全取代清水，再配合曲酒，乳猪皮在高温加热下产生明胶絮化反应，呈现更加令人赞叹的酥脆效果，比"大红乳猪"更胜一筹。

回顾烧乳猪的历史，1500 年前的贾思勰，以及 300 年前的袁枚，都有着共同的凤愿，就是力图让烧乳猪的表皮呈现悦目和酥脆的双重效果。但当年，这些只是念想而非事实，只有走到糖水变革这一步，才真正了却了他们的凤愿。

这关键一步，是广州厨师走出来的。因此一技问世，广州厨师将烧乳猪更名为"化皮乳猪"或"麻皮乳猪"。

『斩料斩料，斩旧大叉烧』

广府儿歌里唱道："斩料、斩料，斩旧（块）大叉烧！"清脆的童声充满快乐。焦香甘甜，外酥里嫩的蜜汁叉烧深入人心，小酌、快餐都离不开它的身影。

清代的粤菜典籍《美味求真》成书于光绪二十三年（1897年），里面介绍"卷煎"的做法时，提及叉烧。这就说明，叉烧在清代已经成形。

实际上，相比于化皮乳猪、脆皮烧鹅等烧味制品，蜜汁叉烧的历史并不长。它是在烧鹅技法从新会传到广州，再从烧鹅挂炉进行变革之后才开启篇章的。

关于蜜汁叉烧开始发展的时间，大家比较公认的时间点是道光二十年（1840年）。

此前，广州的高档食府都被南下官员带来的衙厨把持。原因是衙厨见识广、技艺高，给人感觉具有能够驾驭美食的本事。所以，即使是本地人经营的高档食府也不会轻易将厨房交到本地人之手。这使得广州子弟无缘施展自己的技艺。

道光二年（1822年），一位叫温训的人写了一篇《记西关火》的文章，最后一段成为广州饮食盛况的引证："西关尤财货之地，肉林酒海，无寒暑，无昼夜。一旦而烬，可哀也者。粤人不惕，数月而复之，奢其于昔。"

不过，温训的最大功绩不在这篇文章，而是他率先在广州河南（今海珠区）设馆传授广东本土的烹饪技法，培训了大量立志从事烹饪工作的广州子弟，为广州子弟日后能够顺利接手高档食府的厨房奠定了牢固的基础。

1840年，英国商人愈来愈猖狂地在广东海域走私鸦片，加剧了中英矛盾，继而爆发第一次鸦片战争。一向独享"一口通商"的广州处在战争的最前沿，导致广州高档食府的衙厨纷纷回乡避难。为了正常营业，广州高档食府的经营者不得不起用广州子弟主持大局。此时，由温训培训的具备专业技能的广州子弟发挥了重要作用。

广州子弟成为高档食府的"顶梁柱"之后，具有广东特色的看馔开始崭露头角。

新会烧鹅技术就是在此历史机缘之下传至广州的。而此技术传到广州之后，因广州人对道光年西关大火仍心有余悸，对柴火在炉外的烧鹅挂炉法心怀戒备，他们强烈要求新会厨师对烧鹅挂炉进行安全改造。

新会厨师当然不会怠慢，最早的方案是后来称作"龙凤炉"的样式。这种炉与新会烧鹅挂炉的原理同出一辙，变化仅在于将柴火由原来裸露在外变成在一个密闭的小炉内。由于明显地分成授热区和烹饪区两个炉，设计者形象地称其为"龙凤炉"。

不过，虽然这种炉的安全性比新会烧鹅挂炉大有提高，但由于仅仅是通过对流进行传热，热效率低，没得到广州厨师的广泛认可。直到将炭火直接放入炉内燃烧的广州烧鹅挂炉被设计出来，此事才算告一段落。

广州烧鹅挂炉是将授热区与烹饪区连成一体，除安全性能提高了之外，还有热辐射及热对流融合在一起，热效率大大提高，使制品轻易获得香、酥、脆、滑的效果。

到此时，才具备孕育蜜汁叉烧的条件。

现在已很难说清为什么广州人会将烧熟的肉条称为"叉烧"。但绝不是简单地将肉条挂在炉里烧熟，当中还流传过一句叫作"头炉烧鹅，尾炉叉烧"的口诀。

所以有必要说说这方面的故事。

经过多年的实践，厨师渐渐发现叉烧不同于烧鹅。烧鹅有皮，叉烧无皮，在烧制的过程中肉条很容易流失水分。所以厨师们专门设计了两道"关卡"。

第一道是腌制时加重白糖。有很多新晋厨师看到这，认为这是践行"南甜、北咸、东酸、西辣"的风格。实属不然，这是图取白糖的糖晶成膜性。在高温加热的状态下，白糖高度脱水，形成糖晶。然而，尽管白糖形成糖晶，但肉条外渗的水分随时会破坏糖晶的结构。

所以必须采取第二道关卡补救，就是肉条要立即受到炉火产生的红外线的辐射，令肉条表面迅速固化，形成对外防蒸发、对内防渗出的保护膜。厨师将这个过程称为"烧"。

在肉条外部成膜之后，"烧"的环节可结束，余下的过程便可改为慢火。厨师又将这个过程称为"吊"，旨在利用慢火，让肉条内部的油脂产生油炸反应，促使肉质变得嫩滑。这就是"尾炉叉烧"的精髓所在。

经过"烧"与"吊"两个阶段的加工之后，广州人口中的"叉烧"火热出炉。

不过，对食物质感有着严格要求的前辈厨师却不急于将此时的叉烧供膳。还得淋上甜味柔和并且亮泽的麦芽糖才算完美。

由于粤语"麦"与"蜜"近音，加上"蜜"有甜美之意，于是叉烧就有了"蜜汁"之名。

1998 年前后，芳村（现属广州市荔湾区）的盛苑酒家打破肉条入炉必须立即受到红外线辐射的陈规，改用慢火制作。

原来，这是盛苑酒家制作"脆皮叉烧"的方法。这款叉烧是用五花肉制作，利用慢火在不让油脂外渗的情况下，让五花肉的肥肉脱干水分，从而让肥肉呈现酥脆的效果。

2001 年前后，河南（即广州市海珠区）的炳胜酒家将"蜜汁叉烧"与"脆皮叉烧"技法相结合，在腌制料中加入焦糖，再采用先慢火后猛火的手法让叉烧产生焦香、甜滑的效果。由于腌料中加入了焦糖，肉条颜色变得乌黑，炳胜酒家干脆称这种叉烧为"黑叉烧"。

由西餐转为中餐的红烧乳鸽

唐代诗人褚载的《移石》中有"不是不堪为器用，都缘良匠未留心"的诗句，这正是红烧乳鸽故事的写照。如今，红烧乳鸽声名远播，是粤菜名馔之中的佼佼者。

清代初期，屈大均在《广东新语》写下"鸽之大者曰地白。广州人称鸽皆曰白鸽，不曰鹁鸽。地白惟行地不能天飞，故曰地白。人家多喜畜之，以治白蚁，亦以其多子可尝食……"这段文字，为后世了解乳鸽入馔提供难能可贵的资料。可惜《广东新语》仅为人文地方志，对乳鸽如何膳食没有过多论述。

综观历代文献，乳鸽入馔的文字寥寥无几，仅在万历四十五年（1617年）出版的《金瓶梅》中有一回轻描淡写地提及"鸽子雏儿"炖烂疗病的事。所以，如果不是《广东新语》在后来补说一句，恐怕再无厨师视乳鸽为食材。

乳鸽跻身为食肆日常食材，严格来说与中餐无关，那是西餐的事。有趣的是，说是西餐，倒不如说是广州西餐，它是"食在广州"的成就之一。

扫一扫，更精彩

1880 年前后，一位名叫徐老高的人被旗昌洋行饭堂招为杂工，由于旗昌洋行的买办均为洋人，所以徐老高实质从事西餐厨房的工作。因此机缘，徐老高涉足西餐烹调技术。不久，徐老高因不受洋人厨师待见而离职，为谋生计只好挑着担子随街售卖牛扒。其时，广州南关外有一处名为"太平沙"的珠江冲积沙地，是广州年轻人相约游玩处，消费水平惊人，徐老高慢慢固定在这里摆摊。由于牛扒带有浓郁的西餐气息，立马成为地标美食，招徕更多顾客。

1885 年，获得第一桶金的徐老高决定以地名作招牌，立"太平馆"的名号全面经营西餐。

正是徐老高拉开乳鸽入馔的帷幕。

太平馆开张之后，有擅长饲鸽的鸽农向他推销乳鸽。徐老高灵机一动，决定按西餐做法将乳鸽入馔，推出名为"烧乳鸽"的菜式来招呼客人。

怎么烹制呢？根据 1963 年广州市饮食服务业高级技术学校编印的《名西菜点教材》介绍，西餐烧乳鸽实际上是油炸乳鸽，做法并不复杂，先用老抽涂抹乳鸽表面，再将乳鸽放入炽热滚油内浸炸 15 分钟致熟，然后捞起趁热斩件上碟并浇上番茄汁和伴上炸薯条供膳。

回顾这种做法，绝大多数食客都不会有什么好评。但这是 100 多年前的创始做法，能有这样的烹饪水平已属难得。关键是

徐老高当时采取现炸现卖的手法，确保了乳鸽呈现肉嫩多汁及酥香的效果，使得烧乳鸽成为代表广州西餐的美食，广为传播。

自此之后，乳鸽正式走入中餐（粤菜）厨师的视野。

有了西餐和中餐广阔市场的带动，无数鸽农投身饲养乳鸽的行列，饲养乳鸽蔚然成风。

受着"食在广州"的熏陶，鸽农们逐渐深刻认识到广州人对食物质感评价的精髓。在食物质感评价标准的鞭策和指导之下，鸽农们发现并不是任何鸽种所产的乳鸽都符合烹饪要求。以本土的地白鸽种为例，地白鸽种的乳鸽过于细嫩，稍做加热就会收缩，丧失饱满感。而其他信鸽品种的乳鸽虽不太收缩，却又是肉韧骨硬，难于咀嚼。

于是，鸽农们掀起了杂交鸽的浪潮，为餐饮业量身定制的乳鸽应运而生。先以美国王鸽作为母本，再以各地鸽种杂交提纯，使得乳鸽往皮实、肉厚、身肥、骨软脆的标准靠拢。当中最著名的是中山石歧乳鸽。

在后续的100多年里，广州可见的烧乳鸽几乎都遵循徐老高设计的西餐做法施行，果真是"一直被模仿，从未被超越"。

不过，这个神话终被香港发生的一场风波打破了。

随着香港经济腾飞，肉制

品的需求不断上升，以传统方式养殖的鸡供不应求。于是，有鸡农贪图利润用所谓的"肥鸡丸"对鸡进行育肥以加快上市。

风波的爆发点在1983年。当时有机构发现，所谓"肥鸡丸"实际是危害健康的雌性激素。由此引发了"打针鸡"风波，导致香港人在一时之间谈鸡色变，食肆鸡馔无人问津。在此形势之下，香港食肆的经营者不得不推出各种鸽馔救市。

此时作为"大后方"的内地伸出了援手，在厨艺高超的广州粤菜师傅的精心设计之下，一款名为"红烧乳鸽"的名菜应运而生，让香港食肆走出生意下滑的困局。

事实上，西餐的烧乳鸽在烹饪法的归类上属于生炸，乳鸽的脆嫩质感与油炸耗水有关，炸的时间愈长，耗水愈多，乳鸽就愈酥脆。然而，反效果是降低了乳鸽的嫩滑度。

粤菜师傅接手而做的红烧乳鸽则采用熟炸手法，扭转了这种局面。

粤菜师傅参照1945年由广州大同酒家创制的"大红脆皮鸡"的方法操作，将乳鸽用配放各式香料并调上味道的白卤水浸熟，捞起用麦芽糖水涂抹并吊挂起来将鸽皮晾干。膳用时才将乳鸽放入炽热滚油内淋炸，使乳鸽达到皮脆、肉嫩及色艳红的效果。

采取熟炸及借用麦芽糖作焦糖化反应助剂的方法制作，大大地缩短了油炸时间，油炸耗水的现象受到抑制，油炸乳鸽的品质得到极大提升。

从此，烧乳鸽由西餐做法易手成为粤菜做法，并正式更名为"红烧乳鸽"。此后30多年来，红烧乳鸽不断得到粤菜厨师的优化及改良，逐渐成为粤菜的标杆美食。

白切鸡升级之「撒手锏」

"无鸡不成宴"是广东人的口头禅，当中的鸡以白切鸡最喜闻乐见，所以白切鸡当仁不让地成为广东宴席的标杆美食。

白切鸡是广东人的叫法，浙江人称"白片鸡"，江苏人称"白斩鸡"。而这三个名称恰恰又是反映制作技艺向前发展的风向标。

清代美食家袁枚在《随园食单》中最早提及白片鸡。光绪三年（1877 年），浙江人夏曾传为《随园食单》作补证时记下了他的心得，说："……使骨际血色带红最妙。若过此候便老，必以煮烂为度，而味已全在汤中矣。"明确厘定白片鸡所采用的火候是极滚状态并且以骨际血色带红作为熟度标准。

江苏人将鸡馔易名为白斩鸡。

民国二十五年（1936 年），由韵芳女士主编的《秘传食谱·鸡门》记录了 3 个以高温致熟制作白斩鸡的方法。当中有一个方法还十分新奇，将预先烧滚的几壶开水依次趁着沸腾淋在鸡肉上使鸡致熟。韵芳女士提到此法是从前清御膳房里秘传出来的。

纵观白片鸡及白斩鸡的烹法，不难发现一个共通点：除对烹制水量做调整之外，仍然僵持在非高温致熟不可的层面上。

说到这里，该轮到粤菜师傅出场了。

"白切"是用清水将肉料煮熟的烹饪形式，这类食品在广东并不罕见，《清稗类钞》所说的"不求火候之深"也旁证了这类食品在广东早已存在。自古以来，广东人就以白切和生食的形式制作食物。白切针对陆生动物，生食针对水生动物。

正是有这样的历史渊源，粤菜师傅烹制白切鸡的手法才显得驾轻就熟。他们另辟蹊径，采用了一种中温致熟的方法烹制。前辈厨师将这种方法的水温表现称为"菊花心"，即将致熟介质的清水加热至涟漪状态。这种方法后来称为"浸"。

有了可烹之材及可烹之技之后，白切鸡是否就理所当然地达到尽善尽美的境界呢？

倒也未必。故事还没有结束。

《清稗类钞·饮食类·小酌之消夜》记载了广州酒楼夜宵菜肴有一碗二碟。二碟里的冷荤，是"香肠、叉烧、白鸡、烧鸭之类"，当中的白鸡就是白切鸡，从中说明白切鸡是以冷荤的形式膳用。也就是说，白切鸡致熟之后还有一个晾凉过程。粤菜师傅将这个晾凉过程称为"收汗"。这个过程使白切鸡的水分无休止地挥发。

粤菜师傅使出了一个《随园食单》及《秘传食谱·鸡门》都没有提及的"撒手锏"：待鸡致熟之后趁热捞到凉开水里迅速降温。这道工艺称为"过冷"。让鸡皮由热胀松弛状态变为冷缩收敛状态，获得爽滑的质感。

从此，这款白切鸡成为广东地标美食。

1980 年，白切鸡制作再次迎来新的突破，技艺登峰造极。

新技术由广州清平饭店的王源师傅发明。王源师傅认为，鸡皮会有爽滑和爽脆两种质感表现，呈现怎样的质感则取决于降温速度。与此同时，王源师傅还认为，致熟介质及过冷介质也会直接影响到白切鸡的鲜味。

于是，王源师傅就从两方面着手：一方面将致熟介质和过冷介质改为由浓汤加香料熬成的白卤水，另一方面将过冷介质的白卤水先进行低温处理。

经过白卤水浓味炮制和骤热骤冷的双重技法处理，白切鸡的味道、质感相得益彰，名声大振，销量不断攀升。

王源师傅骄傲地以店名作号，将这种白切鸡命名为"清平鸡"。时任广州市市长黎子流亲尝过后赞不绝口，当场挥笔洒墨写下"广州第一鸡"的横幅。

白云猪手初创之时属于爆炸性技术。这个技术甚至改变了粤菜烹饪的形态，让粤菜烹饪提升了一个级别。

为了衬托白云猪手的成就，粤菜师傅还专门为这道菜量身定做了一个引人入胜的故事。

话说在清代，白云山上有一座寺庙的两位小和尚想解解馋，趁着师傅外出，到市集买了几只猪手打算好好享用一番。他们携上灶具到了白云山九龙泉边，用泉水煮猪手。让他们意想不到的是，无论猛火慢火，煮了很久猪手怎样都啃不动。

唯有继续煮，终于猪手啃得动了。恰在这时，闻得师傅回来。因怕被师傅责罚，小和尚匆忙将煮熟的猪手藏泡在九龙泉水里，想着等明天再来享用。谁知他们走后，一樵夫来到了九龙泉，发现了他们藏在泉水里的猪手，于是捞起带回家中。樵夫回家后，正值妻子炮制夏天解腻的咸酸食品，樵夫就将猪手破开斩块，与咸酸食品一道泡在咸酸醋里头泡浸

第二章 名菜故事

入味。第二天，樵夫打柴回家，想起了昨天炮制的猪手，连忙拿出与妻子一块品尝。尝后赞不绝口，猪手酸甜解腻，还爽脆异常，真是大快朵颐。

故事精妙之处不在调味的咸酸醋上，而是在煮熟的猪手泡在泉水这个步骤。

亲自烹制过猪手的食客都知道，用水烹煮猪手只会愈煮愈软，根本就不会爽脆。

爽脆是怎么回事呢？

众所周知，猪手的表皮由明胶构成，在水环境下加热会吸水膨胀松弛。此时膳食，猪手就会软软糯糯，不被广东人接受。白云猪手所创的爆炸性技术就是待猪手煮熟后趁热捞到冰凉的清水里，让猪皮明胶由热胀松弛状态变为冷缩收敛状态，使猪皮急促收紧而变得爽脆。

这个过程，后来被粤菜师傅称为"过冷"。

这个发明过冷技术的故事，揭开了粤菜新烹法的序幕。

本书有白切鸡的故事，而白云猪手幕后的故事，更加扣人心弦。

在白切鸡故事里提到白片鸡及白斩鸡的做法。其实背后是江苏厨师、浙江厨师与广东厨师的技艺大比拼。江苏厨师与浙江厨师仍然僵持在非高温致熟不可的层面，广东厨师使出了由白云猪手衍生出来的过冷技术，技高一筹，最终让白切鸡彻底地打上粤菜烙印，成为广东地标美食。

由此可见，白云猪手成就非凡。

广东民谚有"咸鱼腊肉，见火就熟"。腊肉是日常且便捷的干制食品，常被人作为聊表心意的手信馈赠亲朋好友。

腊法的工艺源远流长，早在周代已设立"腊人"的岗位，专司此项工作。

到了宋代，浙江人开启复合腊制法的先河，率先结合腌法制作猪腿，使猪腿能喷发出浓郁香气。其制品就有鼎鼎大名的"金华火腿"。金华火腿有一个标志性的"摭擦"工艺，就是将食盐摭擦在猪腿上抑制猪肉变质，发酵3天才将猪腿摆放在露天的晾晒架上干燥。

不久，江苏人也创出了南京板鸭的制作工艺，让腊制品又多了一个声名远播的新成员。南京板鸭是对金华火腿工艺的继承和发展，在完成摭擦工艺之后，再将鸭坯放入盐卤里浸渍。

也就是说，金华火腿是用腌法与腊法相结合制成，而南京板鸭是用渍法与腊法相结合制成。这两种方法成为腊制方法的典型范本。

在这两个典型范本之后，广东人接棒上场。用酱油加工，也就是采用郁法与腊法相结合。现在"腊"字读作 là，很少人

第二章 名菜故事

会记得从前读作xī，这就是受广东人的影响。由于岭南夏季高温，广东人多选择农历十二月进行腊制，此时既有阳光，气温却不高。农历十二月是"臘月"。后来"臘"字简化成"腊"字，也使"腊"字顺理成章地改变读音，成了 là。

1930 年前后，一位名叫谢昌的人创制了今天广东腊肉做法。

谢昌采用郁法与腊法相结合的方法制作腊肉：将切成长条的五花肉用豉油、白糖及山西汾酒等腌郁（用豉油腌渍），再利用冬季明媚阳光及干燥北风将五花肉腊干。

这样做有三个优点：第一是在阳光中红外线的照射下，猪瘦肉中的血红色素迅速受热固化，呈现出红艳的颜色，否则会黯瘀；第二是在阳光和北风的双重作用下，肉条表面的水溶性蛋白迅速固化并形成一道保护膜，使油脂不往外渗，使成品呈现爽而不腻的质感；第三是在北风低温环境下让肉条轻微发酵形成芬芳香气。

之后，腊味店纷纷仿照谢昌的做法，并将腊法延伸至其他腊味，形成广东腊味的特色。

扫一扫，更精彩

潮州菜和京帮菜很不同，它没有皇家色彩，却贵气逼人。所谓潮菜如乐，香韵悠长，潮商带着潮菜在外打拼，于是潮菜被那些走南闯北的潮商传播到各地。潮商成就潮菜！

乾隆嘉庆以后，海禁渐宽，海上贸易活跃。素有海上贸易传统的潮州商人，践履风波，上溯苏松津门，下至广府雷琼，南洋诸国，视若比邻。帆船贸易，必须等候风讯。候风期间，商人们逗留各地商埠，货栈、商号、会馆应运而生。以会馆为核心，潮州商帮自然形成。商人商业的和日常的应酬活动，都喜欢在饭店里进行。

1978 年，潮籍泰国商人在香港开办了一家高档潮州酒楼，成功掀起了一波高端潮菜热潮。该酒楼虽然价格昂贵，却门庭若市，客似云来。东南亚华侨、日本游客纷纷慕名而来。

20 世纪八九十年代，旅港潮人达百万之巨，潮菜从鲁、川、粤、淮扬四大菜系中脱颖而出，成为中国香港的顶级美食，并扩展到中国内地和世界各大城市，仅美国纽约就有高档潮菜馆 10 多家。在世界美食版图上，出现了港式潮菜、南洋潮菜与本土传统潮菜共生共荣的发展局面。可以说，是潮商携着潮菜走遍天下。

潮菜的特点与地理、历史、人文有很大的关系。潮汕地区有河水入海，海水相对不太咸，鱼鲜的味道与其他地方不一样，得天独厚的地理环境为潮菜提供了很好的食材。而历史上，潮汕地区是偏僻的地方，老百姓比较穷，吃得清淡，也没有喝烈酒的习惯，所以，人们的味蕾都比较灵敏，对食材的原味敏感，久而久之，潮菜就形成了"重汤轻油、淡而有味"的特点。这样的特点令潮商惦念家乡菜，最有代表性的就是"鱼饭"。

鱼饭是最传统、最简约的潮菜。一般人一听到鱼饭，便以为是"鱼＋饭"。岂知，那里面根本没有饭，只有鱼，是以鱼为饭。在粮食金贵的旧时，渔民出海几日不归，就靠这些耐放的熟海鱼充饥，船上最主要的食物就是鱼饭，以鱼当饭实属无奈。可就是

扫一扫，更精彩

这一极其简便的烹饪方法，将海鱼的鲜美悉数挖掘，在今天看来真是匪夷所思！

如今，在粤港澳大湾区，鱼饭也被称作"潮州打冷"（冻食），以品种丰富、价格低廉、风味独特吸引外地人。在潮汕地区的菜市，不少摊档在售卖鱼饭，最常见的是把鱼叠成菊花状或并排摆放，容器多为竹箩子。

要吃正宗鱼饭，最佳选择是汕头达濠。鱼饭有几十种，且根据时节而转换，常见的有巴浪、乌头鱼、竹签鱼、大眼鱼、马面鲀、马鲛鱼、那哥鱼、鲷鱼等等。达濠制作鱼饭有一百多年历史，制作手法完全吻合环保简约的理念，把新鲜出水的鱼清洗干净，用盐水煮熟，煮到鱼眼睛爆出即收火，凉冷。在没有冰箱的日子，海边人靠着民间智慧，做出的鱼饭即使在夏天，也能保存好几天。

潮汕女人都会做鱼饭，当她们买到刚出水的巴浪（一种廉价的瘦长的浅蓝色带闪光的海鱼）时，家人便有几天的鱼饭可吃。好鱼饭的前提是巴浪要超级新鲜，以刚出水从渔船卸下的鲜度为准，冰鲜巴浪是无法做鱼饭的，因为鲜度减了很多。从前，新鲜巴浪鱼饭价钱十分便宜，确实是平民的海鲜主食。

巴浪天生就是做鱼饭的料，几乎四季都有，煎、炸、蒸、炆都不适合做巴浪，如果巴浪不做鱼饭，只配喂猫。只有平民百姓待它如海鲜，用它来做鱼饭，真是"点石成金"之举。鱼饭犹如"金手指"，使巴浪摇身一变，成为潮菜"明星"，成为脍炙人口的潮汕美食。

幽香恒久是卤鹅

中国粤菜故事

卤味绝对是潮汕人根深蒂固的食俗，能让味蕾颤抖的，非潮州卤味莫属！

潮州卤味是恰如其分的好，不温不火，幽香恒久。它非常契合潮州人平和儒雅的气质，内外兼修，低调而有内涵，隐隐的香气透过卤味慢慢渗进你的味蕾，让你不得不佩服潮州人的饮食智慧。

在潮州菜中，卤味是主要代表，通常用来打头阵。作为宴席首道菜，不先声夺人怎么行？潮州卤味辛香味重，香气扑鼻，回味悠甜，这种特质让潮州人深深迷恋，饭后还可以慢慢回味卤水渗出的香味，直到齿颊留香。

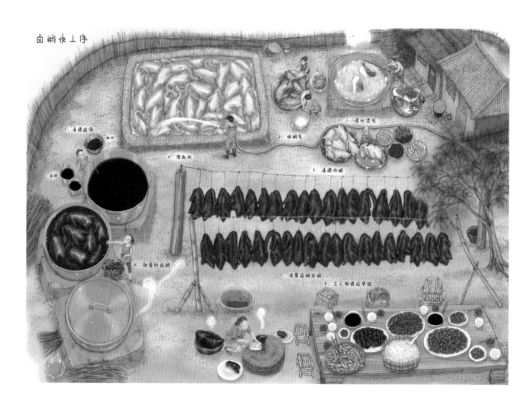
卤鹅夜上序

潮州卤味以狮头鹅卤制，肉质肥美，香滑入味，肥而不腻。头部突起状若狮头的鹅，体形硕大，几近鸵鸟。最受欢迎的部位是头、掌、翼、肠。

卤味好不好吃，关键在于卤汁，不同的卤家拥有自己的秘方。

几十种香料配制成大而全的卤方，一代一代传下来。几年前参观一间中型卤场，那口桶状的不锈钢锅就有 1.2 米^3，锅内的卤水有 80 年的历史，配方只在掌门人一个人手中，即使这张发黄的配方丢失，其配料比例也早已烂熟于心。晚上11 点，我跟他来到工场，里面已经是一片热火朝天的景象，用柴火燃烧的 4 个铁锅里热水沸腾，烟雾弥漫，几个工人正将一头头硕大的狮头鹅往水里烫，再捞起来，使出手劲将鹅毛拔除。拔完毛，经过清洗，取出肠、肝等内脏后，就放置在 12 米^2 左右的水池里，等待卤制。他们从晚上 9 点左

右开始宰鹅，一个晚上要宰杀100 多只鹅。卤汤已成浓稠的黑红色，站在几米远处依然能闻到幽幽的卤香。卤汤分为三层，每次开卤时，要将锅中最上方一层"卤膀"和第二层"血水"捞出，分别装进不同的桶里，一直捞到见卤为止，以保证卤汤纯正无杂味。然后开炉，将卤水烧开。凌晨 2 点，老师傅将洗干净的狮头鹅一只只放进滚烫的锅中，然后顺次放入川椒、陈皮、八角、丁香、豆蔻、肉蔻、小茴香、桂皮、芫荽籽、香叶、草果、甘草 12 种香料和老姜、南姜、豉油、鱼露、冰糖、白酒等配料。为了让每只狮头鹅浸泡到卤汤，他们要加上一个不锈钢锅盖，再压上木条，锅底开足火力。

卤 1 个多小时，师傅爬上梯子用钢勾将鹅逐只捞起，悬挂晾干。至凌晨 5 点多，卤鹅完成所有工序，卤香四溢的鹅运到市区门店，运到大湾区各市。

蔚为壮观的咸杂阵

潮州菜的有趣之处在于主料尽量表现其"本味",辅以变化万千的酱碟相佐,一菜一碟或一菜多碟。潮州菜常用的调料有豆酱、鱼露、酱油、甜酱、桔油、梅羔酱、白醋、陈醋、三渗酱、沙茶酱、芥末、辣椒酱、豆油、麻油、川椒油……生炊龙虾配桔油、芥末,蚝烙配胡椒粉、鱼露,灼响螺片配虾酱、梅羔酱,牛肉配沙茶酱,蛇肉火锅配炒豆酱,血蚶配专制的三渗酱……点蘸交汇,意味深远,意境隽永。

咸杂是潮汕人家中的佐餐小菜,起码五六样。没有咸杂的日子,他们不知怎样过。咸杂之于潮汕人,已是一种源于血脉的必需品。

潮汕咸杂被称为潮汕人的贴心菜,不单可日常食用,筵席上往往也要加几碟咸杂。张华云有一首题为《杂咸》的竹枝词曰:"腌制杂咸五味全,虫鱼果菜四时鲜。稀糜小菜闲花草,怛怛怩怩上酒筵。"潮汕在宋朝就已经有了腌制品,北宋文学家苏东坡与揭阳吴复古交好,在为其作《远游庵铭并序》称"相逢乎南海之上,踞龟壳而食蛤蜊者必子也"。宋元丰年间,彭延年隐居在揭阳浦口村,作《浦口村居》五首,第四首写道:"浦口村居好,盘飧动辄成。苏肥真水宝,鲦滑是泥精。午困虾甚脍,朝醒蚬可美。终年无一费,贫话足安生。"可见,宋朝时潮汕人家居饮食就有喜用鱼虾贝类之习俗,并视其为美味,在当时的条件下,把这些水产品用盐腌制起来完全有必要。

潮汕咸杂分三类:第一类是蔬果。以蔬菜、瓜果为制作原料,如菜脯、咸菜、贡菜、橄榄菜、脆瓜、乌榄、香菜心、橄榄糁、酱瓜、甜瓜脯、咸瓜脯等。第二类是水产。以小鱼和贝壳动物为制作原料,如鱼仔、鱼脯、钱螺鲑、腌虾姑、咸蟹、薄壳、红肉米(一种细小的贝类)等。这类咸杂较为鲜美可口,但保质期短,季节性强。第三类是杂豆,以黄豆、乌豆、花生等为原料,如贡腐、乌豆、豆仁、甜豆、豆干条等。

为了早上那碗白粥，世世代代的潮汕人竟然做出近百种咸香之物相配，如果全部用小碟摆上，12人的大圆桌恐怕也放不下，蔚为壮观，举世无双！

不同的咸杂让你从米香走入更细致、更微妙的口感境界，乍看之下全是小菜一碟，一旦进入口中，味蕾立即感受到各种精彩，让人难以抗拒，它绝对是丰富多彩的平民美食。

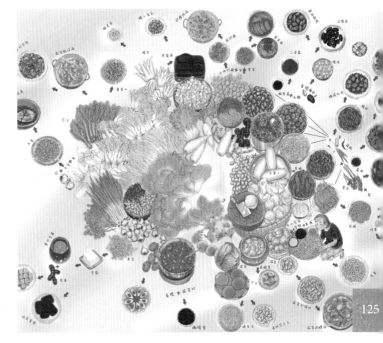

汕头的大型菜市必有咸杂铺，从四时蔬菜到鱼鲜虾胩……最常见的有咸菜、萝卜干、贡菜、咸瓜、四色菜、乌榄、橄榄菜……甚至西瓜皮都可以做成咸杂。

还有用小水产腌制的咸杂，他们称为"鲑"，比如用小虾腌制的称"虾苗鲑"，用黄泥螺腌制的称"钱螺鲑"，用薄壳腌制的称"凤眼鲑"，用小鱿鱼腌制的称"厚尔鲑"……当然还有腌小蟹及咸虾干等，用这些小咸鲜下粥，妙不可言，开始美好的一天，非它莫属。

汕头人去市场说"买咸买咸"，莫非与这丰富无比的咸杂阵有关？

菜市场早上6点半开门，咸杂档口挤满了人，品种从低至高一层一层摆上去，少说也有百十种，并行不悖。想买哪种指哪种，没有人问价钱，档主利索地将你要的咸杂装进竹壳中，你快速给钱就行，一家人就等着这些咸杂下粥呢！

扫一扫，更精彩

打冷全套
豪华阵容

潮汕人以家乡的夜排档为荣，不带你去体验，他简直过不了自己那关。他们是多么乐于与你分享和解读他们的人生况味啊！

汕头某著名的大排档，就让人有检阅陆海空三军的快感。它更平民、更市井、更接地气。一家简陋的排档能提供 500 多种菜式供你挑选，光视觉上就很震撼，先让眼睛看个够，我们向往的都在眼前，这样的时光尤为珍贵，我只想用双臂紧紧地拥抱这一切。

你由衷地感受到海洋对人类的无私馈赠，被它的丰富震撼！它们谦卑地匍匐在长长的木桌上，多彩夺目，时刻准备着给你以舌尖上鲜甜、饱满的海味享受。就餐前的满足感真的不可思议，你仿佛打开了一扇海底世界的窗户，又仿佛翻开了一本百科全书。

从鱼饭打冷、生腌杂咸、卤水煲仔到待炒待蒸的冰鲜或游水海鲜，数都数不过来，更是无法记住，只想知道，要来多少回才能吃遍这么多品种。

在这样的夜排档，你很容易产生选择性困难。如果你问老板，哪样是招牌菜？老板一副为难的样子，在他心目中样样都好，样样都鲜，不好不鲜的绝不会摆上桌面。你只好完全相信他，让他帮你挑。挑几样海中鲜物，几个老友浅酌细品，海阔天空，真是美妙的一夜！

潮汕更草根的夜排档是在天黑以后街边巷口临时搭起的炉台板凳，那是平民喜欢待的地方，不适合宴请外地朋友。在潮汕人心目中，那才是正宗的夜排档。三五知己在那里闲聊，一聊就到半夜。汕头老城区保留着不少原汁原味的类似台湾夜食风情的夜宵档。务实的潮汕人知道街边档的实惠与体贴，熟客们与档主的关系如同鱼水，太久不来会惦记，没有检阅的快感却有温情的暖意。虽然品种不是很多，来来去去就那十多样，但档主大火快炒后迅速送来的时令海鲜，还带着铁锅的热度，跟家里做的没有区别。不一样的是，这里有夜空、有街景、有海风，更有家人般的熟悉与关怀。

扫一扫，更精彩

冰碗羹碧护国菜

真正的素菜荤做方法来自潮州菜系，云腿护国菜就是当中的典范。普通的野菜叶一般只用来饲喂动物，却被潮汕人做到清香味美、软滑可口，成为家喻户晓的名菜。

经过一代代厨师的改造，护国菜从最初使用野菜叶发展到如今的番薯叶、通心菜叶、君达菜（厚合菜）叶、苋菜叶、菠菜叶等，并且从纯斋菜提升到素菜荤做，造型上也匠心独运，摆成太极图案。为什么这种原来登不上大雅之堂的野菜叶或杂菜叶经过精工细作，竟然成了潮州汤菜之上品，常常出现在高级宴会上，与燕窝、鱼翅为伍呢？

这里有一段掌故。

相传在1278年，宋朝最后一个皇帝赵昺逃到潮州，寄宿在一座深山古寺里。寺中方丈得知他是宋朝皇帝，对他十分热情、恭敬。看到他及随从们一路上风餐露宿，疲惫不堪，又饥又饿，本想做点丰盛的饭菜款待他。无奈因连年战乱，庙里香火减少，僧人的日子也过得很凄惨，此时不但没有罗汉斋，连一般的青菜也找不到。方丈只好叫小和尚到庙后地里摘些野菜叶来，用开水烫过，除去苦涩味，再剁碎，放些花生油，制成一道汤肴。小皇帝饥渴交加，见这菜碧绿清香，便吃得津津有味。吃完问方丈："这道菜叫什么？"方丈合掌谦卑地说："山野贫僧，不知菜之名。此菜能为皇帝解除饥渴，保护龙体康健，贫僧之愿足矣。有万岁在，就有大宋朝在，宋朝百姓皆有希望。"小皇帝听后十分感动，于是封此菜为"护国菜"。从此护国菜之名流传四方。又因该菜汤色碧绿如翡翠，观之令人悦目，食之鲜嫩可口，滑而不腻，遂成了汤菜上品。

现在护国菜的做法有两种：一种是传统做法。将番薯叶或上述其他菜叶，用刀剁碎，经炮制后加入上汤、火腿、干草菇等，其风味特色是颜色碧绿，口感嫩滑，味道鲜香，饱含肉味；另一种做法是新改良的。用料理机搅拌器把菜叶搅烂成泥，再加入上汤、鸡油而成。

　　传统做法颇费功夫。先浸泡番薯叶，把番薯叶茎丝抽掉，放入有纯碱的开水灼过，再用冷水漂几次，使番薯叶更显碧绿，且去除苦涩味。然后再经一道工序——用上汤入味。护国菜的关键是那坛高汤必须足料，高汤浓则菜肴香。高汤是用老母鸡、排骨、猪脚、火腿、罗汉果等加清水，经过 10 多个小时的慢火熬出来的。汤色清醇，味道鲜香，肉味浓郁。这道上汤在制作潮州菜时用途广泛，如鱼翅、鲍鱼等高档菜肴必用此汤。

　　潮式素菜最大的特点是"有味使其出，无味使其入"。所用的原材料一般是带有苦涩味的，也有无味的蔬菜类，"有味使其出"就是去掉蔬菜所藏的苦涩味和杂质。而"无味使其入"是指在烹制过程中，加入饱含肉味的上汤或老母鸡、排骨、瘦肉、猪脚等动物性原料，让肉味渗入蔬菜中，让荤与素、清醇与香浓糅合在一起，成为一种复合美味。

　　1962 年中央军委副主席贺龙到汕头视察时，汕头大厦的老师傅曾安排了一道护国菜。当时是用番薯叶制作的。贺老品尝到既香滑又碧绿的素菜羹后大加赞赏。不过，1966 年"文革"期间，这道经典名菜被当成"封资修"批判，并被封杀。后期，师傅们把它更名为"天河素菜"，改革开放后，才重获原名。

　　1989 年汕头市人民政府林净辉秘书长带队到新加坡文雅大酒店举办潮汕美食节时，护国菜受到新加坡华人、华侨和潮汕乡亲的交口称赞。在宴会上，护国菜与鱼翅被放在同一等级。据说，后来宴会做了"二选一"调整：有护国菜，就不上鱼翅，因为它们价值相当、价格同等。

12

炭的上面是响螺

从前，在潮汕地区，响螺只是寻常物，海底一年四季都有。渔民把整只螺丢进柴火中烧熟，砸开挑出肉来吃，没觉得有什么了不起，其名气远不及蚝。清人竹枝词："响螺脆不及蚝鲜，最好嘉鱼二月天。冬至鱼生夏至狗，一年佳味几登筵。"

时而世易。如今，响螺已是顶级食材，比肩燕翅鲍参。更重要的是，烹技已升级换代。

炭烧响螺让潮汕人引以为傲，因为只有潮汕人烹得出色。在第四届"南粤厨王争霸赛"中，潮汕区唯一入选者刘锦荣就是烧响螺的高手。

响螺学名长辛螺，渔民常用其壳作吹号，声音洪亮，故有响螺之称。明代屠本畯在《闽中海错疏》中曾载："香螺大如瓯，长数寸，其掩（音：yǎn）杂众香烧之，使益芳，独烧则臭。诸螺之中，此螺味最厚。"这里提到的香螺，即响螺。

据悉，响螺之所以身价不菲，主要是其生长缓慢，出产率较低。再加上它对生长环境极为挑剔，无法人工饲养，全靠捕捞。

炭烧响螺属于高档潮菜，烹制过程复杂烦琐，传统的制作手艺分为洗螺和煮螺。因为响螺栖息于带较深砂泥质的海底，喜食底栖性贝类，所以腥味较重，烧制之前必须清洗、杀菌、去除黏液和杂质。洗螺的方式是将响螺连壳放在炭火上烧，倒入烧酒，沸至冒泡时把酒全部倒出。然后再将高汤、花椒、葱、姜、黄酒、酱油、盐等配料混合而成的烧汁灌入螺壳内，直至烧汁浓缩被螺肉慢慢吸干为止。炭炉上的专用铁架离火约15厘米，火力讲究先武后文。

烧好后，趁热挑出螺肉，剔除肠和硬肉，片成薄片即可。此时的螺肉色泽白嫩，口感柔韧鲜香，令人回味无穷。个人认为，新鲜的响螺不用添加太多调味料，如味精、胡椒粉、麻油等皆可舍弃。

炭烧响螺不仅食材讲究，做法也非常精致。烧制的时候，火候不到腥味难除，火候太过螺壳易裂，时间太长则肉质老化，非常考究厨师的经验。

常见的响螺烹法还有白灼响螺、上汤螺片、油泡螺片、红炖螺角、橄榄炖螺头等。但

烧得好的响螺吃起来就像溏心干鲍，柔韧味浓，余香满口，与鲜美脆嫩、爽口多汁的白灼螺片大异其趣。

难怪此菜享誉中外，传诵至今。

扫一扫，更精彩

佳偶天成的梅菜扣肉

梅菜扣肉之精彩处，在于互扣之后的角色互换，两者同中有异的若即若离。

荤素搭配，属于做客家菜的常态。历史上客家山区肉食稀罕，若不配些素菜混着来吃，很不符合客家民系的勤俭习惯。爱扣才懂吃，那是颇经典的一种客家菜烹饪手法。本来互不相干的两样食材，"拉郎配"般地凑在一起，经长时间的柴火作用，竟可以让彼此口味互渗，你中有我，我中有你。

客家扣肉其实可用各种素菜搭配，偏偏配上梅菜才特别招人喜欢，由此成就了客家菜中荤素相遇的"佳偶天成"。

梅菜为客家菜系中的素菜经典，由蔬菜经加工后才告角色功成。梅菜为什么叫梅菜？梅州人会马上告诉你："梅菜梅菜，梅州的菜嘛！"

惠州人却认为，梅菜源自阿牛哥与阿梅妹的一段美好爱情故事。那年山洪暴发冲断了桥，阿牛哥打柴回来，见有个妹子过不了河，于是就牵来水牛帮忙。接着，两人相爱了，情到浓时妹子告知了真相，仙女下凡的她要回天宫了。妹子名叫阿梅，临别时送以菜籽并授以菜干做法。当地人视为天物的菜干，从此就叫作"梅菜"。

同为梅菜，说法不同。怪不得梅州、惠州两地的做法是有差异的，口感因此也有差异。惠州做法要经晾晒、精选、飘盐等工序，根据不同口味需求，又有"咸菜干""甜菜干""淡菜干"等不同出品；梅州做法则重在反复的蒸与晒，"三蒸三晒"甚至"七蒸七晒"，但求调理出梅菜天赋异禀的芳香。

只为那以扣为名的菜肴结合，"这一半"着眼于品质修为，已然花了那么大力气；"那一半"又怎么可以简单应付？

有梅州大厨简列了"二师兄"变身扣肉之前，所需历练的如下步骤：将切成大块的带皮五花肉放水里煮，至筷子能插入；肉皮表面上扎以小眼，

柚子皮扣肉

梅菜干扣肉

粉葛扣肉

豆角干扣肉

芋头扣肉

并抹点老抽；整块肉皮朝下放入油锅中，炸至皮金黄；切成长形块状，每件约长 8 厘米、宽 0.5 厘米；拌以生抽、老抽、南乳、米酒、白糖、五香粉等，上好待出门的"妆"。

　　讲究的大厨，还专注于"一两扣"。也就是说，已为成品的"那一半"扣肉，不多不少刚好一两重。之所以这样，是为满足爱吃扣肉者一整块塞进口腔的容量要求。肉要大口嚼，才不至于辜负做扣肉者的一片苦心。妙就妙在这肉看着很肥，及至入口，肥肉即化，口腔充斥掺杂梅菜香肉汁的刹那感觉，简直妙不可言。而梅菜因为吸饱了肉汁，犹显甘香。

　　问世间扣为何物？直教梅菜配五花肉置器皿中慢火相许，遂成美味经典。

扫一扫，更精彩

酿豆腐，缘出「山寨版饺子」

中国粤菜故事

134

客家人为什么爱吃酿豆腐？

有一种说法，是缘于招待客人。家里来了两拨客人，一拨爱吃豆腐，另一拨无肉不欢。好客的主人谁都想讨好，聪明的主妇说这不难，把肉酿进豆腐里岂不就皆大欢喜？

另一说法，与吃饺子有关。客家人的祖先来自中原，骨子里有爱吃饺子的基因，迁移到山区却找不到面粉了，怎么办？有豆腐啊，于是山寨版的饺子隆重登场。

前者，旨在强调客家菜常见的一招烹饪技法，即将肉馅置入另一食物中。历史上，客家人总是在路上，随身携带的肉食极其有限，这就需要搭配素菜以进食，这个搭配的动作，就是酿。客家菜似乎无所不酿：酿苦瓜、酿茄子、酿辣椒、酿豆角、酿腐皮、酿冬菇、酿鸡蛋、酿猪红……以至于细嫩如芽菜，皆可一酿。

后者，重在彰显客家菜的文化基因。当客家先民远离祖先的根据地，并不敢忘记渐行渐远却又与血脉息息相关的根之所系，吃饺子自是一种最民俗的文化记忆。尤其是逢年过节，若饭桌上没有豆腐，则年味、节味全无，一家人的口腔也觉得没滋没味，气氛都没那么和谐。

客家菜是"靠山吃山"的饮食文化，要酿豆腐先要造出山水好豆腐。好豆腐来自山间泉水孕育出的好黄豆，再通过磨浆、烧浆、榨浆、耙膏等多道源自中原的制作技术，于是成就了"山寨版饺子"的"饺子皮"。

那么，"饺子馅"，是不是亦要在传统中寻？这个演变，已是很大。旧时在省城专营客家菜而出名的东江饭店，就有一道名菜叫东江八宝酿豆腐。哪"八宝"？据当年饭店大厨记忆，有五花肉、梅香咸鱼、干鱿鱼、虾米、鲮鱼肉、大地鱼末、葱粒等8样馅料。

也不是但凡酿豆腐，就要备齐"八宝"。所谓"各处乡村各处例"，最简单的馅料是剁好的猪肉加上鱼肉，东江八宝酿豆腐则讲究放梅香咸鱼以吊出特殊香味。不同地方，口味各异，有加入去骨炸酥的香口咸鱼的，有务必要混些猪油渣的，有掺大蒜苗一类香菜的，都为吃出不同地方特色的标志口感。

如何"包饺子"，即把剁好拌好的馅酿进嫩滑的豆腐，这又是每个客家厨师乃至每个客家主妇应知应会的。据行家介绍，一块豆腐以二钱馅料的搭配为宜，馅要酿透另一面。再接下来，烧镬下油，慢火开煎，"慢工出细活"，煎至正反两面泛起金黄色，便可转煲下高汤用慢火继续入味，开吃前再加上胡椒粉、洒把葱花、勾个薄芡。酿豆腐要滚烫了吃，故"烧唔烧"，是品评其口感好不好的最重要标准。

多年来海内外口碑载道，酿豆腐牵涉的名人不少。比如，那年乾隆皇帝下江南，偶遇一个客家妹子，又吃了她巧手烹制的酿豆腐，那嫩滑混杂咸香的口感有如妹子倩影挥之不去，皇帝便金口一开将此菜御封为"客家第一菜"。

孙中山先生也对酿豆腐情有独钟。那年他到梅县松口镇约见同盟会友人，进餐时有乡绅用客家话介绍道，"这是酿豆腐，既好绑饭，又好绑酒。""羊斗虎？怎么'绑'饭'绑'酒？"有人连忙拿笔写了"酿豆腐"三字，同时解释道："'绑'是客家话，'下'的意思。"先生不禁哈哈大笑。自那以后，先生吃饭时常会问起"羊斗虎"。

若问：哪里的"羊斗虎"——酿豆腐最好吃？这个真的很难回答。客家人有一句话，叫"蒸酒做豆腐，不可以称老师傅"。所述意思，相当于"一山更比一山高"，当你以为某天置身于品尝酿豆腐的高山时，很快就会惊觉不远处还有更高的山。

中国粤菜故事

有山就有红焖肉

有山就有客家人，有山就有红焖肉。

要知道客家菜的猪，是靠山吃山的猪，是享受慢生活的猪，是慢吃农家饲料、慢饮山泉水从而缓缓长膘的猪。山养肉香难自弃，客家人还会加上调料配料，丰富其香味上的浓浓层次感，红焖肉便是很能凸现猪肉浓香的代表性菜肴。

红焖肉颜色喜庆，几乎是各地客家人宴请亲朋好友的标配菜式，无论你来到梅州、走过河源还是抵达惠州，只要是客家山区，总能与这道菜肴相遇。客家大厨也好，家庭主妇也罢，似乎个个都能焖出那色泽红亮、油润软糯、令人垂涎的菜品。

广州从化吕田有一道很出名的客家菜，叫吕田大肉，见过尝过后，会发现那就是红焖肉。如果硬要找出与众不同的特点，那就是肉切得够大块。据说其技法可追溯至吕田的考古发现，出土的新石器时代石器，古人类用石斧切肉所以大块。客家人迁来吕田时，基于好客的基因，肉都切得大而方正，一为保持新石器时代遗风，二为招待客人时可令之吃得满足。能把肥肉做得肥而不腻，也显其菜并非浪得虚名。

至于东坡肉，应是红焖肉在惠州地区的改良版。须知大文豪苏东坡又是个了不起的美食家。他曾吟咏《食猪肉》，一句"慢着火，少着水，火候足时他自美"，已见研究功力。他妙手烹制的东坡肉，色泽红亮、味醇汁浓、香糯而不腻口，独领猪肉烹饪的千年风骚。东坡肉是哪里所创？徐州、黄州、杭州等地都流传有关说法。当他怀揣东坡肉秘技来到惠州，则融入当地做法，加入陈皮和豆豉，遂成就惠州客家风味特色的东坡肉。

如果是在梅州，则红焖肉就叫红焖肉。其红焖配料，会是酱油、料酒、南乳、大蒜、八角、红曲、酒醋、片糖之类。口味特色，体现在红曲和酒醋的加入。前者，是一种经特殊发酵处理后呈棕红色的米粒，除了提味还给食物染上一层好看的红色；后者，几乎是客家民系无酒不欢的缩影，由酿酒而沉淀下来的这一副产品，随时随地散发酒的芳香。有这两样尤物的参与，红焖肉更显色红味浓。

有食肆在门口打出了炫目口号："诸肉还数猪肉香。"敢于标榜"猪肉香"的，一定是客家人，一定擅做红焖肉。

中国粤菜故事

东江盐焗鸡，『入味』大法顺手拈来

怎样做的鸡，才是一只好吃的鸡？

给出"白切鸡"答案的，基本上是广府人。若问潮汕人，回答会是豆酱鸡。但对客家人来说，盐焗鸡才是最好吃的鸡。按《中国烹饪百科全书》记载，广东名鸡馔有："澄黄油亮、皮爽、肉滑、骨软、原汁原味、鲜美甘香"的白切鸡、"酱香四溢"的潮州豆酱鸡、"味美咸香而有安神益肾之功"的东江盐焗鸡。三款鸡肴，三足鼎立，树起了名鸡口味的粤菜标杆。

盐在民间又有"上味"一说，有谁知盐焗"入味"大法，却是客家人祖先顺手拈来的。这得回溯到客家人的迁徙史，由战乱而南迁，但每搬到一个地方往往会受到异族侵扰，于是又得搬到另一个地方去，所饲养家禽不便携带，便将其宰杀，放入盐包中以便贮存和携带。待要食用时，那鸡直接蒸熟即可。结果发现，那鸡深藏于炒热了的盐中一段时间后，可直接食用，而且味道更佳。正因如此，遂成就了客家菜的一种独门烹饪技艺。

盐焗鸡又因东江盐焗鸡驰名，这要归功于同名饭店。东江饭店是兴宁人 1946 年来广州所开的，最早叫宁昌饭店。客家菜系

为求在省城立足，自然要使出浑身解数。盐焗鸡所传妙法亦使了出来，没想到那"骨都有味"的魔力竟让食客似着了魔般，都奔走相告，说是发现了一只不一样的鸡。也不知谁出的主意，饭店后来改名为东江饭店，作为镇店之宝的这只鸡随之成名。

据当年的东江饭店厨师忆述，其店盐焗鸡之所以味好，首先要选好走地鸡，约 2 斤重的，宰后风干积水，用沙姜等佐料仔细涂抹，用纱纸包裹好，大粒生盐加八角在热镬翻炒，炒至镬里的盐热可烫手，按一只鸡 10 斤盐的比例埋入盐堆里，然后慢火焗 20 分钟，之后拿出鸡再炒热盐，翻转了鸡再埋入盐堆，又焗十来分钟。总之，要品好味道，工夫不能省。

不曾料想，后来的一起山寨版事件，令东江盐焗鸡抛弃了祖宗之法，改用上汤浸熟。从那一天开始，传统似乎就被颠覆。再后来，东江饭店也不存在了，皮之不存，要领略盐焗鸡的正宗大法，又该怎么找？其实，凭着菜肴名字，便有寻鸡路径。当年兴宁人入省城所开饭店，之后所改店名，实在是埋伏下一个寻鸡密码。

须知客家风味菜又分东江派和梅州派，东江派包括东江水所流经惠州、河源等地区。现要尝到更多可顾名思义的东江盐焗鸡，也只能溯源到东江水流经的地域去找。

"吃尽美味还是盐，穿尽绫罗还是绵"。客家菜肴之独特，就在于把盐的作用夸张了看、夸张了用，而在其所有荤菜的"入味"中，更少不了盐的积极参与。凡肉皆可咸，咸了肉才香，东江盐焗鸡的出现，可谓个中一个极致例子。

棒打牛肉丸，愈打愈『弹牙』

棒打牛肉丸，客家人又称之为"捶圆"。其过程，是牛肉切碎了再剁烂，然后调味，搅并挞至起胶，接着用木槌捶，"捶圆"亦"捶缘"——捶出如胶似漆之缘。

由此观之，棒打牛肉丸真不是"棒打鸳鸯"。"棒打鸳鸯"只会打散鸳鸯，棒打牛肉丸则愈打愈亲密，最终形成其肉质独特的"弹牙"口感。

论到牛肉丸之"弹牙"，先有客家牛肉丸，还是先有潮州牛肉丸？客家人会强调是前者，说是客家人将牛肉丸带到潮汕地区，却没想到青出于蓝而胜于蓝，潮州人将手打牛肉丸的"弹牙"做出了名气，让人忘却了源头本身。客家人为此承认，客家菜不懂得像潮州菜那样宣传自己，以至于如今一提牛肉丸，会让人先想到潮州。从外观上看，两者似乎也没多大区别。

"弹牙"，是食家在口感评价上的一个专业术语，意为口感柔韧、爽脆、有嚼劲。"弹"感如何，全看事前功夫做得够不够，这个骗不了食家的牙齿。有更夸张的说法，即一个够"弹牙"的肉丸，可以拿到乒乓球桌上当乒乓球打，因为它"跌落桌面也会弹三弹"。

曾服务于东江饭店的一位客家厨师，忆起饭店当年最受欢迎的客家菜时，说其中必有一款是东江爽口牛肉丸。他谈道，当年店里收客家菜学徒，首先要过"棒打"练习这一关，那学艺过程如同练打鼓一般，力度要均匀，要使"阴力"，每天不打够20分钟不算"练功"完毕。他表示，牛肉丸做完后，往地板那么一扔，功夫到家的，真可以直窜天花板。

如果要追溯"棒打"历史，则可以上溯两千年。汉代《礼记》列"食中八珍"，第五珍"捣珍"的做法："取牛、羊、麋、鹿、麕之肉，必胲。每物与牛若一，捶反侧之，去其饵，孰出之，去其皽，柔其肉。"也就是说，不同种类的肉搭配在一起，反复捶打到软烂，去掉筋膜，烧熟之后再加酱料，即可美美地享受了。南北朝的《齐民要术》，也记载了"跳丸炙"，即一种能弹跳的丸状菜肴。

那么，客家先民当年告别中原故土，辗转来到南粤山区，会不会也把古老的烹饪技艺一并带来呢？这个待考。至于棒打牛肉丸，愈打愈"弹牙"，这个"打"，无须考证。

扫一扫，更精彩

酸菜炒猪肠，妙在重口味

一只在山区里喝山泉水长大的猪全身都香，当然包括"猪下水"，也就是猪内脏。爱吃客家菜的人，一般忘不了一道看似重口味的菜——酸菜炒猪肠。配以酸菜爆炒后端上桌面的猪肠，爽脆、嫩滑、油亮，那独特的浓香，令人会对土猪之香有全新的认识。

要么就不喜欢，喜欢者都会上瘾。这道客家名菜其实最能体现厨师的烹饪技艺，好吃的猪肠，该如何制作？客家厨师说从刚宰的猪身上取下大肠后，要摘净网油，翻转吊干水分后，切段加味抓匀，然后就镬头伺候了。接下来，如果不切些酸爽的酸菜下镬做伴，其风味则会大打折扣。梅州客家人对于猪肠的处理有着独到的方法，将随处可见的石榴树叶摘来，与大肠一起"亲密接触"，反复揉搓几次，大肠内壁残留的气味就会烟消云散，甚至还有淡淡的树叶清香。

作为炒猪肠的最佳伴侣，酸菜讲究的制作是关键一步。连梗芥菜叶以盐为媒，经时间的积淀，便生成客家菜少不了的一种奇异口味。有些地方亦把酸菜称为"水绿菜"，缘因芥菜要先用开水烫绿，再加粗盐放入腌瓮。也有地方将芥菜先晾晒至软，再用粗盐搓擦，然后入瓮去腌的。入瓮时要塞满塞紧并压实，为保"压力"还要压上石头，盖好盖子，确保不"露风"。及至出瓮，金黄色泽加上水灵灵身姿，十分诱人。

万事俱备，该烧镬下油，猛火爆炒了。火候拿捏得恰当很关键，一过火则不爽脆，不过瘾了。酸菜炒猪肠炒得好时非常惹味，下饭时肯定会多吃两三碗。须知客家人在判断至佳菜式时，常以能否下饭为衡量标准。浓香的肉味加上清香的饭味，小日子才过得充实且踏实。

扫一扫，更精彩

顺德位于珠江三角洲平原的中部，河流纵横，水网交织，鱼塘密布，造就了桑基鱼塘的生态生产模式，盛产塘鱼和禽畜，是名副其实的鱼米之乡。顺德有大良炒牛奶、顺德小炒王、炒水鱼丝、双皮奶、龙江煎堆、大良崩砂等一大批传统名菜和名点。近年来，顺德先后荣获"中国厨师之乡""中国美食名城"两大荣誉，2014 年再获由联合国教科文组织授予的"世界美食之都"称号，成为我国第二个、世界第六个获此殊荣的城市。

顺德擅长什么？

从食材来说是河塘鲜，尤其是淡水鱼。顺德厨师发明的淡水鱼的吃法可以归纳为全食、块食、片食、拆食、剁食、酿食、生食和腌食 8 种，种种吃法都令人大开眼界。

从菜式类型来说是小炒。广州风味和顺德风味同属广府菜，广州风味位于省城，菜式多是大制作。顺德风味立足乡村城镇，更接地气的是农家菜，是小炒。

顺德美食家廖锡祥在《食典寻源》一书里介绍：顺德小炒起源于 20 世纪初。当时，因为缫丝业的兴盛，顺德成为"南国丝都""广东银行"，商贸繁荣，讲饮讲食且讲时效。

早期酒楼里面的热菜是预先做好，保温，等客人来时再上桌。后商人嘴巴越发刁钻，不但要求快捷，还要求口感要新鲜、够镬气。在这种情形下，顺德小炒应运而生。顺德小炒也叫"凤城炒卖"。"凤城"是顺德首府大良的别称，"炒卖"包含了动作和时间，体现时效——即炒即卖。

镬气十足的顺德小炒

　　顺德小炒菜式丰富，讲究镬气，为广东"急火快炒，仅熟为佳"的炒菜技法起到示范作用。它的特点是滋味鲜香，镬气十足，本地食材，烹制快捷。主料会选用味道鲜美的鱼肉、虾仁、虾米、河虾、鲜鱿鱼、干鱿鱼、花甲肉等，给菜式定下味鲜的主旋律。至于最终选用哪些主料，那就一看时令有什么合适，二看市场能够买到什么，三看客人的消费意向如何，非常灵活。副料通常随机地添加炸花生米、琥珀核桃、炸芋丝、油条等香口的材料，无论添加什么都令人进食时满口生香。"顺德小炒王"的烹制以煸炒为主，猛火翻炒，火焰上窜，镬气四溢。不仅是本桌，就是邻座也会因那浓浓的镬气而陶醉。副料必用的是韭菜花或韭菜，青红圆椒配色，这些均是当地盛产的食材，随手而得。三五分钟，就有口福，快捷妥当。

　　比如很家常的顺德小炒有"顺德炒三秀"，其实就是莲藕、马蹄、鲜菱角炒肉片。

不同餐馆的"顺德小炒王"，用料会有区别，甚至会有大区别，但是样式基本是大同小异的。因为家家餐馆都习惯选用香口的韭菜花或韭菜作副料。韭菜花和韭菜的成形只有长段或短段两种，其他原料的形状只好与它们协调，于是"顺德小炒王"就被炒出基本相同的面孔。

其实，顺德小炒是顺德镬气小炒的简称。凡是在镬内用猛火把小型食材翻炒至满镬生香，出镬依然镬气袭人的烹制方法，均属于顺德小炒。

顺德有一道小炒，叫炒水鱼丝，它有一段传说。据说，从前广州有家大户请了一位顺德厨师当他的家厨。到了岁末，家厨向主人家告假回家过春节。主人家心想，若给他放假，过年时家里人来人往，谁来做菜呀，得想办法把他留下。于是主人出了个怪招，对家厨说："你帮我做一道菜，符合要求的话，你想什么时候回家就什么时候回，如果达不到要求，那就我说了算，我让你什么时候回家就什么时候回家。"家厨一口答应。

主人说："现在正是水鱼肥美的季节，我想吃水鱼。但因年纪大了，牙不好使，不能吃带骨头的水鱼。你就做一道没有骨头的水鱼菜吧。"在当时，水鱼的制作无非就是红烧、砂镬焗、炖汤，都是带骨烹制的。而且水鱼的肉很少，从来没有师傅专用水鱼肉做菜。这位家厨琢磨了半天，终于有了办法——炒水鱼丝。他把水鱼起肉、切丝，拌上蛋清湿淀粉，放进油镬中泡油，水鱼裙边也切丝、泡油，再与冬菇、陈皮、笋肉等逐一汇合，做出一碟鲜爽甘香、肉滑色艳的炒水鱼丝。余下的水鱼骨做了一个炖汤。

这炒水鱼丝和炖水鱼骨汤都非常美味，牙不好使的长者都能吃，主人口服心服，只好让家厨回顺德老家过年。

炒水鱼丝后来传至市面，被广州大三元酒家尊为镇店四大名菜之一。炒水鱼丝甚至还成为广东"食圣"江孔殷家宴上的一道佳肴。

禾虫之乡说斗门

粤人真的非常爱禾虫。

禾虫的营养价值很高，粗蛋白质占干重的60%，人体所需氨基酸占重量的38%，味道鲜美。每逢"禾虫造"，下过"白撞雨"后，天体通红，半作霞色，这种天色也叫作"禾虫天"。有民歌唱道："天红红，卖禾虫，卖到鸡埋笼。""天红红，出禾虫。"

由于"禾虫造"稍纵即逝，老饕必定要抓紧时机，否则，禾虫过造"恨吾返"。

禾虫暖胃健脾，补肾，还可以治疗高血压。用禾虫干煲眉豆，可治脚气。

斗门，是中国禾虫之乡。珠江八门出海，有五道穿斗门而过。

莲洲位于珠海西北部，是斗门区下属的一个镇。这个镇东面是中山，西北面是新会，占据着珠江三角洲的黄金水道，三江汇聚，水网纵横，孕育了丰富的物产和历史悠久的岭南水乡饮食文化，如横山鸭脚包、上横黄沙蚬、横山粉葛，其中最著名的要数粉洲禾虫，如今称莲洲禾虫。禾虫对生态环境要求很高，稍有污染或喷洒过农药的地方都不能生长。

而莲洲，在咸淡水交界处，平畴千顷，稻浪翻滚，荷塘相接，香溢四方。在一派迷人的原生态田园风光下，禾虫兴盛。专家告诉我们："禾虫出没的地方就是生态环境最好的地方。"

这里的禾虫与别处不同，色泽鲜亮，特别肥硕、多浆，皮薄甘香。

2016 年 5 月，莲洲禾虫被列入珠海市第九批非物质文化遗产代表作名录。2018 年 6 月 1 日，斗门在第四届亚太水产养殖展览会上被授予"中国禾虫之乡"牌匾。

吃禾虫很讲究季节，明末学者屈大均在《广东新语》里面介绍，夏秋两季，"禾熟虫亦熟"。其中又以秋季即水稻的晚造收割时节，禾虫最肥美。

讲到斗门禾虫，真该大写一笔。

因为在斗门吃禾虫，吃得太奢华了，是最纯粹的炒禾虫。用什么炒？用禾虫炒禾虫。盘中青椒或葱苗的绿，完全是用来装饰的，不能让颜色这么单调啊。这么一盘炒禾虫，甘香干爽，全是干货，用顺德美食家廖锡祥的话说，这叫"24K 足金禾虫"——不掺别的，简直豪气干云。

在广州或顺德，我吃到的禾虫都是焗禾虫——舍不得用那么多料。禾虫太贵，掺点别的，店家倒是很会为顾客着想呢。那别的辅料包括鸡蛋、粉

丝、肥叉烧、油条等，合起来当然比禾虫多，怕是要喧宾夺主了吧？幸好那"主"已经冠名，大家吃个安慰。

我有同学从海外回来，还没到广州，就开始打听：这回大食会，能吃到禾虫吗？结果，在广州吃到的，就是焗禾虫——掺了许多辅料的那种。没有遇到斗门这样豪放派的。据说斗门还有更豪放的，满满一镬纯禾虫，炒到全部爆浆为止，鲜香无比。

禾虫俗称"稻底虫"，生长在咸淡水交界的稻田表土层里，以腐烂的禾根为食。在一年两造的水稻孕穗扬花时节成熟出土。它像一条小蜈蚣，长30~40厘米。不过它的脚比蜈蚣的脚还要多。禾虫身上交替变换着红、黄、绿、青、蓝、紫6色，十分鲜明。

当地吃禾虫的历史也相当悠久。据说，发现禾虫之美，是在宋末元初。当时人们不会吃它，只有鸭子吃它。没想到，吃禾虫长大的鸭子与别的鸭子味道不同，特别好吃。这下才有人去试吃禾虫。一吃才知道禾虫里面有乾坤。

到明清，《本草纲目拾遗》《广东新语》等古籍均有对禾虫的记载。

莲洲申请禾虫"非遗"有两项：一是捕捞，二是烹调。在捕捞方面，有陈姓的三代传承人；在烹调方面，有卢姓的三代传承人。

禾虫有特殊的生理特性和活动规律。

禾虫每年有两造，初夏与仲秋，出现的时间有长有短，大概就是两三次潮汐。

只有在农历初一、十五涨潮之夜，才捕得大量的禾虫。

因为，涨潮时，潮水涌入水田，潜伏在田泥里的禾虫就会爬出来，被潮水托起，密密麻麻地漂浮到河涌水面上。旧时，捞禾虫的人用一张貌似蚊帐布（幼细麻线）制成的长网，走到水闸口"守株待兔"，实施捕捞。

金秋十月是最佳的捕捞季节。捕捞禾虫既需要技术又需要耐心。

电视里曾报道一位有着23年资历的"捕虫师"的故事。这天应该是农历十五，月圆之夜，从晚上9点左右，捕虫师率团队潜伏在西江出海口磨刀门附近，他们在水田与河涌交界的闸口上，布下了虫网。凌晨3点左右，涨潮了，禾虫随潮水流漂起来，流入他们预先布好的网里头。退潮时，禾虫裸露，悉数落入网中。这一晚，他们就捕获了800千克禾虫。

莲洲禾虫的质量最好，多浆、肥硕、甘香，有禾虫味。

扫一扫，更精彩

粤菜烹饪近百年来蓬勃发展，有赖于各种指导思想的引领，其中五滋六味的调味思想功不可没。

粤菜名师许衡在 1970 年出版的《食谱丛谈》以"粤菜的特点是取料丰富，花色繁多，使用原料和调味品的种类之多，为全国之冠，有所谓五滋（香、松、软、肥、浓）六味（酸、甜、苦、辣、咸、鲜）之别……"的崭新思想取代《清稗类钞》"粤人又好啖生物，不求火候之深"的旧观念，令粤菜师傅思想豁然开朗。

早在西汉时期，文人墨客就开始留意广东人的饮食形态，众口一词地用"异"字形容。唐代诗人韩愈甚至用"实惮口眼狞"来刻画。

实际上，广东人对饮食的态度与其他地区的人的饮食态度并

唐 张九龄　创制四喜丸子、凉茶

北宋 苏东坡　创制红烧肉

南宋 文天祥　创制文山鸡丁

清 戴衢亨　创制荷包胙

清 伊秉绶　创制伊府面

无异样，就是多了一个"心"。这个"心"字就犹如"黄帝尝百草"一般，随时随刻地留心着各类食材反映出来的表现。

最终结果是广东人铢积寸累地练就出一副其他地区的人所不具备的"皇帝脷"（指灵敏地分辨食物味道及质感的优劣）去欣赏和评价食物，以此鞭策烹饪技术向前发展。许衡师傅站在厨师的角度将其归纳为"有所谓五滋六味之别"。

"皇帝脷"是对食物的感受，"五滋六味"是食物本性的体现。从中不啻反映出食客之所需与厨师之所能的互动。

在食客与厨师的良性互动之下，厨师心无旁骛地聚焦调味增香，使出具有广东特色的热调味增香、凉调味增香及驱臊辟腥增香等手法践行"五滋六味"的思想，让食客随时随地都能感受食物的美妙。

热调味增香手法最典型的案例就是广东人创造了一个叫"焗"的技法。

这种技法最大的特点是讲究火候，通过高温加热让配放的香料或汁酱赋予食物香气和味道。与另一个高温加热的"炒"的技法所能产生的香喷镬气交相辉映。

"焗"法的起源地准确来说是在佛山。

清末时，一位叫梁柱侯的小贩挑着担子售卖牛杂。梁柱侯制作的牛杂十分特别，不是单用清水而是加入磨豉酱等配料一同烹制，使牛杂既喷发出自身的香气，又喷发出磨豉酱的香气，令人食指大动。后来，佛山老字号三品楼特聘梁柱侯为司厨，其创出柱侯酱，使佛山有了著名的柱侯美馔。

柱侯美馔是外增之味，与食物本身之味交融，相得益彰，相辅相成，美妙殊凡。引用徐珂的话语是"配合离奇，千变万化，一看登筵，别具一味"。

凉调味增香手法在粤东地区最流行，当中有两款汁酱最令人印象深刻，一款是普宁豆酱，一款是潮汕沙茶酱。

普宁豆酱的历史可上溯到清代。根据《普宁县志》记载，在道光年间已经有多家酱园大规模生产普宁豆酱。普宁豆酱是一种以蒸熟的原粒大豆为原料的发酵型汁酱。与其他地区将大豆磨烂加入麸皮等原料发酵成的汁酱不同，普宁豆酱成酱后大豆形状清晰可见，所以又称普宁豆瓣酱。

潮汕沙茶酱的历史相对较晚，是旅居东南亚的潮汕人根据东南亚地区的调味风格创出再回流潮汕的汁酱。这种汁酱与普宁豆酱不同，由干货海味加上各式香料混合而成，香与味又自成一格。

严格上说，普宁豆酱、潮汕沙茶酱与柱侯酱一样，都可应用在热调味增香手法上。不过，潮汕人更喜欢将其用于蘸点，为体现本质的食物提鲜加味。

说到这里，不得不提新会陈皮。

南北朝时期著名药学家陶弘景就提到橘皮的药用功效，说是"疗气大胜"，并说"须陈久者为良"。因此，陈皮也就是晒干陈放的橘皮。

不知从何时起，广东人将陈皮与老姜及禾秆草合称为"广东三宝"，并指定新会所产茶枝柑的果皮功效最良。大抵是其果皮油珠饱满，气香味足，致其有"新会陈皮"的美誉。

大多数人认为新会陈皮入馔是图取其药效，实属不然。

凡鸟兽虫鱼都有自身的味道，这些味道被人接受的称之鲜，不被人接受的称之臊或腥。所以，厨师在烹饪鸟兽虫鱼时，要进行驱臊辟腥的处理。

在众多材料之中，新会陈皮是最佳选择。因为新会陈皮在驱臊辟腥之余不会留下自身的气味，从而不掩盖并烘托出食材本身的鲜味。

经过数十年的验证，可以肯定地说，"五滋六味"的调

扫一扫，更精彩

味思想是引领粤菜乃至中国烹饪向前发展的动力。

但是，随着粤菜烹饪体系的完善，有必要对"五滋六味"进行新的解释。

哪五滋哪六味，现在众说纷纭。

有人说它与五颜六色、五冬六夏之类一样，是泛指之词，没有实质可指。

在归类上，香、松与软、肥、浓不是同一类别的概念。香是物体发出的气味。松、软是物体结构的表现。肥是与瘦相对的体态。浓是与淡相对的量词。用它们描述五滋，未必准确。而六味中的辣不属于味，它与温、热、凉、麻一样，是对人的口腔的一种刺激。

根据"五滋六味"所表达的意思来看，其应该是指人的口腔触觉的感观感受。

食物进入人的口腔，触觉及大脑会做出反应，表达出味道、质感及刺激的感观感受。而味道、质感及刺激都有各自细微的表现。一般按五行之数归类，也就有了五味、五质及五激之说。

五味是指酸、甜、苦、咸、鲜。当中的酸具刺激性，但归类上属于味。

五质是指爽、脆、嫩、滑、弹。许衡师傅解释五滋中的松与软其实也属于这个范畴。而实际上，食物质感远非这些表现，还有老、艮、韧等 10 多种。这里不一一罗列，总括来说，分良性质感、中性质感及劣性质感。相对五味而言，五味无形，五质有形。

五激是指温、热、凉、麻、辣。当中的麻与辣可以像放盐调咸、放糖调甜一样，放入花椒与辣椒调节，但不能定性为味。

这些都是从"五滋六味"引申出来的思想。

扫一扫，更精彩

第三章

名点 故事

粤点：岭南的轻食文化

中国粤菜故事

"广式饮茶"之所以能风靡全国，赢得世界声誉，关键就是广式点心。

广式点心堪称融合东西、汇聚南北、海纳百川、精彩纷呈，仅仅依靠米、面与馅料的千变万化式组合，广式点心就发展到数千个品种。

到 20 世纪 80 年代，广式点心品种数已超过 4000 种。[1]

过去一百年，广式点心的发展经历了两个里程碑：第一个是 20 世纪 20 年代兴起的"星期美点"潮流；第二个是 50 年代酝酿、至 80 年代由泮溪酒家推出的点心筵席，也叫点心宴。星期美点的创始人叫郭兴，点心宴的创始人是罗坤。

广式茶市起源于社交需要，本是正餐之外的辅食，与正餐相比，它就是"轻"的。"轻食"有三层含义：一是它的分量轻，既可当早餐，也可当午后茶点，多人吃或一人吃都可以；二是它便宜，相对于正餐的热菜大菜，其价格低廉，很多人虽然吃不起酒楼正餐但吃得起茶点；三是它符合国际上的健康时尚潮流，分量少，品种多，可选的自由度大，且伴着健康茶水。

广式茶市的起源可以追溯到清代咸丰至同治年间涌现的二厘馆。二厘馆是广州最早的公众茶馆，设于马路边，以平房作店，木台木凳，供应清茶及蛋散、煎堆、大肉包、炒米饼等熟食，是供劳工苦力（广州话叫"咕喱"）喝茶、充饥、歇脚，以及街坊大众聊天的场所。茶价只要二厘（每毫钱等于 72 厘），食品摆在台上，客人自选自取，吃完结账。不久就有了茶居。茶居是二厘馆的升级版，之所以叫"居"，是显示它的雅致和舒适。茶居所供应的茶与点心都比二厘馆高级，品种也较之丰富。茶居之后是茶楼。茶楼诞生于清末民初，主要由佛山七堡乡人所建。七堡乡人先到广州购置地皮，再建茶楼。茶楼一般有三层，因场地通风清爽、座位舒适、水滚茶靓、茶点精美而大受欢迎。旧时人称"饮

1 赵荣光：《中国饮食文化史》，北京，中国轻工业出版社，2013 年。

茶上高楼",这"上高楼"就是时尚。

　　广州的美食一直比较发达。早在唐代,广州就崛起为世界性贸易大港。在二厘馆诞生之前约一百年左右的 1757 年,清廷指定广州"一口通商",使广州贸易更加繁荣。用点心大师何世晃的话来说就是:"全国各地货物会集广州,商人也会集广州,他们带来家乡的厨师,顺便把各地风味带到广州来。与此同时,到广州做贸易的欧洲人、阿拉伯人也把他们的菜式和点心带到了广州。"所以这个时期广州餐饮业称得上"融合东西,汇聚南北。"

◎广式茶点

扫一扫,更精彩

广府点心探源

广式茶点是开放及包容的产物。它有三大来源：一是岭南民间小吃，以米制品为主；二是面食点心，以北方面点为主；三是西式糕点，即西餐的烘焙类点心。

广州人务实，学习能力强，拿点心来说，师傅们广泛吸取广东以外各地，包括六大古都的宫廷面点、京津风味、姑苏特色、淮扬小吃，以及西式糕、饼技艺。而且，不是学会就算完，而是进行"本地化"改造，不断精耕细作，推陈出新，最终青出于蓝。因而广式茶点用料精博，品种繁多，款式新颖，口味多样，能适应时令和各方人士的需要，具有超强的生命力。

广式茶市早期只有一市，就是早茶，每天清晨开到午餐前结束。但早茶的全民性和社交性很快拓展了早茶的功能。

广州全民都爱喝早茶。清晨到茶居饮茶的，有富商巨贾、达官贵人，也有艺人、教师、职员、玩鸟提雀笼的闲人及中下层苦力……可谓三教九流混杂。他们借饮茶之机打探行情，建立关系，联络感情。那时电视和收音机尚未问世，交流行业信息、传播社会新闻，以及坊间八卦、叙说友情、洽谈生意都在茶楼，找工作的、相亲的也会约在茶楼。饮茶不仅仅是吃吃喝喝，更是一种有效的社交方式，这是茶楼业历经百年而长盛不衰的根本原因。

因为社交需求旺盛，只设早茶一市远远不够，于是增设了午茶和晚茶。这种几近全天候的经营方式，让广州茶市的功能不断扩大：从最初的早餐以及非正式的、两顿正餐之外的辅食，渐渐变成了可替代正

餐的社交型美食。

广式茶点的最大特点是小。这个小是指分量小，广州人叫"袖珍"，外地人叫"玲珑"，每一碟每一笼每一屉都是小而精巧。比如虾饺、烧卖，小得都市女性都可以一口吃一个。通常每碟、每笼、每屉只有3~4个小点心。一个外地人这样描述广式茶点的小巧玲珑："每入一间广州茶楼，必可看到伙计们捧着大盒各式新制好的点心，走来走去，任人选择。每一小碟，至少1件，至多呢，却也不过3件。如果要像在南京夫子庙的雪园吃灌汤包子，一笼12个，纵然小巧也会吃腻，但在广州，那是从来不会有的。在那里所谓的大鸡肉包子，一碟一个的，还不及夫子庙的包子的一半大。"

小巧、玲珑、袖珍，不是为了让你吃不饱，而是让人尽量吃得丰富多样。广式茶点有多少品种？据《广式点心》（李秀松著）一书记载：广式点心的皮类有4大类23种；馅料有3大类47种。据1956年广州"名菜美点展览会"上的介绍，广式点心有815种。发展至今达4000种以上，为全国点心种类之冠。

广式点心按技法分，可分为蒸、煎、炸、焗、煮、炒、灼等类。蒸类的有虾饺、粉蒸排骨、干蒸烧卖、蒸凤爪、粉果、蒸猪大肠、蒸牛百叶、蒸金钱肚、蒸牛仔骨、糯米鸡、腐皮卷、叉烧包、流沙包、奶皇包、莲蓉包、小笼包、生肉包等；酥炸煎焗的有榴梿酥、叉烧酥、萝卜酥、焗餐包、雪山包、蛋挞、芋头糕、萝卜糕、煎饺、马蹄糕、柠蜜炸蛋散、核桃肉松卷等；布拉肠粉类有韭黄牛肉肠、猪肉肠、猪肝肠、鲜虾肠、叉烧肠、炸面肠、罗汉斋肠、鸡蛋肠等；粥类有菜干咸骨粥、柴鱼花生粥、鲜竹白果粥、荔湾艇仔粥、状元及第粥、鱼云粥、骨腩粥等；鲜灼的有牛肉丸、猪粉肠、鱼蛋、时蔬等；风味煲有韭菜猪红煲、猪脚姜醋煲、牛杂萝卜煲等。

扫一扫，更精彩

62

提起广式点心宴，就不能不提点心大师罗坤。

可以说，罗坤是广式点心承前启后的一个灵魂人物。

罗坤是广东花县狮岭（今广州市花都区狮岭镇）人，14岁就跟着舅父符能、符福进入茶楼点心行业。他有7个舅父，都是点心师，可谓生于点心之家。其中符福被业内称为"点心泰斗"，另一位舅父符焕庭曾在伦敦世界博览会上获得糕点制作金牌奖，被称为"金牌小案"。小案就是掌管点心部门的师傅。罗坤先在南海一家小茶楼打工，后来随符福到澳门、香港茶楼打工。机缘巧合，先后遇到了香港名师李业和江门大师傅何逢，向前者学制西饼，向后者学制"星期美点"，融汇东西南北各家之长。1941年，21岁的罗坤已经在点心界小有名气。抗战胜利后，他到广州高级酒楼六国饭店当李业的副手，后来李业赴上海发展，他就晋升为六国饭店点心部小案。之后曾在大同酒家、香港金鱼菜馆工作。20世纪50

广府点心宴

年代初，他从香港回到广州大同酒家。1960年泮溪酒家扩建成大型园林酒家，罗坤被调到泮溪酒家执掌点心部。

到了泮溪酒家，罗坤那种喜爱钻研、善学善变、标新立异的个性显露无遗。

扩建后的泮溪酒家，是全国最大的园林酒家。罗坤执掌点心部之后，点心出品之好有口皆碑。有一段时期，广州人有"吃饭上北园，饮茶去泮溪"的说法。这两处都是园林酒家，著名老店，出品好，环境好。

对粤菜粤点起重大促进作用的是每年春秋两季的中国进出口商品交易会（简称"广交会"）。当时，泮溪及广州几大酒家专职负责接待外宾。可以说，广交会相当于餐饮行业的

◎为求优质，谭家姨太太亲自去采购

"阅兵式",是检验、创新及提升粤菜粤点档次的大好时机。每次广交会前,所有接待外宾的酒家、宾馆餐饮部门,都会进行多轮头脑风暴,使出浑身解数制作高于当时消费标准近10倍的宴会菜式,供外宾们观摩和品尝。

罗坤俨然获得一个最大的舞台。就在泮溪酒家,他创制了一系列"象形点心",开创了"点心宴"的先河。

把点心做成筵席的想法,可以追溯到20世纪50年代。据罗坤徒弟黄辉撰文回忆:当时处于公私合营时代,大同酒家私方人员区润首先提出要做点心筵席,也就是点心宴。作为点心部负责人的罗坤,便领着助手麦锡、谭明、何世晃、黄辉等人率先在大同酒家试制,推出后深受宾客欢迎。

罗坤到泮溪酒家后,一直把点心宴作为粤点升级繁荣的发展大计。他率先提出了"点心自成宴"的说法,打破了点心只能作为筵席酒菜点缀的传统。1963年他发明了拼边点心,在点心侧畔用蛋丝、大菜糕等制成花草作为点缀,使广式点心具有前所未有的观赏价值。这是点心宴的基础。20世纪60年代中期,罗坤推出点心宴。

点心宴并非把十几款点心合拼一桌就了事。它的质量要求高,仪式感要强,既是技术,又是艺术。怎么体现?依照传统筵席来设计。比如传统筵席会先上两个热荤,点心宴就对应来两款精致小点;传统筵席要上汤、羹,点心宴就上汤、露;传统筵席会上鸡、鱼、鸭等肉类,点心宴也依样上鸡、鱼、鸭等作馅料的咸点心;传统筵席以甜菜做单尾,点心宴也以甜点做尾。以咸为主,纯甜为辅。一席点心宴,要有煎、蒸、炸、烘、汤、露、冻等多种烹调工艺加工的花式品种。点心上席的顺序是精点、汤点、正点、甜点、单尾。此外,点心宴还要考虑组配,设计要新颖;体积要测量精细;在颜色及口味上尽量用物料的本色,搭配得宜;款式、形状、盛器，以及摆盘衬托点缀要协调，既突出主题又互相辉映、相得益彰；整体布局纷繁有序，让人赏心悦目。

下面是一份点心宴菜单。

四小精点（相当于传统筵席的四热荤）：百花双色蛋、银丝鸡柳扎、威化鲈鱼脯、香酥炸粉角。

汤点：锦绣玻璃饺。

正点：煎咖喱鸡饼、火鸭丝班戟、香葱煎鱼块、脆皮荔蓉虾。

甜品（单尾）：杏仁鲜奶冻、迷你裹蒸粽、怪味双色粉。

甜点点心：木纹鸡蛋卷、樱桃甘露条。

点心宴的出现，让餐饮行业对点心刮目相看，并重新评

估点心的盈利能力。

20世纪60年代初，受北方菜看造型冷盘的启发，罗坤把传统的广东鲜虾饺改造成绿茵白兔饺；又用土豆泥加上澄面作皮，包入冬菇、鸡肉等馅料做成天津鸭梨状的像生雪梨果。这两款点心问世后惊艳全国。当时正值广交会，有对外宾夫妻带着孩子来泮溪酒家吃点心，当孩子见到绿茵白兔饺时欢喜若狂，把整盘点心抱在怀里，死活不让父母吃。后来服务员请罗坤再做几只"小白兔"送给小朋友，才算解了围，一家大小都得以尝到点心的美味。

有一次，日本餐饮协会的7位客人专程到泮溪酒家，请罗坤做7款辣味点心。罗坤用姜、胡椒、咖喱、麻椒、辣椒等辣味原料，以蒸、煎、炸、炕、焗等烹法做出7款辣味不一的可口点心。

20世纪70年代广交会期间，有一批日本饮食界同行慕名来到泮溪酒家订席，提出要在泮溪吃一个月点心，要求每

天 16 款，天天不重样，价钱不是问题。订单送到点心部，罗坤眉头都没有皱一下就答应了。每天的点心有咸有点，有中式有西式，五彩缤纷。绿茵白兔饺、传统弯梳饺、象眼饺、鸡冠饺……光是各式"饺"就让客人拍案称奇，大饱口福。连吃 7 天，日本客人就折服了，握着罗坤的手盛赞："中国点心闻名世界，广州点心闻名中国，你的点心做得真好，不愧为点心状元。""点心状元"之名声由此传遍海内外。

泮溪酒家的点心在全国独树一帜，并享誉全球。

1980 年，罗坤应邀访美，到纽约、华盛顿、三藩市、费城、洛杉矶、新泽西、拉斯维加斯等城市巡回表演点心制作，所到之处都引起轰动。美国人盛赞罗坤做的点心为"可以吃的工艺品""不可思议的点心绝活"。在美国，他还办了短期培训班，以传授点心技艺。

1983 年罗坤荣获"全国最佳点心师"称号，排在全国五大点心师之首，被誉为"点心

状元"。之后近 20 年内，泮溪酒家有 42 款点心在世界烹饪大赛及全国烹饪大赛上获奖。

罗坤一辈子做过的点心不下 3000 种，除了首创的系列象形点心外，还有 32 层擘酥、油炸灌汤包、蜂巢蛋黄角、翠竹鹊巢蛋、百花田螺酥、火树银花脯等，在泮溪酒家创制的点心就有 300 多种。在点心领域，罗坤渐入化境。他能把一年四季的动、植、飞、潜作为食材，千变万化纳入点心，又把点心外形重塑成动、植、飞、潜千姿百态的造型，精彩绝伦，突破了点心只作为茶点、只作为筵席配角的传统观念，让点心成为艺术品，并独自成宴，登上大雅之堂。

扫一扫，更精彩

『星期美点』的由来

"星期美点"是广州的茶楼、酒家点心供应的一种模式。所谓"星期美点"就是每一星期轮换一次点心品种。

20世纪20年代末，广州战乱较少，社会经济相对稳定，饮食业处于宝贵的兴旺时期，食肆的老板都想多做生意多赚钱。当时的茶楼、酒家供应的点心品种比较固定，变化很少。这显然满足不了追求新奇的广州人口味。到1936年，陆羽居点心师郭兴（人称孖指兴）知道了老板的心思，于是提出一种新的供应模式，就是每星期推出一批点心新品种，美名为"星期美点"。这种做法一是使客人有新鲜感，二是新品种加上原有品种使客人的选择性增大了。这种做法很受食客的欢迎。"星期美点"推出后陆羽居的生意兴旺了许多。"星期美点"一传十，十传百，很快福来居、金轮、陶陶居等店家也跟着推出"星期美点"，都十分成功。还有一些茶楼、茶居见状也跟着学样。据查证，当时有个叫野平的人写了篇《关于"饮茶"》的文章，刊登在《西北风》1936年第14期上。文内首次提到了"星期美点"，并加以推崇，于是引来更多的茶楼、茶居争相效仿。就这样，"星期美点"传遍了广州城。

"星期美点"的亮点在于轮换。但是轮换不是随意的，而是根据时令、气候、货源、场合、消费需要和师傅的能力来确定。"星期美点"还讲究一些规定。每星期推出的点心不少于六甜六咸，可以多，比如八甜八咸、十甜十咸、十二甜十二咸，可以再多，但必须是成双成对。"星期美点"运用蒸、煎、炸、烘、焗等多种方法制作，以包、饺、角、条、卷、片、球、糕、饼、盒、筒、盏、挞、酥、脯等形式成形，卖相小巧玲珑。每款点心均以五字命名，并且首尾用字不能相同。书写时是左甜右咸竖着排列，例如下图。

最初，"星期美点"写在水牌上，放在店铺门口让食客知晓。后来多是油印成宣传单张广为派发。

"星期美点"在日军侵占广州期间停售。之后，20世纪30年代广州点心行业"四大天王"之一的禤东凌在新陶芳酒家重新推出"星期美点"。食客对美食的渴望、厨师技艺的精湛、老板经营方式的精明共同催生了"星期美点"，而"星期美点"出现与发展终成"食在广州"的一大特色，也成为粤菜点心的一张闪亮名片。

星期美点（第十八期）

咸点：蟹黄爽烧卖　腊味萝卜糕　牛肉滑肠粉　蚝皇叉烧包　薄皮鲜虾饺　鸡粒咸水角

甜点：莲蓉水晶饼　玻璃芝麻球　生磨马蹄糕　岭南菠萝批　枣蓉草叶角　椰酱焗蛋盏

中国粤菜故事

『嫣红浅笑』的鲜虾饺

粤点大师何世晃曾撰诗描摹虾饺："倒扇罗帷蝉透衣，嫣红浅笑半含痴。"

虾饺皮薄，能透出新鲜虾肉的红色。它似饺非饺，以澄面作皮，鲜虾、鲜笋、肥膘肉为馅，是广式茶市上最受青睐的，也是最考师傅技艺的一道点心。

饺身起褶，饺边如花。不过，虾饺的饺皮跟北方饺子是有天壤之别的。北方饺子用的是面粉，虾饺用的是澄面。澄面是把小麦面粉中的面筋（蛋白质）洗去后，余下来的淀粉。澄面做的虾饺皮，皮薄透明而不黏口。如今很多点心已经由机器制作，只有虾饺，仍得人工包折，还要现做现卖，口感和卖相都过关，方达满分。

江太史的孙女江献珠在其著作《中国点心》里，曾透露当年为了学做点心，从美国回到中国香港，到一家香港高级酒楼的点心部上班。早茶7点开市，所以点心部6点就要上班，相当辛苦！为此，她在酒楼附近的旅馆租了一间客房，

每天天蒙蒙亮就起床，穿着白衣黑裤，一副厨工打扮，脚踏丹麦木屐，吱吱呀呀一溜小跑赶去酒楼。她认为包点制作无法做到现学现卖，很多决窍就在手感上：包皮的起发、揉面，每一个步骤都得由手感去决定。

江献珠经过一个多月的学习，终于知道虾饺是怎么"炼"成的：大师傅在澄面里掺入少量生粉，兑入开水搓成条再切成小块，用掌心把小面块按压成橄榄形，然后用手掌和一把薄刀配合，把橄榄形小面块压成一张碗口大的薄皮，这个过程叫"拍皮"。拍皮很有观赏性，只见师傅全神贯注，双手翻飞，一个人拍，可供六七个人折饺。折饺的师傅也了不得，接过拍好的皮子，置四指上，放入馅料，覆上，上面那截面皮占2/5，下面占3/5，十指轻捏，便束褶成弯梳形的饺角。上乘酒楼里的虾饺，全是即点即拍面做出来的，这样方可保证虾饺有鲜爽的口感。她恍然大悟：怪不得

当年母亲说，从三藩市中国城买回来再加热的虾饺完全没有口感。

　　自己做虾饺的话，得留神几个细节，这是一般师傅不会教你的。一是选用一把用来拍薄澄面皮的"拍刀"，这把拍刀绝不是菜刀，菜刀太锋利了，容易割破饺皮，最好是没有锋利刀口的，还要够薄；二是准备一件案板和一块蘸了油的布，以便制饺皮时翻转灵活，已经搓好待用的澄面得用油布盖着，以防返潮；三是在蒸笼内要垫上一块涂了油的带孔钢片，供食时虾饺才不至于粘在笼底，用筷子夹起来它还是完好无损的一只，不会撕破饺皮流出汁液而败坏卖相。

中国粤菜故事

『爆口练就十年功』的叉烧包

现年96岁的粤点大师陈勋，曾把广式早茶最受欢迎的4种点心命名为"四大天王"。它们是虾饺、叉烧包、烧卖、蛋挞。

叉烧包是早茶点心必不可少的"镇山宝"。老茶客每天上茶楼，只要一盅两件，一盅是茶，两件是点心。两件里头，一定有一件是叉烧包。

广州有句俗语："带叉烧包上茶楼。"意为多此一举！因为叉烧包在茶楼是永不缺席的。陈勋大师告诉我，叉烧包之所以几十年如一日地让一代代茶客追捧，是因为它有几个技术指标，非广东师傅做不到。那就是爆口、多汁、弹牙。

爆口，就是包子口微微张开，可以看到馅料，但又不会露出太多，似含苞欲放的样子。这是叉烧包的标准卖相。

多汁，指的是叉烧馅里面要有一层芡汁，看上去亮晶晶的，咬下去满嘴肉汁丰盈，咸中稍带甜味。这种丰盈仅仅是保障馅料入味，不是灌汤包那种可以当汤喝的程度。

弹牙，是指包子皮。有筋度才会弹牙，包皮质量好的话，从爆口可以看到包皮截面有均匀的小洞眼，绵软幼细，那是发面发得恰到好处的标志。

广式点心强调"三个新鲜"，体现在叉烧包上，就是馅料新鲜、包皮新鲜、即点即蒸。

能不能弹牙，发面是关键，如果筋度太强，则包子不会爆口；如果筋度差，则包子露馅太多且包皮发"霉"（指口感，不是变质气味）。所以既要有筋度，又要"化筋"，才爆得开口，同时弹得了牙。

关于筋度和"化筋"，德厨私房菜的餐饮总监曾庆新跟我们讲了一个故事。30多年前，他在广州白云宾馆点心部供职时，曾把一只开不了口的叉烧包带回家里叫父亲"诊断"。他的父亲曾苏是广州点心界的前辈，他父亲说："包子不爆口，里面馅料再好吃，包皮再松软，也是失败。这只包子是发面出了问题，没有'化筋'。"第二次，他带回另一只，这只包子的叉烧馅料

及肉汁都非常棒，但是包皮黏
牙。父亲说，黏牙就是失败，
同样是发面时出错。

　　曾庆新怪自己当年没有追
问父亲发面的诀窍在哪里。父
亲随便做出来的叉烧包就能爆
口、多汁、弹牙，似很容易，
所以他没问。他想父亲就在家
里，什么时候学不可以？后来
他到日本工作。当他在日本高
级中餐厅当点心师时，才发现
自己的叉烧包做得不合格，发
面没过关。此时父亲已经辞
世。他追悔莫及，反复试验，
用了整整 10 年，才找到了发
面的诀窍。

174

把『鬼蓬头』变成干蒸烧卖

买肉凭票的年代，广州人上茶楼一定会叫一笼干蒸烧卖。它的卖点是皮薄肉多，实惠！

广府点心来自五湖四海，中西合璧、南北荟萃。拿烧卖来说，它脱胎于北方的烧麦，或叫稍卖、稍麦，明代称"纱帽"，这还是比较雅的。到清代干脆叫"鬼蓬头"，想想挺像的。烧卖皮薄肉馅足，到收口处捏成一束，面皮带褶如花瓣。在京城，烧卖的馅料多为猪肉或三鲜，极个别高档的，会掺点蟹肉。烧卖到广州之后，一步步登堂入室，馅料变得精致化、多样化。首先鉴于广府人的胃容量，统统换成小分量，再进行一番细碟化改造。建于清代的惠如楼在 20 世纪 20 年代率先推出了干蒸烧卖，有猪肉馅，有牛肉馅，还有脯鱼馅。每碟只有两只，小小的，广州人叫"两粒"，显得袖珍可爱。

干蒸是指隔水蒸。袖珍点心笼内置一只小碟，放入烧卖隔水蒸熟。

广州鲜虾多，广式烧卖馅料就用鲜虾替代原来馅料里面的虾米干。鲜虾肉富含水溶性膳食纤维，脆弹性自然比虾米干、鱼肉、猪肉都强，口感较好，价格也稍贵。于是，鲜虾、猪肉、冬菇成为基础的烧卖馅，为了爽口，又加入了马蹄、鲜笋。

在外形上也进行了一番改造：收口处不再是石榴花瓣形，而改为绉纱边敞口形，敞口处露出诱人的馅料，如蟹子或鱼子，红艳艳的一撮。绉纱边做成菊花边，因为菊花是岭南最家常的花卉。怎样折出菊花纹？包馅料前，师傅会用一只带菊花纹的槌子，把面皮的圆周敲成菊花边。

著名的泮溪酒家推出四季点心筵席，里面还有鲜鱿鱼烧卖。那是把鲜鱿鱼片切成长三角，利用鱿鱼遇热卷起来的造型，让鱿鱼像尖笋一样从烧卖馅里长出来。鲜鱿鱼片的白衬着全蛋面皮的黄，悦目又爽口。

『蛋民』艇家创出荔湾艇仔粥

第三章　名点故事

　　艇仔粥是由中国南方水域上的游民——"蛋民"一手创造的。

　　旧广州，珠江西濠、西关荔枝湾一带，入夜时分，一排排花艇靠向岸边或大游船，每只艇的尾部都插着一支黄旗，上面有一个大大的"粥"字，那就是卖艇仔粥的蛋家船。

　　卖艇仔粥的，多是蛋家女人。她们向岸边或游船上谈生意、谈恋爱、寻消遣的客人，兜售艇仔粥。正宗艇仔粥，是水上人家用新鲜打捞的鱼虾蟹蚬螺等，杂七

杂八，汇入一煲粥里熬出来的，由于新鲜，粥鲜甜无比。最初的艇仔粥每天用料不尽相同，打到什么就放什么，美味异常。后来陆上店家也仿做艇仔粥，慢慢把它的配料固定下来，有鱼片、烧鸭、海蜇、生菜、炸花生，后来又添加了虾仁、猪生肠、叉烧、浮皮等，盛粥时，再配一小碟葱花和炸薄脆。

至今没有人说得清疍民是怎么来的，他们自秦代起就生活在广东、广西及福建一带的江洋河海之间，有学者说他们可能由历代不甘当顺民的自流民组成，也可能是被放逐的犯人及家属，总之是逃难避祸的一群人。他们以舟为家，世代漂泊于海上。官府不许他们登陆定居，不许穿鞋袜只能穿屐，不许与陆上人家通婚，孩子不许到陆上学校就读等。

传说，这一切歧视因一个人发生变化，这个人名叫张保仔，生于1786年，是"中国第一海盗"。他领导的海盗团伙"红色帮"在鼎盛时期，拥有大船800艘、小船1000多艘，聚众达10万人，专门抢劫清廷官船及外国商船，曾一次击沉葡萄牙海军18艘军船。张保仔之所以传奇是因他侠义，他将抢来的财物分成三份：天一份，地一份，人一份。天一份，用于资助当地贫民；地一份，挖地为牢隐藏起来以应急需；人一份，颁奖给有功将士。张保仔后来被清廷招安成为三品武官，剿过盗立过功，受封"千总"头衔。自此之后，疍民可以登陆定居，可以与陆上人家通婚。不过翻查史料会发现，早于张保仔的雍正年代，清廷已除去疍民的"贱民籍"了。

吃粥的人不知疍民往事，但这不影响大家对此粥的狂爱。如今任何茶市粥品里面，都少不了荔湾艇仔粥。

扫一扫，更精彩

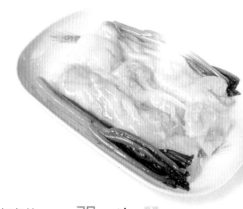

猪肠粉与猪毫无瓜葛，它是米制品，只是制出来的时候，形似猪肠而获此名。猪肠粉在广州是最市井最深入民心的早点，从达官显贵到贩夫走卒都十分喜爱。早晨起来要喝点流质，所以早餐桌上除了一碟猪肠粉，广州人还要一碗生滚粥。店家往往把两者合成套餐，固定搭配，优惠奉客。猪肠粉生滚粥之于广州人，相当于油条豆浆之于京津人。

猪肠粉历史悠久，尚在清朝末年就已经有小贩沿街挑担叫卖了。不过在老城区，更多的肠粉店见缝插针地钻进街头巷尾，只要有一两米宽的店面就敢开档。那时制作猪肠粉很有看头：师傅往一只圆形竹箕（也叫筲箕）上刷一层薄油，把事先兑好的米浆浇上一勺，拿起竹箕左摇一下右摇一下，米浆就走匀了。然后，把竹箕放锅里隔水蒸，眨眼便熟，蒸熟了的米浆凝固成一块柔软的"白布"，师傅用筷子沿竹箕边缘划一圈，提起"白布"的一边，向中间卷过去，卷成粉条，状似猪肠，所以叫猪肠粉。上碟时，师傅左手执猪肠粉，右手执剪刀，顺着60度角把肠粉斜剪成一截一截，剪刀"嚓嚓嚓嚓"的声音清脆而连发，几下手势剪出一碟，淋上熟油、生抽、甜酱、辣酱、芝麻酱，撒上几粒黑芝麻白芝麻点缀一下即成。最理想的酱汁是牛腩汁，如果用牛腩汁代替生抽，食客会吃到不知饱的地步。

猪肠粉有一个奢华的升级版：布拉肠，也叫拉肠。

话说当初猪肠粉畅销之后，广州西关有个姓黄的小

177

第三章　名点故事

猪肠粉及其花样『二代』布拉肠

178

贩在泮溪酒家旁边开了一家猪肠粉店。猪肠粉本是市井小吃，店名如果命名为"肥佬黄""黄老二"或"黄二麻子"，都会很贴切、很亲民。偏偏这位黄老板不满以俗喻俗，生出风雅念头，把店名叫作"酌荷仙馆"，这听起来让人感觉更像茶室。不过，泮溪水里种了莲藕，夏日绿波荷韵，诗意悠扬，这么个店名也不算离谱。贴了一个雅名，黄老板就不满足于猪肠粉的单调，立马搞创意！有段日子，他轮番在粉浆上摆上油条或炒熟的猪肉片、牛肉片、鱼片、虾仁等，作为点缀式的馅料，待粉浆蒸熟卷起来，依馅料不同，做成油条卷、猪肉卷、牛肉卷、鱼片卷、虾仁卷。这肠粉卷果然比猪肠粉好吃，既口味丰富，又有噱头。酌荷仙馆"肠粉卷"的名声不胫而走。

20世纪三四十年代，抗战期间，广州万昌楼的点心师发现：酌荷仙馆肠粉卷还不够韧性，里面的肉片也过熟了，口感不嫩。万昌楼的点心师于是对肠粉卷进行了两大改造：首先把蒸粉器改成铜线架，在架上铺一块白布，米浆浇到白布上蒸；其次，馅料改用鲜肉，把鲜肉切片用生粉、油、盐调味腌渍着，米浆上架时把几块肉片摊在米浆上，一起蒸熟。蒸熟后把黏附在布上的粉皮拉起来，裹着肉片折成三叠，用刀横切几道成宽条，再浇上熟花生油和生抽，布拉肠就这样问世了。用布蒸米浆的好处很明显：吸水性好，米浆更均匀，粉皮光滑且有韧性，里面的肉片刚熟，口感软嫩，广受欢迎。

布拉肠的再次改革是中华人民共和国成立初期，即 20 世纪 50 年代，是由一位名叫吴艮的女子完成的。吴艮当时在西关开了一间小店，就叫"艮记"，专营布拉肠。吴艮发现：布拉肠质量优劣，关键在那张粉皮。为此，艮记自己磨制米浆：先将大米翻碾、洗净、浸透，碾磨时水与米的比例是 1:2.3，即 10 斤大米要用 23 斤水，再配上 1 两盐。米浆磨得幼滑如脂，即磨即制。牛肉调味也改进了：牛肉先用生粉腌制半小时，再用清水冲净，加入姜汁、烧酒、花生油、麻油、生抽、糖、盐、胡椒粉和味精调匀，放米浆上，只蒸一分钟。布拉肠上淋的油是用熟花生油与猪油各半调成，并用筛子隔过渣的，油色透明。酱汁是用生抽加入糖、麻油、味精、枧水，按比例兑上开水制成的，起到提鲜减咸的作用，使布拉肠风味大变。结果，艮记拉出来的肠粉，粉皮白如雪、薄如纸，油光可鉴，香滑可口。西关一带当时每晚都有大戏，戏院散场之后，粤剧名伶们卸完妆必移步至艮记吃一顿夜宵，夜宵里必有一碟豉油皇牛肉拉肠。追星族闻风而至，如影随形，也到艮记吃布拉肠，艮记庙小神仙多，由此驰名食坛。

广州大小茶楼的早茶茶点里既有猪肠粉，又有布拉肠。如果你笼统地说要肠粉，那么送上来的可能是布拉肠，也可能是猪肠粉。为避免出错，你应该说要"拉肠"，布拉肠比猪肠粉贵，因为它内有乾坤！服务员会问你："要什么拉？"那是问你要什么馅料，有牛肉、猪肉、猪肝、叉烧、油条、上素……还有混合猪、牛的鸳鸯拉肠。

一碗「三好」云吞面

180

一碗上等云吞面必须具备"三好"特质：面好、云吞好、汤好。云吞面里的面，是银丝面。广州人是吃着弹牙的银丝面长大的。银丝面属碱水面，机器做的，黄得透亮，吃时要蘸点浙醋，既为美味，也为中和面中的碱水。外地人看不惯："你们怎么爱吃这种像橡皮筋一样的面条！"

在手工时代，银丝面是用大竹竿压出来的，又叫竹升面。《舌尖上的中国》曾介绍过竹升面的制作工艺。不过，竹升面的特点恰恰是碱水少，甚至不放碱水，它最大的难度在于不放碱水还一样爽滑弹牙。这是用竹竿搓面的秘密所在。竹升面挑选的竹竿是有讲究的，要够粗大，以保证它有比较大的覆压面，可以代替人的双手。师傅搓完面团后，把面团放在案板上，然后骑坐在竹竿那头，用脚一蹬一蹬，竹竿碾压着面团，师傅要一边压打一边移动，让面团受力均匀，渐渐变成一条摊开的"毛巾"。一两个小时后，面团便可以揉拉成一根根像银丝一样幼细的面条。在碾压过程中，不加一滴水。

美食家庄臣开了一家庄臣美食坊，主打云吞面。他家的面，不但要求弹牙，还要求爽口，嚼起来有索索声。庄臣说："这个面的爽，是稍纵即逝的，一定要趁热吃，汤再泡它一会儿，就没有索索声了。"好的银丝面用优质面粉、鸭蛋、无水竹升压面，细如银丝，蛋味饱满，不会发涩。如果枧水放多了一点点，面就会有苦味，会发涩。

为什么云吞面端上来时，只见面不见云吞？那是店家故意把云吞埋在面下，因为面被汤浸泡就不爽，所以会把云吞浸在汤里，而面放在云吞上。广式面店，一定是这样放的。如果要吃两碗，一定要吃完一碗，再添一碗。千万不要嫌麻烦而一次要够，否则，面就被汤泡绵软了。

吃云吞面如果要蘸醋，一定是小心地倒入汤匙里蘸着吃，不会让醋洒入汤里，免得破坏汤味。

云吞面里的云吞，标配是鲜虾云吞。香港麦奀记云吞面店，曾透露秘籍：鲜虾云吞，如果是鲜品，则虾肉是丰盈的，纤维完好无损，口感鲜甜嫩滑。早期麦奀记的云吞有两款：一款是鲜虾云吞；一款是猪肉鲜虾云吞。猪肉鲜虾云吞用猪肉剁成肉泥再掺上鲜虾作为云吞馅料，廉价一点，调味得宜，反响也不错。后来他们发现，猪肉泥与鲜虾的受热程序不一样，鲜虾熟了猪肉还没熟，猪肉熟了鲜虾已经老去。于是弃用猪肉鲜虾云吞，独沽鲜虾云吞。云吞皮里面的鲜虾煮到刚熟即捞起，绝不迟疑，方能保住虾肉的鲜爽。

在鲜的前提下，云吞馅料可变化多样。广州的巧美面店，就推出"五宝"云吞：鲜蟹子云吞、鲜虾云吞、鲍鱼仔云吞、赤贝柱云吞、鲜虾蟹子云吞。店家敢于创新舍得本钱，在一只乒乓球大小的云吞上，倾尽全力。馅料拓展到肉、虾以外的蟹子、赤贝和鲍鱼仔，且全部新鲜完整。一口咬下去，馅料看得一清二楚：鲜虾、赤贝、橘红色的蟹子、指甲盖大小的鲍鱼仔。

好的面汤是清汤，透明的玛瑙色。一百年前陈济棠时代，广州云吞面的汤就是这样的。"文革"时期，由于市场匮乏，少见鲜虾，只有猪肉，面汤因陋就简，变成了乳白色的浓汤。浓汤的缺点是，没有鲜味。庄臣解释：这碗清汤，是从香港找回来的。原来他请的大师傅，来自香港。不过，他家的出品是经过团队反复研试才推出的，他认为叫"广府港式云吞面"更恰当。

用大地鱼、猪骨、大豆芽、虾子慢火细熬成的透明清汤，才会香鲜浓郁。关键是，这个汤要一直用细火熬着，每分钟要耗 5 毛钱电费，不管有客人还是没客人。

扫一扫，更精彩

广式『镬气』与一碟理想的干炒牛河

牛河，是干炒牛肉沙河粉的简称。沙河粉产于白云山下的沙河镇，最初用白云山的泉水制成。与肠粉、拉肠一样，是米制品，经浸米、磨浆，蒸成大块薄片，用刀切成一指宽的条状，柔韧爽滑透明。

干炒牛河，是广东著名小食，也是最能勾起乡愁让游子追忆最深的美食。

1980 年前后，街头大排档的煤油炉或煤炉急喷的火焰之上，但见铁镬里的河粉、芽菜翻飞，抛镬溅出的油酒酱水在镬边引来火苗，瞬间在铁镬上方窜起一簇簇火焰，其香气便是老饕食客钟爱的"镬气"。镬气是衡量一碟干炒牛河成功与否的唯一标准。

为了追求镬气，一些广州人相约在半夜出动，赶去大排档。坐下，每隔 10 分钟叫一碟干炒牛河。吃着一碟，才去点下一碟，为的是好好享受镬气。这一碟与下一碟之间，正是镬气呈现的最佳时间。镬气从 3 米之外传来，食客把一撮炒粉夹进口里，原来镬气就是烫嘴的感觉，太美妙了。不过，谁管它烫不烫？一撮接一撮，大口吃起来，不记得仪态为何物，直到碟中只剩下一撮河粉时，方才定下神来，打量河粉的真容。

干炒牛河创于抗战时期的广州。创始人是一位名叫许彬的小伙子。在此之前广州的炒牛河都是滑炒，即炒后用生粉打一个湿芡淋在粉上。话说许彬当年与双亲一起，在广州杨巷路经营一间小食店，以卖云吞面为主，兼营炒河粉。有天晚上，打芡用的生粉刚刚用完，许彬正想出去买，却被日伪设立的关卡拦截，无功而返。恰在此时，有个日伪侦缉来了，他抽完大烟要吃炒河粉宵夜。许彬的父亲没好气地说："店里缺料，炒不了河粉。"岂料这侦缉兵蛮不讲理，扬言一定要吃到炒河粉，还拔出手枪来威胁。许彬的母亲赶紧打圆场，并令许彬去炒河粉。许彬急中生智，想出一个主意：不要芡汁，干炒！他先热镬爆香葱头，炒芽菜，再加河粉炒拌，最后把拉过油的牛肉投入镬里一起混炒，装碟。没想到这样一碟炒河粉，令侦缉兵转怒为喜，赞不绝口。以后他每天晚上都来指定吃这样的炒河粉，许彬父子乐得把买生粉的钱省下来，以后就专门炮制"干炒牛河"。[1]

经过一代代师傅的改进，干炒牛河基本定型。有老饕说："满分的干炒牛河，应该是吃完之后，用衣袖抹碟都抹不出油。"这是因为，高温热镬，猪油搪镬，河粉就有不粘的效果。要达到这种效果，必须有炉火纯青的厨技。在粤菜厨房中，这样一碟干炒牛河，是交由候镬岗位中级别最低的尾镬去做的。然而，在珠江三角洲，很多店家会动用大厨去完成这样的干炒牛河以收获名声。有些小店，就是靠一碟碟镬气十足的干炒牛河起家的。

第三章　名点故事

不过，在我的记忆中，碟底无油的牛河还真没见过。一碟干炒牛河，如果镬气十足，焦香烫口，油润照人，豉色均匀，就是理想状态。

1　钟征祥：《食在广州》，广州，花城出版社，1980 年。

能解百毒的 云香绿豆沙

绿豆具有优良的排毒功效。近年来，越来越多的健康专家证明了这点。健康专家建议，春夏秋三季，每周应该吃一次绿豆，排除体内毒素。绿豆清热解毒、抗炎消肿、保肝明目，有"济世之谷"之誉，有"解百毒"之功，除了一般的体内垃圾，它还可解除农药、重金属和瘦肉精中的毒。

旧时广州人家，夏天为了消暑，爱煮绿豆沙。绿豆沙即绿豆糖水，是驰名甜品。外地人不知这个"沙"字为何意，它是指绿豆煮得呈胶液状，起绵沙，煮好的时候豆香扑鼻，却不见豆，只见碎成了沙状的豆的流质，吃到嘴里，绵中带沙，清甜可口。

绿豆沙里不光有绿豆，还有云香草和陈皮。其中，最玄妙的要数云香草。云香草俗称臭草，很粗生，家家户户的阳台甚至窗台，只要摆上一只花盆，拿一株截了枝的云香草插上去都能栽活，长得快到你来不及吃的程度。煮绿豆糖水的时候，用剪刀剪几片它的枝叶，放入糖水中煮几分钟再捞起，即可提升绿豆沙的风味。

云香草被称为臭草，实在是冤枉。云香草有一种异乎寻常的香味，它太浓烈了，又别于通常概念里的"香"，因而成为异端，它是香族里特立独行的一个品种，这种香始初不被接受，于是人们叫它"臭草"。可以说，云香草是绿豆沙的灵魂，只放那么一点点，整煲糖水就超凡脱俗，马上得到提升。奇怪的是，云香草的用途很窄，仿佛只为绿豆沙而生，忠贞不贰，除绿豆外，跟谁都不好搭配。

至于当初是怎么发现云香草的，谁也说不清楚。因而在广州西关，有一个关于云香草的传说。话说从前西关恩洲里，有一个经营糖水的小贩，名叫阿爽。阿爽干的是挑着担子穿街过巷卖糖水的营生。有一年，妻子生病，阴雨兼旬，生意冷落，入不敷出，阿爽便借了"九出十三归"的高利贷，也就是借10块钱，只拿到9块，却要还13块。不久妻子病故，债主逼上门来，阿

爽拖着膝下两个幼女逃到珠江西岸，哭诉一通，欲投江自尽。谁知却遇到一位自称"云香"的仙人，送他一颗仙草，并说："你回家后，用小盆栽种，一天浇水 3 次，3 天后就可采此草叶与绿豆、糖及少许陈皮一起煮，其香三里可闻。"

　　阿爽依仙人指引，在绿豆糖水中加入仙草，制成了云香绿豆沙。煲的时候，很有讲究，火力太猛容易烧焦绿豆粘着煲底；火力太小又难以使绿豆脱壳，所以要注意火候分寸，经常搅拌，等绿豆脱壳浮起来时，把豆壳捞起，再加入云香草、陈皮，直到将绿豆煲成沙为止。调味的时候，单用白糖味道太寡，单用红糖略有酸味，所以要一半白糖掺一半红糖，才可获得清甜香滑的味道。云香绿豆沙就这样炼成了，一时香传三里，人闻人喜，生意兴隆。

　　云香绿豆沙的甜，来自一个苦难的传说。如果没有历尽万劫，谁识云香草？

止咳润肺的姜撞水牛奶

姜撞奶是南粤著名甜品，鲜奶制品。北方做不出姜撞奶，因为北方没有水牛。做姜撞奶最关键的是要用水牛奶。姜撞奶的发源地是番禺沙湾镇，沙湾人用水牛奶是因为沙湾乃至珠江三角洲一带只有水牛，别无选择！母水牛产奶不多，一天的出奶量在8斤上下，当地人因地制宜，用水牛奶制成甜品。

关于姜撞奶的来由，顺德美食家廖锡祥曾讲过一个故事：很久以前，在沙湾有一对婆媳相依为命，她们家里仅有一头母牛。有一天，婆婆生病，咳嗽不止，媳妇想起村里的长者说过，牛奶润肺，姜汁祛痰，两者相加岂不是润肺祛痰？让媳妇没想到的是，当热腾腾的牛奶遇到碗底的姜汁，很快就凝固了，且发出一种好闻的姜香。婆婆吃了，身体渐渐康复。这一下，姜撞奶就在沙湾传开了。[1]

姜撞奶传到广州却只有60多年。一天，我们几个人驱车到番禺沙湾，观赏姜撞奶的制作过程。恰巧甜品店掌勺的是一位村姑模样的女师傅——符合传说中媳妇的原型，她把加了白糖的牛奶放到炉子上，用慢火加热，然后拿起一块刮了皮的小黄姜，在一只布满小孔的铁筛上磨，铁筛下面是一块白色的纱布，姜蓉丝丝缕缕地漏到纱布上，她把纱布拧紧，压出又黄又浓的姜汁，倒入一只不锈钢小口盅里。之后，拿出几只瓷碗一字排开，用一只小勺子，把姜汁依次分到每只碗里，大约有的分多了，又从碗里舀回去一点，似乎很舍不得那姜汁，也许只是对量的要求非常精

1 廖锡祥：《顺德原生美食》，广州，广东科技出版社，2015年。

确。这时候，炉子上的牛奶煮开了，女师傅马上熄火，用一只大铁勺，在奶锅里舀来舀去，搅拌兼降温，并不急于倒入碗中。过了片刻，才用大铁勺舀了牛奶，高高地往碗里吊冲。也许"撞"这个动词强调的就是这个动作，里面饱含力度。

我们问她制作姜撞奶有什么窍门。她说，首先，一定要是水牛奶，姜要用南雄黄姜，"较老但又不过老"为宜。其次，奶不能太热也不能太冷，70℃左右再冲入碗里。一旦冲入碗里，再不能搅拌，要等它凝固。凝固了才算成品，凝固到什么程度？能够承得起一只大汤匙。

我们不信。等服务员把姜撞奶捧过来，那奶就像炖好的鸡蛋羹一样，上面结了一层奶皮。我们急不可耐地把汤匙摆在上面，果然，汤匙就像立在固体上一样，没有陷进去。太神奇了！这奶色微黄，尝一口，奶味浓厚，滑腻多脂，姜汁轻微的香辛味中和了奶中的甜，衬得牛奶更醇更鲜。姜本用于辟腥辟膻，水牛奶没有花牛奶的膻味，不知道沙湾人当初是怎么想到姜的妙处的。现在看来，奶与姜确是绝配。

有网友嗜食姜撞奶，买了盒装的伊利纯牛奶自制姜撞奶，试了两次都不能凝固。可见，姜撞奶的关键在于水牛奶。此外，姜汁也要现磨，隔了一夜，姜味悉数败走，姜便不是姜了。

想不到水牛除了耕田，还能产奶！物以稀为贵，水牛每天产奶8~10斤，花牛一天产奶几十斤至几十公斤。水牛奶的价格是黑白花牛奶的2~3倍，而营养价值是花牛奶的4~5倍，其中，含锌量为花牛奶的12倍，含钙量为1.29倍。水牛奶的颜色看起来更白，更厚重，喝起来更甜。袋装水牛奶比"光明牌"加浓奶还要香还要浓。水牛奶遇姜汁之所以能凝固，是因为它所含的干物质更多。专家测试过，水牛奶的总干物质含量比花牛奶高50%，乳脂率高出1倍。

成珠楼鸡仔饼的百年演变

鸡仔饼位列广东传统四大名饼之首，甘香酥脆，甜中带咸，惹味十足，余韵悠长。书法家麦华三曾赋诗："小凤饼，成珠楼，二百年来誉广州。酥脆甘香何所以，品茶细嚼如珍馐。"广东人称鸡为"凤"，小凤饼又形似小鸡，故亦称"鸡仔饼"。

鸡仔饼始创于成珠楼。成珠楼位于广州河南漱珠桥畔，当年门面上写着"驰名小凤""茶面酒家"，可见鸡仔饼是它的镇店之宝。

关于鸡仔饼怎么来的，有两个版本。一说当年十三行富商伍家也在漱珠桥附近，伍家老爷每天午后要吃新出炉的饼食。一天老爷照例叫婢女小凤去成珠楼买饼，此时临近中秋，全店正忙于做月饼，师傅于匆忙中把制月饼剩下的馅头馅尾连同面粉捏成小团，烘成小饼交给小凤。另一个版本说是婢女小凤用梅菜作馅料自创的。成珠楼在晚清光绪年间为广州"梁福和堂"所有，由梁殿华经营，其改进了咸丰五年（1855年）鸡仔饼家传秘方，其中具有商业秘密的配料"熟菜"，是用特种鲜菜经"九蒸九晒"（蒸九次晒九次）而成。此法乃芳村一家农户按祖传方法特制，这种熟菜没有渣（粗纤维），能溶化在其他馅料中，后以熟梅菜代替"熟菜"。[1]

1959年的《中国名菜谱》第4辑首次公开了成珠楼鸡仔饼的配方、制法和饼印。传统鸡仔饼像月饼那样用手工压模，呈半卵形。《广州点心教材》（1979年版）介绍了"鸡仔饼"的制作细节：酒糟腌过的生肥肉粒、瓜粒、榄肉、南乳、蒜蓉、胡椒粉、酒等。皮馅比例，皮三馅七，成龟背状，饼面呈金黄色，

1　龚伯洪：《百年老店》，广州，广东科技出版社，2013年。

饼边以微泻脚为佳。

时移世易，曾经历过拆迁、公私合营、火灾又重建的成珠楼已于 2000 年关门结业。如今鸡仔饼在珠江三角洲分成两大阵营：一派是皮馅混拌，外表扁平形或近似圆饼；另一派是皮包馅，外表半卵形。

皮馅混拌这一派的代表就是广州成珠食品店出品的鸡仔饼，这是传统的简化版，它的外观扁平，近似圆饼。这一派的店家还有诚志饼家、赞记龙凤礼饼、海珠美点、明华饼店等。

而珠海斗门井岸镇益利大酒楼出品的鸡仔饼成为皮包馅的代表。它的鸡仔饼完全按照传统工艺制作，古早味，半卵形，饼形似一只昂

首挺胸、自信骄傲的小鸡仔，饼皮润而不肥，咬下松脆，馅芯偏软而不硬，馅料由冰肉、瓜子仁、芝麻等组成，由于主配料的比例合理，所以咬吃起来，该软则柔软，该硬则松脆，获得"斗门非遗""斗门名小吃"的称号，成为斗门地标式的伴手礼。这一派的店家，除了益利大酒楼，还有伦教阳辉里、容桂乐园、容桂娟姐私房美食、石岐南冲饼家、石岐佬中山菜馆、石岐兴华饼家、番禺香江大酒店等。

非一般『饭团』的肇庆裹蒸粽

问世间粽有多少？但像肇庆裹蒸粽那样，时时常有，天天可吃，成为当地极具文化特色的标志性小吃的，实属罕有。肇庆人有时只称"肇庆裹蒸"，省略"粽"字，许是为了证明不同。本来就是粽嘛，琳琅满目的中华粽王国里，要认出它其实一点都不难。

先看衣装，冬叶为表，这就宣示了它与所有粽叶的不同。冬叶为粽而生，却又为肇庆本地所特有，叶绿素很丰富，是增味保鲜防腐的好材料。至于肇庆人是先有了冬叶才年年月月裹蒸粽，还是为了不浪费天赐好物，就不得其详了。

再看身材，以个头够大而引人瞩目。肇庆裹蒸粽未蒸之前，已是半公斤以上重量。常规有三样主要食材：糯米、脱皮绿豆、腌好肥猪肉，三种主食材按10：6：4的比例用冬叶和水草包裹，蒸煮8小时而成。把粽做大，也是一种玩法，顺便加入咸蛋黄、冬菇、瑶柱、虾米、花生、栗子等，好看的同时更要确保好吃。

看了身材看身形，像不像从鼎湖走入坊间的绿色星岩？在肇庆有

一个美好的传说：那年名叫阿果的小伙子赴京赶考，恋人阿晶连夜送来冬叶包裹着的糯米绿豆饭团，寄望以后见饭团如见家乡的山与水、情与爱。阿晶很显心思地把饭团包成了七星岩的形状。阿果中了状元，皇帝要招其为婿，不从的结果是囚禁，只好从了。公主有一天见阿果抚饭团而泣，惊问缘故，阿果答："糟糠尚不弃，况饭团乎？"后来就有了阿果返乡与阿晶喜结良缘的大结局。此后，人们把"果""晶"两字的谐音，用来命名这款家乡小食。

但肇庆人同时认为，肇庆裹蒸粽与纪念包公有关才对。北宋名臣包拯曾任端州（今肇庆）知州，辞别那天，端州百姓专门制作了形似包公铁拳的特色饭团送行，以铭记他为官一任、造福一方、铁面无私、惩恶扬善的治端历程，寄望以后为官者吃起饭团便惦记着民生无小事。

扫一扫，更精彩

「透薄爽韧溢米味」的陈村粉

中国粤菜故事

寄赖稻香迎客意，但求粉饵俏君欢。

透薄爽韧溢米味，美食铭刻陈村名。

这首竹枝词咏唱的是有着 90 多年历史的陈村粉。

1927 年，广东顺德陈村人黄但在有"谷埠"之称的陈村设立铺头经营粥粉面饭，每到闲时都会与食客侃谈食趣开阔思路。一次，有食客聊起了广州的猪肠粉和沙河粉，引起黄但的兴趣。自此之后，黄但无时无刻都想着猪肠粉和沙河粉的制作工艺。

黄但分析猪肠粉和沙河粉的巧妙：巧妙在于稻米品种，猪肠粉是用粳米磨浆制成，使之以蒸复热时呈现出软滑的质感；沙河粉则是用籼米磨浆制成，使之以炒复热时呈现出爽弹的质感。他决定将猪肠粉和沙河粉合二为一，目标是使制品以蒸复热也能呈现爽韧的质感。在此基础上，他又借鉴了南海西樵人的经验，创制出一种薄、爽、软、滑的米粉，当地人称之为"黄但粉"，即陈村粉。

制作陈村粉有 10 多道工序，每道工序都有秘诀。比如，要用晚造米，洗米要搓洗 20 多分钟，磨米浆的石磨要选用青石磨等。黄但知道，影响制品爽韧的因素有"四怕"：

第一怕是籼米淀粉胶性不稳定，所以不能用早造米，即使用晚造米，也要陈放半年，使籼米淀粉胶性经一段时间稳定下来后才作使用。第二怕是籼米的糊状物太多，所以在磨浆之前必须将籼米彻底泡洗干

净。第三怕是米浆过早糊化，所以专门选用青石磨并以慢速旋转磨浆，不能让石磨产生一丝热量影响米浆，用青石磨磨出来的浆会比较均匀。米浆磨好并不就是大功告成，关键还要蒸的火力的配合。这就是黄但认为的第四怕，怕米浆不能迅速致熟。原因是米浆迟缓致熟的话，会吸水膨胀，使制品变得疏松而丧失爽韧的质感。为了让米浆迅速致熟，黄但特意控制米浆蒸时的厚度，尽可能薄，使制品蒸熟后犹如绸缎一样透薄爽韧。

与广州沙河粉相比，陈村粉更薄更爽。

台湾综艺节目主持人蔡康永吃过陈村粉后在微博中写道："我初次见到，很惊艳，在整桌的山珍海味中，这道'陈村粉'显得素净有气质，颇有禅味。如果我要整治一席菜来向外国朋友展现中国的文化情调，我会让这道简洁的佳肴上桌……"

脱胎于大良膏煎的大良崩砂

求得古法粗籹技，
落到大良化作蝶。
乳香崩脆堪滋味，
特产正宗李禧记。

自南宋末年起，顺德一带遵循中原的惯例在冬至后 15 日以寒食节的形式禁烟火、吃冷食，为祭祖、扫墓的清明节做准备。是日，必有一种以蜜糖搓揉成细条再用油煎熟的称为"粗籹"的面食供奉。

到了清代，美食发展迎来了一个小阳春，各式技法争奇斗艳。顺德大良有技师对"粗籹"做法进行了一系列的改革，最明显的改革是将油煎改为油炸，使"粗籹"的质感由韧变为脆，此出品受到大良及周边地区的热捧。从此，"粗籹"不再是寒食节的奉品，陡然成为日常消闲的美食，常年在铺头销售。当地人将这种美食称为"大良膏煎"。

大良人李禧就在此背景下到了大良膏煎的铺头里当学徒。经过数十年虚心钻研，李禧终于悟出油炸面食制品有脆与酥的分别。脆是咬合整片断裂之状，而酥则是咬合分散断裂之状，比脆更讨人喜爱。

于是，李禧在大良膏煎的基础上进行创新。首先用蔗糖及猪油取代蜜糖，使面团颗粒之间藏入了隔膜；再加入陈村枧水，使面团颗粒在加热时膨胀而非收缩；最终令面团在高温油炸条件下形成疏松的结构，继而呈现酥脆的质感。与此同时，李禧也发现大良膏煎存在欠缺香味的弊端，在以上调料的基础上再加入南乳，制品愈发气香味浓。

这一改革创出了大良崩砂。

根据《广东新语》记载，广东人有"以面……燕（宴）客时……切成薄片，为蛱蝶双翩之状"。当中蛱蝶是蝴蝶的别名，在大良则称为"蹦砂"（音崩砂），而"崩"这个读音与酥脆所要表达的意思吻合。

李禧受此启发，以蝴蝶作制品的造型。

不过，让大良崩砂脱胎换骨的是李禧的第十二子李翘云。他把存放了一段时日的崩砂渣碾碎，掺入新面粉中，奇迹发生了——新旧合璧做出来的崩砂入口即化，特别酥香。

此后操刀、拼形、油炸等工艺不断改进，才有了今天的大良崩砂。

太极羔烧芋泥

有一款潮汕小食的颜色像阴阳太极图一样，现被搬上了大型商贸宴会，吸引了众多目光。它就是"太极芋泥"。太极芋泥即潮汕经典小食羔烧芋泥的宴会版。

羔烧芋泥非常好吃，但制作工艺却异常烦琐。要采用广西梧州槟榔芋头，只有这种质地比较粉糯、水分较少的芋头才适合制作羔烧芋泥。首先将芋头去皮，切成大片，蒸笼炊熟，再趁热把熟芋头片放在案板上，用刀压烂成芋泥，要压至没有粒状为止。芋泥铲制过程也是比较讲究的。先把洁白的熟猪油少量放入鼎中，再把已压成的芋泥和少量白糖放进去，边搅拌边铲，不能暂停。火候掌握最关键，先用慢火铲，边铲边加入白糖，白糖的加入与芋泥的水分挥发成反比：当白糖加完时，水分正好全部挥发完。这时再加入熟猪油，也要一点一点地添加，让芋泥充分吸收，按配比加完，才算大功告成。这款羔烧芋泥，按传统配方是50克已压烂的芋泥，配50克白糖和200克熟猪油，这样才香滑甜润。但今天看来，人们会认为它太甜及太肥腻了。

怎么会成太极图呢？那是在白色的羔烧芋泥上面，淋上乌豆沙，构成阴阳鱼状。此构思来自《易经》的"太极生两仪，两仪生四象"一说。太极造型对称美观和谐，寓意丰富。因为有了这样的"高大上"造型，羔烧芋泥才登上大雅之堂，成为大型商贸宴席的一道菜。[1]

关于太极芋泥，还有一段精彩的故事。

话说，鸦片战争爆发前，英、美、俄几位驻广州领事馆的领事，曾礼节性地联合宴请林则徐。他们视林则徐为眼中钉、肉中刺，企图在宴会上羞辱他一番，于是特地办了一个"冰淇淋宴"，以为林则徐没有见识，不知冰淇淋为何物，必无法下筷，又不会摆弄刀叉，一定当众出丑无疑。谁知林则徐应付自如，让洋人的"企图"没能得逞。数天后，林则徐回请他们，先上了12道凉菜，接着上一碗面上浮着太极图案的芋泥。洋人没见过此菜，以为是凉菜呢，拿起汤匙挖一勺当吃冰淇淋一样，整勺往嘴里送，谁知那表面不冒蒸汽的芋泥里头却热着呢，洋人们被烫得跳起来。自此之后，每逢芋泥上席，主人一定叮嘱客人小心烫口，要细品慢尝。

1989年潮汕师傅到新加坡文雅大酒店举办潮汕美食节时，羔烧芋泥受到当地华人，特别是老华侨的热烈追捧，他们认为此品最能抚慰思乡之情。不过，出于健康考虑，在新加坡做的芋泥，配方特意调整：以50克熟芋泥配白糖30克和熟猪油100克。新加坡提倡"三低一高"，因此以低糖低脂肪的比例，对芋泥进行调整，以适合当地人的口味，结果大受欢迎。

扫一扫，更精彩

1　许永强：《潮州菜大全》，汕头，汕头大学出版社，2001年。

197

第三章　名点故事

爽滑有回弹力的潮汕鱼丸

鱼丸出现于春秋战国时期。传说，楚平王嗜鱼，每餐无鱼不欢，因此厨师得顿顿给他做鱼。楚平王生性残酷，一旦不慎梗了鱼骨、鱼刺，就迁怒于厨师，下令杀掉厨师。有一天，有位来自南方的新厨师自感难逃厄运，心中充满悲愤。在厨房做鱼时，用刀反复地剁在鱼背鱼腹上以泄愤。谁知这一顿剁，将鱼肉上的骨刺全部剁成肉糜，鱼肉与鱼骨也分离了。这位厨师就把剁烂成泥而不带骨的鱼肉泥搅拌均匀，调上味料，挤成丸状，煮熟给楚平王吃。这一顿，楚平王吃后大加赞赏。鱼丸就此传开。后来厨师们就用这种方法烹鱼给楚平王吃，终结了被斩杀的悲惨命运。

鱼丸在潮汕民间也广为流传。它的制作工艺一直在变革。迄今为止，潮汕鱼丸有达濠鱼丸、海门鱼丸、惠来靖海鱼丸、饶平拓林鱼丸、汕尾鱼丸、陆丰甲子鱼丸等。这些制作鱼丸的地方都在潮汕地区沿海一带的港口码头。

每天渔船入港，制作鱼丸的师傅就会来到港口，从船上卸下的活鱼中挑选适合制作鱼丸的鱼类。其中最有名气的是汕头市濠江区的鱼丸，它遵从传统的手工制作，先把鱼去鳞、刮肉，再去骨和皮，绞成鱼浆，接着用木盆盛起，用手工槌拍打成起胶质、有黏稠度，且洁白、柔滑的鱼丸浆，再挤成丸状。挤丸很讲究技术，挤出丸下水时，水温也有讲究，甚至怎么煮才能使煮熟的鱼丸既洁白又有弹性，也有技巧。所谓弹性，就是有回弹力，即使落地也立即弹起来，像乒乓球一样。其口感既有新鲜鱼味，又爽滑柔润。

制作鱼丸的关键是鱼的选料。上等的鱼丸由马胶鱼、海白鳗、淡甲鱼三种鱼搭配混合后制作而成。马胶鱼肉质胶性好，有黏稠度，但色泽较暗；海白鳗肉质较洁白，但较为松弛；淡甲鱼肉质比较坚实。三者混合成就最优质、口感最好的鱼丸。不过，它的市场价格太高了，现在大多数生产商都是采用那哥鱼。这种鱼产量大，价格较为适中。也有采用淡水鱼制作鱼丸的，在汕头市澄海区就有采用草鱼肉制作鱼丸的，其制作方法与海鱼的手法有所不同，先把鱼肉切成薄片（带细骨），用搅拌器搅拌成鱼泥，再调上味料。烹制法有两种：一种是用慢火煮，另一种是用炊（蒸）法。炊法的鱼丸质地柔爽、洁白，没有海鱼的腥味。

　　达濠鱼丸名传海内外，被评为"中华名小吃""广东名小吃"。2018年，达濠鱼丸被定为国家地理标志产品。如今，它已经产业化，并衍生出如鱼册、鱼饺、鱼面、鱼饼、鱼酵、鱼卷等多种产品。在规模较大的加工厂，一条新鲜鱼从初加工包括刮肉、打浆、搅拌、挤丸、煮丸，到冷却、包装、保鲜、冷藏等，全部自动化，形成生产链条，产品销往全国各地。

扫一扫，更精彩

雪白如镜伦教糕

雪白晶莹光如镜，横竖气眼序相连。
糕香爽滑加稍韧，清甜凛冽伦教名。

伦教糕是一款籼米发糕，由顺德伦教人率先以讲究的工艺制作，从而得名。

扬州大学从事中国烹饪史研究的邱庞同教授曾著文述及：伦教糕创于明代。咸丰年间（1851—1861年）成书的《顺德县志》对伦教糕有记载："伦教糕，前明士大夫每不远百里，泊舟就之。其实，当时驰名者止（只）一家，在华丰墟桥旁，河底有石，沁出清泉，其家适设石上，取以洗糖，澄清去浊，非他人所用。"由此看来，伦教糕到此时已形成口碑，还标明了店家的位置。

相传，店主姓梁，他用优质大米和清泉水制作白糖米糕。有一次他忘记了放糕种，只靠米浆自然发酵，结果糕体发不起来。但歪打正着，他意外发现，发不起来的米糕口感爽韧，远胜于有点黏口的松糕。这一发现非常重要，这以后，他增加了多重工序，改用了粗白砂糖，糖水用鸡蛋清过滤。每天晚饭后就开始制作，第二天凌晨才蒸糕，蒸好之后自然搁凉。所以伦教糕不趁热卖，成了夏季小吃。经过几代相传，以传统工艺结合现代科技手段制作的伦教糕美名远播，成了省内外乃至东南亚地区的一款美点，如今的传人叫梁桂欢。[1]

伦教糕对米质的要求十分苛刻，非晚造米不可，而且还不能选当年晚造米，非要选隔年晚造米不可。否则糕质只是软滑但欠爽弹，趣味全失。

稻米与小麦不同，即使磨成浆也是以颗粒形态分布，并不会自动交联。所以，发酵时生成的气体随生随走，发不起来。也就是说，米浆经过发酵，也不会像面团一样膨胀。

既然不会像面团一样膨胀，就不能按面团仅用水搓揉的方法加工。要增加"渌浆"的工序。即将加热至沸腾的糖水撞入米浆之中，使米浆成半生熟的米糊，然后才进入发酵的工序。

米糊发酵是体现伦教糕制作技术的标志。

糕名之所以称伦教，是因为伦教人用心做糕，不会贪图便利借助面种发酵，而且把握好发酵温度和时间，保证米糊不会发酵过头而用碱水抑酸。所以伦教糕才有味道清甜、质感爽韧的效果。

1　廖锡祥：《顺德原生美食（下册）》，广州，广东科技出版社，2015 年。

酥香酥脆的中山杏仁饼

易味庐创绿豆饼，
酷似杏仁嚼甘香。
地方天圆各皆妙，
不妨再试咀香园。

在以前，春节到清明的时节，广东人都会用炒米饼招待客人。

品尝过炒米饼的人都知道，此饼虽香，但坚如铁石，牙力差的甚至非得借助门缝、铁锤不能咬开，总是让人望而生畏。

中山易味庐饼家老板在听闻各种抱怨，以及自己亲身感受之后，立志改良炒米饼。

初时，饼家老板仍旧在米粉配方上打转，试图通过调节糯米、粳米或籼米的配比及添加蔗糖、猪油等取得效果，但始终改进不大。

1911 年，饼家老板在吃过北京绿豆糕之后思路豁然开朗。炒米饼既然是消闲奉客的饼饵，只要酥脆易于咀嚼，何必非用稻米粉不可？于是按照北京绿豆糕的用料，沿用炒米饼的做法，慢火烘制出质感酥脆的绿豆饼。由于绿豆饼啖吃后齿颊留有杏仁般的余香，因而取名"杏仁饼"。

1918 年，顺德大良人潘雁湘到中山一位清官后裔萧友柏家做女佣。时值旧知县覃寿疤探访萧府，萧友柏吩咐潘雁湘准备饼饵款待客人。

潘雁湘自小认识一名"觭师"（善用肥肉加工食品的技师），知道肥肉的妙处。决定以用蔗糖腌好的肥肉作馅料，制作当时声名鹊起的杏仁饼。

由于增加了肥肉，杏仁饼不仅格外酥脆，还多了一分酯香。覃寿疤吃后大快朵颐，连忙追问萧友柏饼饵名称。因萧友柏绰号"萧咀"，就随口以"咀香杏仁饼"作答。

不久，潘雁湘在萧友柏的资助下设工场，以"咀香园"为号，生产有肥肉作馅的杏仁饼。因易味庐饼家的杏仁饼呈方形，潘雁湘就以天圆地方的格局呼应，将杏仁饼做成圆形。

1931 年，易味庐饼家老板去世，方形的杏仁饼淡出市场。1935 年咀香园以圆形的杏仁饼到美国檀香山国际食品展览会参展，夺得奖项。从此，中山杏仁饼蜚声国际。

百侯是梅州大埔县的一个镇，百侯薄饼是镇里特有的一款点心。

舌尖接触之前，大饱眼福应属品鉴薄饼必不可少的前戏。和面是最为讲究的首道工序，开面后要不停地顺一个方向搅拌。浆状面筋和好后，快捷抛之挪之于平底镬上的过程，讲的是巧力。由此煎出的张张面皮薄如蝉翼，包以肉丝、豆芽、香菇、鱿鱼丝等拌成的馅料，不连吃三块不够过瘾。

吃过薄饼了，可顺便听听"一腹三翰院"的故事。话说清乾隆年间，有位家住百侯的饶姓妇人坐轿去某县看儿子，途经一座桥，见桥头石碑上刻有"文官下轿，武官下马"字样，便问缘故，据告知当地出过两个宰相、九个状元，所以要表示敬重。饶姓妇人笑了，指指河那边："隔河两宰相，十里九状元，还不及我一腹三翰院！"原来饶姓妇人膝下三儿，分别叫做杨缵绪、杨黼时、杨演时，个个读书了得，分别在清康熙、雍正、乾隆年间考取了进士，并都成为翰林院大学士。百侯镇自古文风鼎盛，崇尚读书当官，夙有"百侯之乡"说法。

那么，能孕育出"一腹三翰院"的这个古镇，与百侯薄饼又有什么关系？

太有关系了。杨缵绪是个孝子，任职陕西按察使的某年回乡给母亲祝寿，顺道带回侍从家厨帮忙做寿宴。家厨做出的一款薄饼，其母爱不释手。孝子要返陕西了，为确保慈母随时吃到薄饼，决定把家厨留下来。源自中原的薄饼手艺，就这样传授给了家乡父老，并形成一方特色。

因为孝心传递，薄饼就有了个"百侯"的名字。而孕育了三个翰林的杨缵绪故居，于今仍在。已有两百多年的这栋砖木结构，坐南向北，为标准的三堂四横九厅十八井客家府第式建筑。

百侯薄饼与『一腹三翰院』

河源猪脚粉，吃的是万绿湖味道

一日之计在于晨，这也体现在客家人睡醒后的早餐谋划。

河源客家人会向你特别推荐，当地的特色名早餐：猪脚粉。

说是来河源不吃它，是舌尖上的遗憾，并且吃了一碗后，不信你不想再吃第二碗。有那么夸张吗？广州西关也有一款名早餐叫猪手面，差别应不会太大吧？不试不知道，差别竟然在：这款早餐吃出了万绿湖的味道。

万绿湖，370 千米^2 的浩淼碧水，很清纯，有点甜，来河源的人都爱尝个鲜、喝个够。据说万绿湖是《镜花缘》描述的百花仙子生长的地方。清纯之水哪里来？河源人会讲起"送水观音"的传说：那年大旱，观音菩萨变成老太婆上门讨饭，一对夫妇把家里仅存的野菜全舀到老人碗里。这一试，试出了当地客家人金子般的心。观音菩萨于是用柳枝沾了净水瓶，就地一划，送来了甘洌的万绿湖水。

这河源猪脚粉所用猪脚由万绿湖水洗涤，油腻味、臊味去除得特别彻底，又因用万绿湖水熬煮，其肉质胶质特别爽滑，吃起来有嚼劲。当然了，猪脚烹饪中的火候拿捏及跟进加工，往往决定了差异甚大的口感，火候老了猪脚就显肥腻，火候不够又咬不动。好猪脚还须好米粉配，这米粉有个名字叫"霸王花"，用的是万绿湖水研浆精制，故有一种糯糯的个性化口感。接下来，就是一碗秘制靓汤在两者间的撮合了。

靓汤秘方，其实是用一种叫作"火辣鱼干"的海鱼，经火烤

后研成粉末加进汤里而成，尤其能吊出万绿湖水熬制猪脚汤时的独特鲜味。至于用其他鱼代替何以不成，目前还没人找到答案。

擂茶是茶，但似乎又不止茶那么简单。

说不简单，因茶与点已"二合一"。如果你认为它像"粥"像"羹"，都不会错。难怪客家人饮用擂茶时，就叫"食茶"。这擂茶，既解渴又充饥，还可以消暑治病，所以招人喜欢。

擂茶内容之所以复杂，在于制作工艺的复杂。擂茶靠擂，要靠擂棍与擂钵去完成制作。制作擂茶时需要放入擂钵的食材：一是鲜嫩的绿茶；二是大米、花生、芝麻、豆子等粮食；三是生姜、紫苏、薄荷、金银花、迷迭香、小茴香等香料。研磨过程，讲究用心，先放茶叶，此为擂茶之基。磨着磨着，便是一屋的茶香。之后依次放入粮食和香料，一边磨一边加入山泉水，这时所散发出的混合香味，绝对会吸引四周来喝茶的人的脚步。

在五华、丰顺、揭西、陆河等地的一些客家村落，每逢有子女出生、满月、考上大学等重要事情，客家人都会隆重地制作擂茶，招呼亲朋，以表祝贺。擂茶更是客家人待客的首选之物。闻香惜客缘，见者皆有份。食茶要用碗，食前要先洗干净。开食时，要先礼敬在座的长者。再食时，主人会把碗洗一遍，再郑重地倒茶、端给客人。主人亦会邀请客人一起参与擂茶的研磨。

擂茶源于何时？有人说，应在汉光武帝时，伏波将军马援率部来到岭南山区，瘴气令将士纷纷染病之际，好在遇一位客家老太献出"三生汤"秘方。当时，众将士按方做这种"汤"来喝，由此恢复了生龙活虎的状态，打赢了征讨交趾群落的一场硬仗。这"三生汤"，据说便是擂茶。

也有人认为，擂茶可追溯到人类直立行走、使用工具进行劳动的那个遥远的年代，擂棍便是来自远古的证物。若狩猎，削尖的木棍便是投枪；若碾物，木棍作为延伸的力臂正好磨茶来"食"。木做的擂棍，石做的擂钵，成了擂茶与远古接轨的重要证物。

擂茶，接轨远古的饮食证物

扫一扫，更精彩

梅州腌面，大山母亲的味蕾召唤

认识一个地方，往往从一碗面条开始。你看武汉有热干面、北京有炸酱面，广州则是云吞面，还有上海阳春面、兰州拉面、山西刀削面、四川担担面、镇江锅盖面、延吉冷面，等等，记住那地方的面条，就记住了那地方的早餐文化。

问梅州客家人，同样有一张值得炫耀的地方特色名片——腌面。梅州的海外乡亲思念家乡时，异口同声说出的最想吃的一样食物，往往也是它——腌面。

晨起漫步梅州街头，自然而然就认识腌面了，因为那是梅州人百吃不厌的早点。有个说法叫"开间'腌面'店，可管一家饱"，表明这种店子是历久不衰的创业好门路。

何为腌？"捞"和"拌"的动作，在客家话的发音里，读为"腌"。怎么腌？生面条放进开水里烫至刚熟，捞起后沥干水，盛到大碗里，拌上猪油、蒜蓉和葱花，再淋以煎香了的鱼露，有些还要洒几颗炒香了的芝麻。以上步骤，由厨师来做。接下来，食客还得自己完成"三步曲"：一是用筷子从上至下、从外到里，把面拌匀；二是趁热，大口大口地吃，这样才不觉油腻；三是搭配一碗富有客家崇文重教文化内涵的三及第汤，吃后毋忘喝一杯浓涩绿茶。

　　腌面在客家人嘴里何以特别香？生于穷山瘦水的客家人自小肚子里缺油水，腌面的面粉香伴着猪油香，是客家人每天起床后的首先期盼。当然了，炸成金黄色的蒜蓉，一点点翠绿色的葱花，连同爆香了的猪油，自是形成一碗充满香气和吸引力的腌面必不可少的"三要素"。就这样，天天伴随晨光在吃，一代接一代地吃，也就吃出了大山母亲的味蕾召唤，甚至成为海外游子返乡的味蕾识别。

味窖粄，不就是蒸熟了的米粉糕吗？观其完整面目，中间有一个"味窖"。据说此乃专门用来盛放调味品的，所以有味窖粄之说法。

"粄"字不见于一般字典，查《广韵·缓韵》，有"粄，屑米饼也"释义。粄从中原传到客家地区后，已不仅限于大米成浆成粉后所做成的糕饼类，包括木薯粉、番薯粉、高粱粉、豆粉等，都是做

味窖粄的『味窖百变』

粄的好材料。说到客家人的粄，其品种与数量之多，实在难于统计。如果是在梅州，遇上味窖粄的机会则非常多。

每到稻谷收割季节，就是制作味窖粄的好时机，那时的粄特别能吃出新鲜的米香。其做法是把大米磨成浆后，拌上少量土碱水，再用开水冲浆，盛入小碗蒸熟。粄蒸熟后四周膨胀，中间下凹，于是形成"味窖"。最通常的吃法，是用竹片刀将其划割成好多小块，用筷子夹起或用竹签插了，蘸"味料"吃。

来到梅县，会发现这是各镇街最常见的街头小吃，不少还会做得精致小巧。至于放入"味窖"里的"味料"，梅县人又称之为"红油"，或叫"红豉油"，其实就是由油炸蒜仁碎加上红糖、姜蓉、酱油等拌匀而成。不同地方，"味料"亦会呈现不同变化，

扫一扫，更精彩

◎客家贺喜食物（何方摄）

比如大埔人比较喜欢放点辣椒酱。

但大多时候，你会发现，味窖粄在餐盘上的角色很多变。其可切成块状，或煎至两面金黄，或沾了鸡蛋浆用油炸，或加以腊肉、虾米、大蒜之类爆炒，总之可做成各式各样香喷喷的菜肴，让人吃着吃着就忘了它是菜还是饭。

"味窖"味道，也是百变味道。那么，味窖粄属于主食还是小吃，抑或菜肴？你说呢？

仙人粄太另类了，另类得仙风道骨、特立独行。

来到梅州山区，从城镇到村头，到处皆见卖仙人粄的摊档。此粄非彼粄，客家粄食何止一二百种，只有它可以用吸管来"喝"，专为解渴消暑而设。吃仙人粄，是会上瘾的，尽管它本身无甚味道，要靠放了蜂蜜或是红糖液辅助着吃。

会做仙人粄，是山区客家主妇的"应知""应会"。做出匠心的，其软滑程度要双手捧才端得起，柔韧劲头则要用刀来割碎，口感嫩滑时更有一定嚼头。客家人割开这仙人粄时，一般会用竹片刀，只为保持由始至终的原生态味道。

仙人粄得名于仙人草，一种唇形科草本植物。仙人草指的又是哪位神仙？查清光绪年间的《嘉应州志》，见有记述："山人种之连亩，当暑售之。今俗名'仙人草'。熬汁凝为冻，曰'仙人半半'。"寒暑易节，仙人粄实属客家人应对季节变换的一种招数。

追溯其生成历史，竟可追至两晋时客家人第一次南迁。更有客家人强调，远古就有了，而且缘系射日英雄的神话。

传说那年羿射九日，拯救了地球，往王母娘娘那里又取得不死药。没想到，妻子偷吃了仙药，飞到月宫当嫦娥去了。好心办成坏事，羿思妻成疾，抑郁而逝。缅怀其生前好处，客家人的祖先选一块近水坡地，安葬了这位射日英雄。慢慢地，羿的坟头长起一种小草，有中暑者得到羿的托梦用此草煮水喝，其暑毒果然立解。这种神奇的草从此被叫作仙人草，并被做成了仙人粄，继续为生民履行防暑降温的神圣使命。

仙人粄里面，藏着哪号神仙？答案是，他的名字叫——羿。

扫一扫，更精彩

鸭松羹与鸭子有什么关系

213

　　鸭松羹，是梅州客家地区孩子满月时，招待客人的一款颇特殊的羹。

　　因此，一听到"请羹"，当地客家人就知道，是孩子做满月要吃鸭松羹了。当然了，这么好吃的小点，平常没什么事时，客家人也是会做来吃的。

　　这羹，口感香甜柔滑，有不同层次感的果仁香。其做法是用农家薯粉、瓜丁、陈皮、花生、芝麻、生姜、猪油、酥糖、红糖等原料，先将薯粉放镬中慢火干炒至熟透，取出用筛子筛过，再起镬用猪油爆香姜蓉，然后加水后放红糖、瓜丁等物，煮成糖浆后缓慢而均匀地放入筛过的熟薯粉，顺势不停地用锅铲反复搅拌，直到凝结成羹状。

　　那么，鸭松羹与鸭子有什么关系呢？

　　追究来由，却说法不一。有人说，最早确实是用鸭子汤来调配的。也有人说，与很早很早以前一个名叫阿松的养鸭户有关。阿松的父亲爱吃甜食，年迈齿衰后，一心尽孝的阿松绞尽脑汁研

扫一扫，更精彩

制了这款香软可口的甜羹。两父子吃甜羹吃得开心，其他人看着也开心，于是竞相仿效。阿松人称"鸭松"，那奉献孝心的甜羹便有此名了。至于孩子满月何以要"请羹"，如果你联想到这则故事，是寄望孩子成人后都像"鸭松"那么孝顺。

更有人说，其音同"压松"，不就是"压松"了吃的羹吗？

考究其实没有止境。据传，鸭松羹已很古老，总之是先人迁徙到梅州山区时就做来吃了。史载，古人很早以前就以木薯、山药、芋头等为原料为主体，配以果类果仁制成甜羹类食品了。南宋诗人陆游曾手烹甜羹，并数番写诗吟咏，时称"陆游甜羹"。《剑南诗稿》有《甜羹》诗题记写道："以菘菜、山药芋、莱菔杂为之，不施醯酱，山庖珍烹也"。或者，这羹可以追溯到中原祖先那里，谁知道呢！

潮汕人嗜食糜，一日三餐有两顿食糜。

早在北宋，先贤吴复古大力倡导食糜养生。清代以后，潮汕人口急剧膨胀，粮食短缺，潮汕人便千方百计把白粥煮得好食又饱肚，几百年就这样传下来。米粒刚爆熄火，让余热将粥熟化，粥粒下沉，上面形成一层状如凝脂的粥浆，好粥！潮汕人开始在白粥上做文章，起初只是单一地加猪肉、猪肝、鸡肉、鱼片、水蟹、蚝仔、白菜、萝卜……分别叫猪肉糜、猪肝糜、鱼糜，如此类推。这类粥统叫香粥。

到了民国，潮汕砂锅粥逐渐成为一个系列。学广府地区，用砂锅现熬现卖，将泥土的芳香、米的质感突显出来，其口感是之前的生铁锅无法比拟的。砂锅粥有粥底，用料是复合的，看顾客的需要，有钱的可以点虾蟹瑶柱砂锅粥，钱少的点萝卜砂锅粥，粥的丰俭与潮汕人生活的时代背景密切相连。

改革开放后，砂锅粥成为潮汕人在广府地区创业的首选项目。这时的砂锅改成深口双耳，足可供一桌人享用，个个以正宗自诩。既满足了在外打拼潮汕人对潮州香粥的念想，也满足广府人尝鲜的心理追求。

广州天河南有一家做砂锅粥出名的餐厅，叫大洋家潮汕主题餐厅，其因装修个性时尚有文化内涵，有别于传统的餐厅及郊区大排档，吸引了不少年轻人。店门口现场直播砂锅粥的制作，吸引许多外国人进店品尝，并因此上了人民网。虾蟹砂锅粥、海参砂锅粥、虾蚝砂锅粥皆是店内的招牌粥。主理人杨先生研发出花胶砂锅粥，更是前所未有，他在砂锅粥的传承创新上得到业内认可。花胶砂锅粥的研发说来有段故事。话说潮汕人吃花胶，那是由来久矣。许多潮汕人家里会备上几斤好花胶，给家中的女人日常补养身体用，要么熬花胶汤，要么炖花胶冰糖水，潮汕女性的水灵有一半是花胶的功劳。杨先生是汕头出生的艺术家，有一回他听太太说起内蒙古的桃胶有美颜、紧致皮肤的功能，于是拿出

扫一扫，更精彩

潮汕人的养颜法宝——花胶。杨太太一试，果然是好东西，好吃到无以言表！杨先生也受此启发，不如做一款花胶砂锅粥，花胶美颜、养血、养胃，无论对男女老少都有好处。杨先生用深海红鱼的鱼胶来制作，顾客称花胶砂锅粥是砂锅粥中的"爱马仕"。

一锅好的砂锅粥必须用两种米以上，光选米就试了半个月，达到最佳爆米度、浓稠度，才算调好了粥底。大洋家选了广东富硒粘米及东北五常大米，要求新造米。生米下锅，下足高汤，开大火烧沸后转小火，全程不断用力搅拌，避免米粘锅底，直至熟透，此小火熬煮过程大约需半小时。厨师寸步不离砂锅粥，完全是用心粥，体力活。

前两年这个"现场直播"开到广东种业博览会上，副省长对花胶砂锅粥竖起大拇指，国内外来宾排着队品尝升级版的砂锅粥。闻香寻粥，美味可口的夜宵把慵懒疲惫的日子幻作一段美好时光，治愈了平凡人生中的种种不快。

说起鲎，海边长大的人都认识。它是海生动物，又称鲎鱼，分类学上属节肢动物，其实与鱼类没有多大关系。鲎很神奇，被称为蓝色动物，又称"活化石"。在中国沿海、台湾海峡的滩头一带、汕头港都有出产。

汕头一带农民，把下海叫"落滩"。每当潮退，他们就背着竹筐，手持竹枝，穿着布鞋，下海寻宝去也。发现鱼虾固然可喜，如果遇到叠在一起的雌鲎与雄鲎，那就是意外收获，随即手到擒来，这一天就值得高奏凯歌了。有趣的是，当你捉到雌性的鲎时，不一会那雄鲎就会自动送上门来；但如果你捉到的是雄鲎时，那雌鲎绝不会送上门来。

在宰杀鲎时要很细心，先从腹部剖开，倒出米珠，然后刮壳取肉，才算是功德圆满。在这个过程中，切忌截穿它的肠部，因为整只鲎含有剧毒之处，正是肠部。鲎的米珠经过烹调炒熟，其香味无与伦比。鲎肉经腌制，日晒，产生香味，成为鲎酱，这些鲎酱就是制作鲎粿的主要材料。

用鲎肉制成的鲎酱，既美味又能助消化，且能祛风，是老年人的佐餐佳品。

鲎粿在明、清时代就有了。传说是潮阳一位媳妇为孝敬无牙的婆婆而创制出来的。

话说婆婆年迈，牙齿几乎掉光了，不能咀嚼食物，肠胃易消化不良，肚子经常生风（胀气）。媳妇对婆婆尽心体贴，专制鲎酱供她佐餐。可是婆婆连粥饭都不能咀嚼，进食困难，身体日渐瘦弱。媳妇心里焦急，便想到让无牙的老人喝粥水。经过多次试验，媳妇把冷米粥经石磨磨成粥浆，加入薯粉和鲎酱变成一种流质一样的鲎浆，再蒸熟。这种柔软细滑的粿品让老人非常喜欢，它

扫一扫，更精彩

还不黏口，婆婆趁热吃下去，这回，无牙也能嚼了，软滑滑，香喷喷，吃完顿时感到肚里热乎乎的，甚为舒服。而且吃后不会胀气。不久，婆婆的身体康复了。有一天，婆婆问媳妇："你给我做的是什么粿？真好吃！"媳妇想到粿里掺了鲎酱，就欣然地说："是鲎粿。"

鲎粿经历一代代潮汕师傅的改良。最初用薯粉和大米粥制作，其色泽显得比较黑，现在改为用白米粥、澄面、生粉以及粟粉来制作，质地上比较有稠度，柔滑软润，色泽比较洁白雅光。制成的鲎浆搅匀后注入桃形粿模，蒸熟后再脱模。吃时浸在文火温油中热透，捞起后再淋上酱料。

鲎粿在酱料方面也大有改进，从原来只使用辣椒酱油，到现在采用多种酱汁调和，既适合不同口味，又突出了地方风味。

现在鲎粿已成为潮汕风味小吃，不但大街小巷、美食街、专卖店有卖，而且还登上了大雅之堂，出现在高档宴席上。

潮汕人逢年过节，每月的初一、十五，都会用腐乳饼拜神。

平日三五成群地聚会喝工夫茶，他们会用腐乳饼作为茶食。刚出炉的腐乳饼，柔润酥脆，又甜又咸，夹带着腐乳味和蒜香，与潮汕工夫茶真是绝配。

潮汕腐乳饼脱胎于广州的鸡仔饼。鸡仔饼的来历在潮汕是另一种版本，同样神奇：故事的地点还是成珠楼。

话说某年中秋节过后，成珠楼月饼滞销，剩下了不少咸甜肉、豆蓉馅料月饼。正在老板唉声叹气的时候，制饼师傅突发奇想，把剩下的月饼搅烂，加上肥猪肉和五香粉、胡椒粉、蒜蓉、南乳和熟芝麻，搅拌成饼的馅料，再以饼皮包裹，放入椭圆形的小饼模具（饼印）中，压扁成型，经焗炉烤成金红色的小饼。没想到味道很美，试销后得到顾客的一致赞誉。其后，成珠楼把这款鸡仔饼用纸盒或铁盒盛着，贴上商标，远销中国港澳及东南亚一带。

20世纪40年代汕头市至平路有间饼店叫礼记饼家，师傅是从广州请来的。汕头人办喜事都必到礼记饼家购买喜饼礼盒。礼盒当中必要龙凤饼。礼记饼家的广州师傅把从广州带来的鸡仔饼进行了一番改良：在馅料上，把原有的盐、五香粉、胡椒粉去掉，而将肥猪肉用糖腌制24小时，使肥肉腌成糖冰肉，再加上花生仁，同时将蒜蓉、腐乳的比例加重，更突出了腐乳的味道。这位制饼师傅很了解潮汕人的口味，把这种饼叫作"腐乳饼"。潮汕的腐乳，广州人叫南乳。腐乳饼的印模是一只凤的图案，凤头刻在饼中间，凤身和凤尾环绕着饼的周围，饼呈椭圆形状。当时礼记饼家还有一位汕头本地师傅叫黄临成，与广州师傅关系非常好。据黄临成说，他向广州师傅学了不少广式饼食和西式饼食。黄临成在礼记饼家一直工

脱胎于鸡仔饼的潮汕腐乳饼

作到中华人民共和国成立之后。

1956 年黄临成被安排到汕头大厦的饮食部工作。

汕头大厦位于汕头市永平路 12 号，楼高 8 层，是当时整个粤东地区第一高楼，里面是整个粤东地区最高级的宾馆和酒楼，装饰极具民族风格，古色古香，划分了旅馆部、饮食部、小卖部、冷饮部以及理发部，配有电梯（当时称升降机）。饮食部配有多名厨师、糕点师、点心师和服务技师，由高级名厨、点心师主理，专门承办各种大型筵席，早市有美点茶座，包括中西著名茶点饼食。黄临成担当要职，是厨房点心部门的部长。他的徒弟中有一位年轻的党员，叫肖文清，特别聪明好学。

汕头大厦的饼食品种丰富，质量上乘，价格合理，所以远近闻名。其中，腐乳饼深受市民追捧，每天下午，大厦小卖部门外都有一条"人龙"排着队买腐乳饼。

当时腐乳饼有两种款式：一种是小块型的，每块 1 两装；另一种是大块型的，每块 2 两半装（1 斤 4 块）。腐乳饼的制作配方和制作工艺，都是黄临成师傅从礼记饼家传承下来的。后来，他在馅料方面进一步细化：肥猪肉一定要腌制到足够时间；重新明确了糖、腐乳、蒜蓉的比例；全部执行严格的量化标准；白酒采用汾酒和洋河大曲，烘烤时饼香四溢。

1978 年，肖文清把腐乳饼的制作技艺传授给女徒弟郭丽文。

郭丽文介绍了腐乳饼的秘技：以精面粉制成饼皮，馅料中肥肉要精选，切成肉丁，用 10 多种香料腌制一晚，香料投放讲究先后有序，烘焙也有章法，这样才使饼皮薄而不裂，饼馅饱而不露、干润而不焦燥。她在传统的配方上加上榄仁，使腐乳饼锦上添花。

多年前，郭丽文又把相关技艺传给了下一代。每一代师傅都对腐乳饼进行点滴改良，在传承传统的同时不断迭代，让腐乳饼日臻完善并紧贴时尚，始终是潮汕人的至爱。

请人吃潮菜，蚝烙少不了，它仿佛是潮菜的一个符号。在潮汕，只要蚝粒新鲜，制作得法，不管在家，在大排档，还是在高级餐馆，都能吃到正宗的、鲜美酥香的煎蚝烙。

"蚝烙"这款传统潮州小食，历史悠久，有一种说法是它源自闽南的"蚝仔煎"。

在清代末年，潮州城镇各地，制作蚝烙的小食摊已经十分普遍。其中最有名的，应该是民国初年，位于潮州府城开元寺古井西北的泰裕盛老店。这一间小食铺，专门经营蚝烙，其制作的蚝烙特别好吃。原因是泰裕盛老店在选料上十分严格，专门选取饶平洪洲出产的珠蚝，采用优质雪粉（精白的薯粉），甚至连猪油都要用本地猪的鬃头肉煎出来的猪油。

制作蚝烙的步骤十分考究：先将蚝仔和雪粉用水调成稀浆，旺火烧热平底生铁鼎，放足猪油，所谓"厚膁（读lā）蚝烙"，"厚膁"即用很多猪油，再倒浆入鼎，贴鼎的粉浆受热定形，上面的粉浆还没凝固时，倒入鸭蛋液，再两边翻转，煎至金黄。其煎制的蚝烙，具有特别鲜美的蚝香味，口感酥而不硬，外脆里嫩。蚝烙上桌前，一定要趁热将洗净的芫荽放在蚝烙上，不仅仅是为了好看，更重要的，是让芫荽的香与蚝烙的香混合。与此同时，要搭配鱼露、辣椒酱和胡椒粉。[1]

由于泰裕盛老店制作的蚝烙口味特别诱人，故在当时名噪整个潮州地区，持续半个世纪之久。

抗日战争爆发前，在潮州市太平二目井脚和宫仔巷头，分别有外号叫"人龟"和"赊树"的小贩出售煎蚝烙。据说这两个小摊的煎蚝烙功夫相当到家。每每要等到有客人点了要，才专门开火制作，味道特别可口，在当时也曾闻名潮州。

在广州也能吃到比较正宗的蚝烙，比如广州天河南的大洋家，其在选料上十分讲究，一定要挑南澳某镇出的珍珠蚝，个小而饱满，细腻无渣，番薯粉选饶平某条村的，别处的都不要，把鸭蛋改为鸡蛋，去掉腥味，故该店的蚝烙特别畅销。

1　张新民：《潮汕味道广州》，广州，暨南大学出版社，2012年。

有700年历史的揭阳乒乓粿

　　揭阳乒乓粿历史悠久，是闻名于海内外的潮汕小食。它圆扁软糯呈半透明状，清甜香醇，让人们尝后久不忘怀。

　　相传南宋末年，元兵追杀到潮汕，老百姓为躲避战乱，流落于荒野，只能采摘野菜充饥。当时发现一种野菜，含有一股特殊的清香，可食用，且有一定的药用价值，这种草叫鼠麯草（学名白头翁）。百姓把它与大米一起磨成米浆，制成粿皮；把番薯炊熟后压成泥，加入红糖制成粿馅。然后用粿皮包上馅料做成粿状，炊熟此粿使其呈现乌黑色，人们称之为"乌粿"。后来小贩在叫卖时，觉得"乌粿"不好听，就改为"鼠壳粿"。

　　此后，历代师傅不断改进鼠壳粿。首先把粿皮改为糯米浸泡后磨浆，压干水分炊熟，再加入少量白糖搓揉，使粿皮柔软带点黏稠，并不加入鼠麯草。其次改良馅料：用白砂糖、芝麻仁、花生仁、槟醅麸、葱油为粿馅。经过此番改造，鼠壳粿具有外形柔软、透明，内馅甜香呈白色的特点。这些都是槟醅麸及配料所致，所以人们就用"槟醅粿"来取代"鼠壳粿"的名字。

不过，"槟醅粿"怎么念？这让很多人犯难。槟醅麸是用糯米谷制作的，炒糯米谷时，谷壳受热膨胀会"噼啪"作响，有如乒乓球跳动的声音。有人就据此把"槟醅粿"改为"乒乓粿"，因为此名易叫易记易写，于是众人宁愿将错就错，就叫"乒乓粿"。

揭阳人率先用糯米替代大米制出乒乓粿的粿皮。揭阳的乒乓粿形状扁圆，光泽明亮，不易回生，口感油润滑腻。在包装上，乒乓粿从用竹叶垫底到用腐膜垫底，美化了它的造型又提升了它的食用价值。

1997 年，在全国首届"中华名小吃"认定会上，乒乓粿被认定为"中华名小吃"。乒乓粿从过去日产日销的手工作坊式生产，发展到半机械化操作，成品实现了真空吸塑包装一条龙，不使用添加剂、防腐剂，粿品可保鲜 3~6 个月，包装精致典雅，方便携带，深受游客的喜爱，驰名海内外。《潮汕百科全书》《揭阳县志通讯》以及《汕头日报》等刊物都曾报道乒乓粿，其声誉与日俱增。

丢失"宝斗"却得到宝斗饼

饶平县黄岗镇有一种饼外形四方，色泽金黄，形似赌桌上的骰子，看似四方，实则有六面，人们称之为"宝斗饼"。

这一饼食始创于明朝末期。传说当年，在饶平县黄冈镇，有位姓庞的老伯，天天在镇南门大宗祠前摆摊设赌。其赌具是一只木制的斗，也叫宝斗。当日这个赌摊生意兴旺，庞伯相信是宝斗给他带来财运，所以他视宝斗如命。有一天，从江西省赣州来了一位姓蒋的风水先生，他走到赌摊前，主动与庞伯打招呼，两人相谈甚欢，相见恨晚。一段时日之后，他们称兄道弟，蒋先生对庞伯说："赌摊生意这么好，何不扩大场地，把生意做大？"庞伯说："人手不足，只能如此。"蒋先生便提议，他们合伙一起做。于是赌摊扩大，生意更旺。但没多久，蒋先生背信弃义，偷了庞伯的赌具宝斗逃往他乡。这时庞伯才如梦初醒，深知受骗上当，三餐不思，悲愤成疾。幸而庞伯有一位贤惠的儿媳妇，为使家翁宽心，儿媳妇便用面粉做了一款像赌具的食品，以解家翁的渴念和思虑。有一天，她拿出一只像宝斗一样的点心，叫家翁吃。家翁一看赌具就开心，吃得有滋有味，精神随之好转。不久，庞伯就康复了。

康复后，庞伯就开始经营这种饼食。他把这种饼命名为宝斗饼，仿佛宝斗失而复得。从此逢年过节，他必做宝斗饼庆贺，日子照样过得有滋有味。

几百年来，宝斗饼不断完善。开始时使用面粉加糖、油，演变至今，饼皮使用熟面粉加糖、鸡蛋。馅料开始时使用冬瓜片，现在已经改成白芝麻、糖、肥肉及豆沙等。在外形上，最初的宝斗饼是圆形的，现在做成四方形，因此在烘烤时特别费神，要烘完一面再烘另一面，一共要烘烤 6 次，使饼的六面都能呈现金黄色。宝斗饼的特点是形状美观、色泽鲜艳、口感松柔、甜糯香醇，具有潮汕风味。

『食定正知』的老妈宫粽球

汕头市升平路老妈宫对面街巷内，有一间专门经营粽球的店铺，这就是潮汕地区有名的"老妈宫粽球店"。老妈宫粽球驰名80多年，于1998年被国家认定为"中华名小吃"。

粽球店最初来自老妈宫对面街巷内开设的"顺德号"粽球店。店主是一位姓张的师傅，他的粽球质优而价廉，所以生意日渐兴隆，远远近近都有顾客慕名前来品尝。1956年公私合营后，张师傅继续卖粽球，保持原有的质量，特别是改革开放后，物产更为丰富，在原有的基础上，对粽球进行改良提高，在东南亚一带的侨胞中产生了很大的影响。

老妈宫粽球以上等优质糯米为主要原料。款式有甜、咸和双烹馅料。甜馅有绿豆沙、红豆沙、水晶馅（采用糖瓜丁，以及腌制的糖肥肉、芝麻仁、葱珠油、橙糕、粉等拌成）。咸馅以腌制过的南乳五花肉、香菇、虾米、腊肠、栗子、莲子等原料组成。

做粽球的秘诀是，将优质糯米用清水浸 10 小时后漂洗干净，捞出晾干用大鼎炒至约六成熟。然后用竹叶折成角斗形，放入糯米，再放进各种所需的原料和调配料，包成棱角形，再用咸草扎实，煮熟。食用时解开咸草，拆开竹叶盛于盘间，粽球有棱有角，糯米粒粒晶莹润滑，馅料甘甜香醇，回味无穷，别具风味。

由于粽球精选用料，精致烹制，所以深受人们的喜爱，远近驰名，传成一句大俗话，叫："老妈宫粽球食定正知。"

何谓"食定正知"？原来，老妈宫粽球铺在老市区，刚好邻近老汕头的"四永一升平"的小公园。这一带商贸繁荣，是餐饮业最集中的地方。每天一早，市郊的鮀浦、下蓬、鸥汀、葱陇、长厦等乡的农民，把蔬菜运到市区卖给居民。中午时分，菜卖完了，饥肠辘辘之际，就到老妈宫买一个双烹粽球来吃。这个双烹粽球，里面是糯米饭，还有一大片用南乳腌制的五花肉、两大粒用猪网纱膀包裹的水晶馅和红豆沙等，粽球个大，特别实惠，很饱肚子。吃完再喝上两小杯工夫茶，真是一顿心满意足的中午饭。菜农吃完饭，还到小公园的布铺剪几尺布，到南生公司买一些日用品。然后步行几公里，到家已是下午四五点，还不觉得饿，这就是吃了老妈宫粽球很耐饱的缘故。

于是老妈宫粽球就有了"食定正知"的口碑。

泡米磨浆粉凝滑，仿馎蒸炊作粿衣。

豆芽蛋丝脍缕馅，白玉银妆猪肠碌。

有人诘问：粤、越同宗，且粤曾属越管，既称南越，何必称粤。

乍看此语不无道理，但细加品味，粤、越之名则妙不可言。

粤、越虽同宗，且都属稻米文化圈，但就因所吃稻米不同而标分名号。越偏重于糯米，粤则偏重于籼米。犹如清代文学家李渔在《闲情偶寄》上说的"南人饭米，北人饭面"的道理一般。

在古时，越食以"餐"为象征，《说文解字》的解释为"稻饼也"，大抵是糯谷去壳蒸熟再舂烂的样式。而粤食则以"粿"为象征，《广韵》的解释为"米食也"。粿的做法更加多姿多彩，反而没有定式。《广东新语》在茶素条中有介绍粿的一种做法。说是籼米用水泡软与粳米饭舂烂，再加猪油搓匀擀薄作粿皮。

不过，在汕尾及广州则又有另外的版本。汕尾的版本是将籼米煮成饭加猪油搓匀擀薄作粿皮。广州的版本是用沸腾清水将籼米饭烫熟加猪油搓匀擀薄作粿皮。如曾经风摩一时的"娥姐粉粿"就是用这种方法制成的。

最让人啧啧称奇的，则是粤西阳江至今仍保留着蒸粉作粿皮的做法。籼米用清水泡软并洗净，连水放入石磨内磨成米浆。米浆磨好放入布袋榨去水分，再按比例重新加入清水配成浓稠合适的米浆。然后将米浆泼入用竹篾编成的窝篮内，晃动窝篮使米浆分布均匀和厚薄一致，随即将窝篮架在沸腾清水上并盖盖子猛火将米浆蒸熟。

米浆蒸熟并不急于食用，而是趁热挑出，摊在另一窝篮背上。晾凉用刀改方正。切成方正的为粿皮，所余边角料切成条的则为粿条。粿馅一般以粿条加绿豆芽、蛋丝等配成。在热镬内加盐炒热，镶嵌在粿皮上，卷成猪肠状，横切成3厘米左右的段（阳江人称段为"碌"），撒上炒香的芝麻即可供膳。

这种粉粿造型叫白玉银妆，粿段又犹如古时的玉扳指，故旧时称之为"扳指粿"。不过，现在阳江人更喜欢称其为"猪肠碌"。

「望山派饼」派的是恩平烧饼

中国粤菜故事

安盘摆灶燃柴事，炊烟缭绕百姓家。

借问街坊何为作，望山祭祖恩平烧。

恩平为粤中、粤西的交汇处。南宋末年怀宗赵昺在新会称帝时，恩平曾是抗元的关隘之一。崖门海战失败后，驻守官兵散落民间，故留下一些南宋时期的风俗。当中就包括以烧饼祭祖的风俗。

恩平人将祭祖的烧饼称为"恩平烧饼"或"恩平烧"。其制作十分特别，单从炊饼炉灶的设计就能看出匠心独运。炉灶的柴火只是小部分放于炉底，大部分放在作炉盖的铁板上燃烧。用意是确保烘盘得到相对恒定的温度。饼坯用糯米粉加糖水煮熟做成。糯米粉煮熟并晾凉后放在案台揉搓至顺滑，按一定大小掰成小块摆在托盘上。再按各家所好，有撒上芝麻的，有摆上猪肉馅或豆沙馅的，不一而足。

就在做饼坯的同时，另一厢的厨师会将炉底和炉面的柴火点燃。等到烘饼时，厨师再将炉底的柴火用柴灰搽灭。安上烘盘，再将托盘上的饼坯有序地排在烘盘内。然后将盛着柴火的铁板盖在烘盘上。以上明下暗的火候将饼坯慢慢烘熟。

广东有"太公分猪肉"的俗语，意思是说在祭祖完毕之后，太公会将祭祖时所用的猪肉分派给族人。而恩平人的风俗则是望山派饼，不论族人或外人都可分得恩平烧饼。望山派饼的风俗相传始于清代。相传有一个名为冯德的恩平牛江人，在祭祖时见一牧童饿晕在山坟旁，便不顾禁忌马上拿出恩平烧饼予其以充饥。后来，恩平人均仿照冯德的善举，在祭祖完毕，纷纷将祭祖所用的恩平烧饼分给过路人或在附近干农活的人享用。

小童们也当这是游戏，称其为"望山"。在清明时节相约同龄人守在山坟边，等爆竹声响，争相跑向祭祖人家，以求分得更多的恩平烧饼饱肚一番。所以，恩平烧饼已远非祭祖食品那么简单，还寄托着守望相助、福荫后人之意。

第四章

名店故事

巧手撑起粤菜天：著名厨师

中国粤菜故事

232

粤菜名店名厨不胜枚举，一时难以尽数，本文只以广州的为例，管窥其要。

广州古代的饮食名店，史书记载甚少。著有《三元里》的清代爱国诗人张维屏，记下了明代开业的永利酒家，经营者为区伟川。还记下清代著名园林酒家——寄园，文人雅士常到此雅集，名菜有"秀鱼羹"。清乾隆年间名诗人潘有为、名文士崔弼等，记下了珠江南面漱珠桥一带的海鲜名店醉月楼和虫二楼（取风月无边之意）。

据说创业于清乾隆十年（1745年）的成珠楼，位于漱珠桥东侧，以创制"小凤饼"（鸡仔饼）驰名，经营至当代。至于晚清名店南阳堂、贵联升、一品升、福来居等，店中名厨都有留下记录。

首次突出名厨地位的是"酒楼王"陈福畴，他在经营南堤的南园酒家时，突出宣传总厨邱生，特色名菜有红烧网鲍片、白灼螺片等。20世纪二三十年代，名店林立，名厨辈出，有刘叔、赵棠、钟流、邱生、伍车等留名。梁贤于30年代初在巴拿马国际烹饪大赛中获金质奖章，被誉为"世界厨王""金牌师傅"。30年代，还有4位技艺出众的点心师被誉为点心界的"四大天王"，他们是褟东凌、李应、区标、余大苏。随后，黄瑞、梁应、吴銮、许衡、黎和、刘邦、龚腾、崔强、王光、孔全、谭力、麦炳、叶灶、戴锦棠、罗坤、陈勋、陆贞、谭鸣、邓苏、周荣治、谭镇、陈明、梁汉枢、何世晃等一批名厨相继扬名，到80年代，新一代的黄振华、张顺德、刘惠端、刘婉仪、徐丽卿等先后成名，与名店交相辉映，撑起广州的粤菜天下，并培养一批后起之秀，让粤菜技艺绵延不绝。

晚清广州的饮食名店有南阳堂、贵联升、一品升、福来居、玉醪春、聚丰园、英英斋等，均选址于繁华地段，其装饰也富有浓郁的传统文化气息。大的店号挂满名人字画、楹联匾额，以示风雅。菜品选料高档，菜名也颇有文采。各种配料十分注重季节性，以合富贵人家"不时不食"的心理，春秋偏于清淡，冬季注重浓郁。各店服务周到，因地制宜，以独特方式招客。下面举些例子供读者仔细玩味。

贵联升是清末民初广州最负盛名的酒楼，因能同时制作两席"满汉全席"（碗碟设备独特设置）而闻名。名菜有干烧鱼翅等。从光绪末年开始，南海人胡子晋（因在辽宁锦州经商而扬名）写下一百首"广州竹枝词"，其中有咏贵联升道："由来好食广州称，菜式家家别样矜，鱼翅干烧银六十，人人休说贵联升。"此词并有注释，可知当时的名店林立："干烧鱼翅每碗六十银圆，贵联升在西门卫边街，乃著名之老酒楼。然近日如南关的南园、西关之谟觞、惠爱街之玉醪春，亦脍炙人口也。"

贵联升大致开业于同治九年（1870年），卫边街即今吉祥路南段，地近广州府官衙。晚清时主理厨政的是钟棠（绰号"豆皮棠"），创制的名菜除干烧鱼翅外，还有京都窝炸、糟香鲈鱼球。满汉全席讲的是排场，品尝需三四个钟头，民国初改为"大汉全席"，但已不合时宜，贵联升终致倒闭。广州的高档筵席逐渐改为"八大八小""十大件""九大簋"等。今已103岁的知名诗联家梁俨然，结婚时的筵席便是谟觞的"八大八小"。

惠如楼的报恩

234

位于惠爱中路（今中山五路）的惠如楼，创立于同治末年即光绪元年（1875年），故招牌样式与别家不同，别家是红底招牌它是黑底金字，此因其创立于同治皇帝死乃国丧期间。

惠如楼创始人陈惠如，以心地善良著称。初以小食店经营时，有一穷苦青年入店偷食点心，陈惠如问知他因贫苦无依而致，遂反赠金钱以济他燃眉之急。这青年后到南洋创业，发达后连续数年寄两百银圆匿名报恩。陈惠如遂买铺创惠如楼，随即因文化味浓郁、水滚茶靓、点心佳而生意大盛。民国初，店中挂有清代名书法家赵之谦之"少长咸集"书法，称为"镇店之宝"，高官欲出高价购买，店主也不肯割爱。

惠如楼经营至当代，名菜有如意香汁鸡、奶皮蚝皇鸽、惠如一品素等，名点有惠如裹蒸皇、笋尖鲜虾饺、玉液叉烧包、玻璃马蹄糕等，脍炙人口。

1987年，惠如楼大装修，从仓库中发现店中一副对联只有上联"惠己惠人素持公道"，下联遍寻不获。该店经理遂生宣传新招，在《粤港信息报》上公开征下联。不久海内外寄来应征下联数百副。经专家评定，获奖下联为"如亲如故长暖客情"，后刻成匾，此古联今对成为佳话。可惜，该店后因建地铁迁址北郊，终至关门。

宝汉茶寮

宝汉茶寮，却是另一类食肆。因发现古石碑而建店扬名，街巷也跟着改名。

咸丰六年（1856年），在广州小北（今宝汉直街）附近，挖出一奇特石碑，细看之下才知是南汉时期马氏二十四娘的"买地券"。买地券乃民间丧俗的一种，是死者亲属为求精神安慰，向地府买地的"文据"，刻石为"券"埋于墓中作"证"。乡民李月樵于此发现商机，买下石刻，就地开宝汉茶寮。该石碑刻于南汉大宝五年（962年），故店改名"宝汉"。石碑上有正文19行，一行正写一行倒写，颠倒相间甚有神秘感。（原碑今藏于广州博物馆内）

茶寮开张后，李月樵把"买地券"石碑放于店中显眼位置，大为吸睛。加上这里的乡村风味菜式，地上种满各式蔬菜，圈养鸡鹅鸭随客人挑选，即点即杀即烹，遂生意大盛；并引得文人雅士到来留诗题咏，声名更著。民国初期，高剑父、陈树人等众多著名书画家也来此雅集，更成名店。宝汉茶寮扬名后，其街巷也取名宝汉直街，今仍热闹非凡。

『九如』里的『南如』

南如茶楼又是另一番形式。清末民初，一批佛山七堡乡人到广州经营茶楼业，成立行会协福堂，创办"九如五心"系列茶楼，称雄粤港澳。南如茶楼创于光绪十七年（1891年），位于双门底（今北京路）。此地于1920年才修建马路，因为此前这里称"永清大街"，民国推翻清朝后更名为永汉路。后来修惠福路时，东段直对南如茶楼，惠福路拐了一个小弯，成了文明路。河南（珠江南岸）的成珠楼，因建马路而腰斩，河北的南如茶楼却令马路拐弯，真是耐人寻味！

南如茶楼还有一段以曲艺扬名的故事。民国初，粤曲曲艺女演员称为"女伶"，茶楼开女伶茶座乃招徕顾客的招数之一。20世纪头20年，在广州各茶楼演唱的女伶达300多人。设曲坛的茶楼，先后有永汉路（今北京路）的南如、涎香、仙湖、宜珠，文明路的咏觞，桨栏路的添男，西堤二马路的庆男，带河路的顺昌，太平路（今人民南路）的大元，等等。而茶楼设曲坛最有名的一次是南如茶楼的"星月争辉"。

那次南如茶楼请红遍香港的女伶张月儿与崛起于广州的红伶小明星（星腔创始人），到南如茶楼各唱15天，看谁的拥趸多。结果，两位红伶的拥趸纷纷涌去南如茶楼听曲，轰动一时。后因怕人太多影响楼层安全而提早结束，南如茶楼因此火了一把。南如茶楼经营至20世纪50年代，后来店名屡改，"南如"一名终成历史。

民国时期，广州"四大酒家"起初是谟觞、南园（不是当代前进路的南园）、文园、西园，后来大三元取代谟觞，"四大酒家"均由陈福畴主持经营，他遂有"酒楼王"之称。

谟觞开业于清末，后毁于火。民国初年重开于西关宝华正中约钟家花园时，开始享誉粤港澳。钟家花园原主人钟锡璜，乃晚清进士，花园布局雅致，还有不少奇花异石、古董字画。谟觞开业后，原样基本保留，故吸引达官贵人光顾。酒家高档菜式，如"八大八小"筵席等，吸引了不少高档顾客。1937年冬，谟觞股东之间发生纠纷，终致停业。

位于太平沙之南（南关）的南园酒家，与1960年代新建的南园酒家同名而绝无传承关系。为方便记述，姑称之为"老南园"。

老南园的崛起，有赖于原在东堤襟江酒家当楼面管事的陈福畴。老南园原址是富商、藏书家孔继勋的岳雪楼大院，孔氏衰落后成为番禺黄佐贤的产业。光绪年间，何展云在此开设南园酒家，利用孔家大院的园林建筑，把酒家布置得雅致非常。因近天字码头，往来客商众多，故生意颇盛。但自民国初年东堤襟江酒家开业后，老南园生意被抢了不少，何展云遂感年老精力不足，打算低价转让给别人经营。正好其亲信助手黄焯卿、高敬之，与素有大志的东堤襟江酒家楼面主管陈福畴是好朋友，陈福畴便答应到老南园主持大局。

陈福畴足智多谋，有"乾坤袋"的诨名，人脉甚广。主政老南园后，搭上常上酒楼的高官巨商、公子王孙，很快便募集到接手所需股金。随后他定下利润分配办法，令南园酒家股东与员工都乐于接受。

老南园转手后，陈福畴除充分利用原来的园林景观外，将之改建成亭、台、楼、阁俱全，幽雅小径相通，更具独立小庭园，十分迎合达官贵人不乐意与其他食客杂处饮宴的心理。

最有新意者是陈福畴的全方位宣传。他在报刊上登广告，请记者写文章，不但宣传老南园的高档环境、名菜美点，还宣传店中名厨师。"三位一体"的宣传，更令老南园扬名。

老南园的总厨名叫邱生，绰号"舰长"，不但能烹制出红烧网鲍片、白灼海螺片等名菜，还熟悉各种高级食材的鉴别，是位得力的买卖手。他还培养一批徒弟，使店中维系了一批技术骨干。另一位名厨叫伍车，绰号"砵砵车"，烹制菜式快捷爽朗。

老南园还挺有运气，就在老南园装修后重新开张不久，东堤襟江酒家因炸制伊面时失火，以致店面全毁。后来重建成澄江楼，以经营茶市为主，已不能与老南园争短长了。

位于广州西关文昌巷内的文园酒家，是陈福畴的另一杰作。文园门联咏道："文风未必随流水，园地如今属酒家。"把"文园酒家"四字融于联中，可见主持者有意于此酒家打文化牌。

文园酒家原址在文昌庙，旧时文人到此礼拜甚勤。民国成立后，当局者为筹措军费，拍卖文昌庙。约在 1920 年，此地为西关某富商投得，欲改建成园林式酒家。富商委托陈福畴主持集股经营。陈福畴经营老南园扬名，此时亦雄心万丈，遂一口应承，想了个因地制宜之计。文人雅士崇拜文昌庙么？他便在文园大打文化牌。

文园酒家内设"文昌帝君"神龛，让文人顾客心安理得。楼外布置雅致，还别开生面地在园中挖了个荷花池，池心建亭，连以九曲小桥，亭中设古色古香的顶级雅座。在此饮宴夏日赏荷、秋天赏菊，令文人大发吟咏诗词之情。文园开张之日，陈福畴请来江太史（江孔殷）等著名文士、

240

儒商，席间不但诗声朗朗，而且还有赞誉江南百花鸡、虾子扒海参、蟹王大翅等名贵菜式之声。文人雅士、儒商巨贾大快朵颐，令文园声名鹊起，西关一带的茶楼酒家尽皆失色。文园的名厨先后有谭献、和尚耀（真名失传）、罗泉、苏牛、钟林等。最著名的菜式是江南百花鸡。

西园酒家原由某富商创办，约在1927年由陈福畴主持，才成为名酒家。因近六榕寺，陈福畴便制订以著名素菜招徕顾客的策略。陈福畴请来的大厨，诨名八卦田（真名失传），以能言善辩著称，他精制的名菜是"罗汉斋"。后来，

六榕寺请来肇庆鼎湖山庆云寺的长老讲经，陈福畴顺势请长老到西园品斋后，宣称得长老指点，创制高档斋菜"鼎湖上素"，面市后大受顾客欢迎，西园声名更著。

大三元酒家开业较迟，但其名声一直响至当代，其扬名故事足见经营者创新意识。大三元原是一家小店，20世纪20年代初，陈福畴承顶了大三元，组成主要由供货商参股的董事会。接着还租下左右邻的铺位，扩大门面。虽然楼高三层，却装上"升降机"（电梯），满足顾客讲气派贪新鲜的心理（当时广州只有西堤大新公司有电梯），大壮大三元的气势，市井还流传歇后语："帮衬大三元——有机可乘"。大三元还请来行内誉为"翅王"的名厨吴銮，推出贵价菜"六十元大群翅"（当时六十元是天价）。首推之日，大三元门前花篮遍布，贵客盈门，震动粤港澳。其声名一直旺到20世纪50年代，仍是广州一流酒家。

广州的酒楼食肆中档次高低者皆有，各类经营者都有不拘一格的旺店奇招。这里举一个中等名店作例。

当代酒楼饭店的服务员多数为女性，但 20 世纪 20 年代中期以前，广州的食肆服务员都是男性。1926 年，女律师苏瑞生支持妇女争取男女平等，开办了"平权""平等"两家女子茶室，但遭到封建卫道者不断反对，终致关门。1927 年以后，酒楼经营者为招徕食客，渐以女性服务员迎客。这当中，以谭杰南主持开办的六国大饭店最为突出。当时六国大饭店在太平路（今人民南路）最南端西侧（抗战胜利后才迁往长堤），主持店务的是佛山七堡乡人招宽如。他请到一位聪明伶俐又知书达礼的美女莫某，改名莫倾城，将其打造为六国大饭店的活招牌，在报上大登广告。又在店前挂出长红（长长的红布额），上书"女侍皇后莫倾城小姐恭候光临"，两旁放满祝贺花篮，一时轰动，引得王孙公子、富商权贵纷纷来捧场。莫倾城带着一班女服务员，殷勤待客，令六国大饭店名扬粤港澳。

六国大饭店有名厨梁耀，其主理的仔鸡煲仔饭与太爷鸡颇有口碑。该店经营至 20 世纪 50 年代，另一名厨吴洪主制的棉花滑鸡丝成为名菜；点心师黄挹主制的蟹王花油批、黎皋主制的家乡咸水角、陈勋主制的鸡丝薄饼均获"名点"称号。

羊城客家饭店

宁昌饭店是著名的客家菜饭店。1946年，广东兴宁人刁景鄂买下忠佑大街云来阁饭店原址，开设宁昌饭店，以客家菜梅菜扣肉、八宝酿豆腐、咸菜肚片、东江盐焗鸡招客，尤其以盐焗鸡闻名。盐焗鸡原始制法所需时间较长，故限量供应。一次李警官订点盐焗鸡，过时不来，老板把盐焗鸡给了熟客。岂料熟客刚吃，李警官便带人来到，老板心想无盐焗鸡定会令官爷发怒。厨师急中生智，用浓盐高汤巧制新法盐焗鸡，警官尝后觉得更有新味，老板便以此法大推汤浸盐焗鸡，使其成为新传统。从此宁昌盐焗鸡更扬名。

新陶芳酒楼也是抗战胜利后崛起于广州的客家菜食肆，颇具特色。老板王国光与同乡好友、政界官爷合作，请当时的市长陈策题写招牌名。王国光不惜重金请来酒楼业行家任职，还把他们的名字、照片在店面公布，以招徕食客，如总管刘兆苏，营业部部长吕伯侯，楼面部部长何培，名厨许衡、罗清泉、周羲等，名点心师禤东凌等。

新陶芳酒楼的客家名菜有盐焗鸡、酿豆腐、红烧海参、咸酸菜炒牛双脄等。茶市则以广式点心吸引顾客，又推出"星期美点"。新陶芳酒楼还以上门"到会"扬名，满足了达官贵人的需要，当时的军政要员孙科、程潜、罗卓英等均曾帮衬，故新陶芳酒楼名气更大。

妙奇香是独树一帜的大众化饭店。它始创于清光绪五年（1879年），到1930年前后已是茶饭市兼做的酒楼了。妙奇香有一副对联云："为名忙，为利忙，忙里偷闲，饮杯茶去；劳心苦，劳力苦，苦中作乐，拿壶酒来。"此联甚合中下消费水平顾客的"心水"（粤语，意为心意），也引来文人雅士到此光顾——可称"雅俗共赏"。当年鲁迅先生偕夫人许广平，曾来妙奇香吃饭，最喜爱的菜式是豆豉蒸鲮鱼。据说毛泽东与柳亚子当年也曾到此饮茶，毛泽东的名句"饮茶粤海未能忘"即指在此茶叙。

妙奇香的大众化经营特色有两项。一是供应款式众多的碟头饭，二是全力推介"太牢菜式"。

碟头饭即用大碟装上白饭，面上铺上各种菜肴，如切鸡饭、腊味饭、烧鸭饭、牛腩饭、焖鱼饭等。淋上的浓浓芡汁更是美味非常，广州人誉为"又平（便宜）又靓""抵食夹大件"，自然吸引众多中下阶

层食客。

"太牢"，即牛肉，旧时高档酒家无牛肉菜式，认为牛肉不能登大雅之堂，但妙奇香却能人所不能，制出一批饶有风味的牛肉菜式！如挂炉牛肉、蚝油牛肉、菜心炒滑牛等。其干炒牛河尤其吸引食客。据该店厨师介绍，菜心炒滑牛一考刀工，一斤牛肉要切出90块薄片；二考腌制，加水、加味、辟膻均有讲究；三考下锅，下油锅猛炒掌握火候是关键。老牛肉可炒得嫩滑可口，这可是很考师傅技艺的，然而妙奇香对此举重若轻，成为行内独特的店家。

◎潘应强绘

最『巴闭』的园林酒家：名人留迹『泮溪』

"巴闭"，粤语，意为名声显赫。说起广州荔湾湖畔的泮溪酒家，其招牌乃20世纪50年代广州市市长朱光所写。朱光有首调寄《忆江南》的《广州好》，其咏粤菜道：

广州好，佳馔世传闻。宰割烹调夸妙手，飞潜动植味奇芬。龙虎会风云。

由此可知朱市长对饮食行业的重视。他对泮溪酒家的扩建更是倾注了一番心血。

1947年，广州泮塘人李文伦、李声铿父子在泮塘地域建了间乡野风味的食肆，取名"泮溪"。虽是竹木松皮搭于荷塘之上，却因有风味特色而生意甚好。1958年，泮溪酒家成为国有企业，次年在朱市长的关心下，做大规模改建；由名建筑师莫伯治主持设计，经两年营建，成为当时全国最大的园林酒家。朱市长亲题店名匾额，从此泮溪酒家成为中外名人留迹最多的酒家。

泮溪酒家门口古榕掩映，外墙青砖绿瓦，店内布局迂回曲折，层次丰富。几组园林景观显现岭南园林风韵。楼内木雕檐楣、花窗尺画、酸枝家具，均属精品。假山上的迎宾楼檐牙高啄，花窗五彩，显得清丽雅致。尽头处的傍湖海鲜舫，华灯初上，彩光水影，浑如仙境。

数十年间，泮溪酒家的名

菜美点脍炙人口，层出不穷。环境与美味，彰显粤菜美名，扬名国内外，接待过不少中外名人，留下大批墨迹、纪念品。这当中有朱德、叶剑英、李先念、陈毅、贺龙等中央领导人，以及英国首相希思、澳大利亚总理弗雷泽、越南主席胡志明、联合国秘书长瓦尔德海姆、美国总统布什、新加坡总理李光耀等外国首脑。也有老舍、郭沫若、秦牧、赵朴初、刘海粟等一批文化名人到此尝鲜后留下诗句或墨宝。

最特别的是美国外交家基辛格钟情泮溪与德国总理科尔创泮溪新菜式的故事。20 世纪 70 年代初，基辛格秘密访华时，在白云机场吃过泮溪的点心便对其留下深刻印象。20 世纪 80 年代初，泮溪名厨到美国，在纽约大鸿运酒楼表演时，基辛格以每位 100 美元的标准包了一席。进餐时对菜式赞不绝口，并题词、拍照留念。1993 年 11 月 19 日晚餐时分，率队来广州洽谈地铁项目的德国总理科尔，在没有预先通知的情况下来到泮溪，婉拒到贵宾房，而到十分热闹的碧波大厅就座。点了几道粤菜后，又

◎科尔牛柳（茉莉摄）

提出想吃一道用水果、洋葱、辣椒、牛肉做成的带酸味的菜。于是，厨师按其要求制出甜酸味的"咕噜牛柳"，科尔品尝后翘指称赞，并要求再添一份。餐后留言感谢，又拍照留念。从此，泮溪多了一款名为"科尔牛柳"的菜式。

泮溪名厨师曾有"粤菜状元"龚腾、"广东十大名厨"之一林壤明、"点心状元"罗坤、"全国优秀点心师"刘惠端等。龚腾、罗坤还编写了一批粤菜粤点书籍，又为缅甸、越南等国培训过上百高级厨艺人才。因此，广州人称泮溪为"最巴闭的园林酒家"。

名联征集传遐迩：文化味浓郁的陶陶居

中国饮食文献

广州的饮食名店陶陶居，是文化味浓郁的老字号，从它的招牌字到著名对联，均是流传久远的粤菜文化故事。

陶陶居招牌是维新变法改良派政治家、书法家康有为的手迹，虽然何时所写众说纷纭，但经康有为弟子著名书画家刘海粟认定是康有为手笔。

陶陶居原址在清风桥附近（今中山五路五月花广场附近），1920 年由佛山七堡乡人谭杰南、陈伯绮等接手经营，迁址第十甫路，建起钢筋混凝土三层大楼。谭杰南勇于创新进取，在招股分红、楼内布置、经营手法方面均独出机杼，留下不少故事，这里只说他打文化牌的故事。找来康有为手迹作招牌是其一，楼内古色古香、卡位设置是其二，请知名文化人作宣传文本是其三，征联扬名是其四。

陶陶居在第十甫路新开张时，秉承名店陈设风雅的传统，雕梁画栋，布局别致，华丽中见雅趣。搜集名人字画诗词悬于四壁，一楼设卡座，以满足贵客存私隐之心。当代文豪巴金在民国时写的《旅途随笔》，也曾记及陶陶居这个陈设美观的消费场所。

陶陶居司理陈伯绮，乃晚清大儒朱次琦（康有为之师）的再传弟子，他请来前清翰林江孔殷、前清秀才黄慈博等一班文人雅士，为陶陶居撰写宣传文章，并指点店内的古雅布局，对陶陶居的扬名做出大贡献。

新开张前夕，陶陶居还公开征鹤顶格对联（上下联首字嵌"陶陶"），头奖 100 银圆，故引得众多应征者。最后得头奖的是广东三水人吴以俭，其联云："陶潜善饮，易牙善烹，恰相善作座中宾主；陶侃惜分，大禹惜寸，最可惜是杯里光阴。"得亚军的征联最为典雅，故于1986年装修时由当代名书法家秦咢生重书，刻于门前马路边的柱上。联云："陶秀实茶烹雪液，爱今番茗碗心清，美酒消寒，不羡党家豪宴；陶通明松听风声，到此地瓶笙耳熟，层楼招饮，何殊勾曲仙居。"此联有多个典故，可考读者学识。

最有趣的是，得头奖者吴以俭却不收奖金100银圆，而要求到店内饮茶吃饭慢慢抵销。陶陶居老板欣然同意，吴以俭吃了多久，却无人记得了。该店名菜有陶陶一品鸡、翡翠麒麟鱼、酥炸彩云虾、八宝鱼云羹等，名点有鸳鸯蛋挞、薄皮虾饺、金钱鸡夹等。

中华人民共和国成立后，陶陶居的名师有"月饼泰斗"陈大惠、"百花强"崔强，以及廖柏、廖国喜等。

创新方可葆青春：广州酒家美名扬

248

广州酒家是广州饮食业的中坚老店，改革开放后是国有餐饮业的一面旗帜。其发展历史显现了一个真理：只有创新才可以永葆青春。

广州酒家前身为西南酒家，位于文昌南路与下九路交界，英记茶庄老板陈星海于 20 世纪 30 年代中期购得此地，决意开办酒家。有人说这里是"三煞位"，风水不好，但陈星海不信邪，与廖弼彤、关乐民等集股开办。他们登报征求酒家设计稿，此亦创新的一招，既表决心又初响招牌。1936年12月，他们在《国华报》连续刊登广告，征集酒家内园林配景设计，引起社会各界注意。第二年，西南酒家开张，"南国厨王"钟权主持厨政，其创制的"西南文昌鸡""大群翅"一炮而红，客似云来。但旺了一年，酒家便因广州被日军侵占而毁于战火。又过了多年，陈星海等人决定东山再起，在门口左右各种了一棵木棉树，说是可辟邪。并改名广州酒家，开业前亦在报上刊登广告，自诩为"广州第一家"。抗战胜利后，广州酒家名扬粤港澳，主厨有"世界厨王"梁贤、粤港名厨梁瑞等。

点心"四大天王"之三的褟东凌、区标、李应也先后入店，主理点心。因此吸引了不少军政界名人到来光顾。

中华人民共和国成立后，广州酒家雄风犹在，改革开放后更是屡屡创新。温祈福领导该店期间，更有大发展，先后创办滨江西路分店、天河分店，兴建利口福食品公司。名厨、名点心师不断涌现。主厨黄振华更是厨艺非凡，迭有创意，还设计制作了"广式满汉全席""五朝宴""南越王宴"等筵席，名动中外。踏入21世纪，广州酒家已成为大型餐饮食品集团，拥有10多家粤式餐饮酒楼、1间大型国有食品工业重点工厂和100多家食品连锁店。产品出口至美国、加拿大、日本、澳大利亚等国家及东南亚地区；国内覆盖26个省（区、市），有数百家经销客户及数千家大型零售客户，并建立大型电子商务运营平台。

莲蓉月饼传天下：莲香楼百年传奇

中国粤菜故事

在陶陶居东面约 200 米处的莲香楼，有"莲蓉第一家"之誉。此店前身为连香茶果铺，约始创于光绪十五年（1889 年）。制饼师傅、佛山七堡乡人陈维清用莲子试制出色泽金黄、幼滑清香、独具美味的莲蓉馅。不久后老板易手，由陈维清同乡、有"茶楼王"之称的谭新义，与谭晴波等人组成合兴堂集股接手经营，约在 1908 年，建起三层高的大茶楼，取

名"莲香楼"。楼内布置古色古香，新开张之日，最抢眼的是谭颐年题的木刻对联："莲味清香，镇日评茶天不暑；香风迢递，谁家炊饼月方圆"。"莲香楼"的招牌是举人陈如岳所书；挂于墙上的书法，不是诗词而是治家格言、警世良言之类的名句，这也是独特的。

莲香楼重用创制莲蓉馅的师傅陈维清，他创制的莲蓉月饼令人赞不绝口。后来虽被各店仿效，但总不及莲香楼的味道，故莲香楼被誉为"莲蓉第一家"。莲香楼鼎盛之时，在香港最热闹的地头皇后大道中、旺角，都开了分店。抗战胜利后，第十甫路的莲香楼改建为钢筋混凝土大楼，成为融茶楼酒楼于一体的著名食府。20世纪80年代末，莲香楼生产的速冻点心已远销美、英、法等众多国家，莲香月饼亦远销国内外。如今，"莲香楼广式月饼传统制作技艺"已被列入"非物质文化遗产项目"，享誉饮食界。

独树一帜最难得：最长寿西餐厅太平馆

252

　　饮食业独树一帜最难得，太平馆西餐厅便是典型案例。创始人广州西村人徐老高，原是沙面旗昌洋行的厨师，熟悉西菜技艺，最擅煎牛排。咸丰十年（1860 年），他与洋工头发生争执，愤而辞职，改行挑担上街叫卖煎牛排。赚到第一桶金之后，于光绪十一年（1885 年）在太平沙开设名为"太平馆"的西餐厅。到民国初年，他的两个儿子徐恒、徐枝泉继承父业，并建起三层楼房，店铺以烧乳鸽及葡国鸡最受顾客欢迎。1925 年，他们买下财厅前的国民餐馆（今太平馆址），装修后挂起"老太平馆支店"招牌，旁写小字："老太平馆在太平沙"。从此，老店与新店成为广州西餐业双星。

　　1925 年 8 月，周恩来与邓颖超结婚，张申府先生在太平馆宴请他们，留下佳话一宗。该店于当代制出"总理套餐"以作招徕。抗日战争胜利后，太平馆只剩财厅前的店铺，有六大名菜：红烧乳鸽、芝士焗蟹盖、葡国鸡、烟焗鱼、德国咸猪手、特色咸牛脷。时至今日，广州市区已开了许多西餐厅，但太平馆仍是著名的西餐老店。

1983 年，87 岁的书画艺术大师刘海粟到广州北园酒家品尝粤菜后，留下"其味无穷"的墨宝，后来店方把此墨宝放大嵌于北园门前墙上，至今仍见其气势，可为粤菜张目！

北园酒家创办于 20 世纪 20 年代，老板为广州市商会会长邹殿邦，原址在今广州市第十七中学北侧，原是邹家的别墅。北园酒家专做酒菜与筵席，以蔬菜三鸟任由顾客自由挑选作招徕，推出后果然大受食客欢迎。可惜抗日战争爆发后，邹家把北园酒家关闭。

抗日战争胜利后，原北园的管理人员及厨师等人回到广州，决定重建北园。他们觅得原址稍南之地（今北园酒家址），搭起松皮竹篱大厅，还有几个松皮小亭，请回原来的名厨刘坤、"鱼王"骆昌，以及陈礼、赖虾、刘章、王锡全等人，于 1947 年夏重开北园酒家。虽然设备、装饰不及当初的邹家别墅，但菜式风味尤胜从前，因此吸引不少食客，军政要员香翰屏、孙科等亦常来帮衬，还留下故事。香翰屏吃了名厨刘坤创制的炒蟹，拍案叫绝，即留下题字："酒白蟹黄香味道，竹篱茅舍小排场"，此后来店吃饭必点此菜，人称"香公炒蟹"。三任广州市市长的孙科（孙中山之子）则最爱"鱼王"骆昌主制的"上汤鱼面"。

中华人民共和国成立后，北园酒家进行扩建，莫伯治设计的园林景色浓郁，北园酒家名声更著，郭沫若、商承祚、陈芦荻等文化名人都在北园酒家留迹。店中陆续调来的名厨名点心师有黎和、许衡、麦九、陈勋、邓苏、何英、周新、孔泉、廖干等，令北园酒家名菜美点享誉国内外。时人有"饮茶去泮溪，食饭去北园"之语。

文豪题诗旺酒家：新南园彰显潮菜

254

层楼重阁疑宫殿，雄辩高谈满四筵。

外来旅客咸瞠目，始信中华是乐园。

这是当代文豪郭沫若于 20 世纪 60 年代初到广州前进路南园酒家品尝菜肴后题的诗句，令当代新建的南园酒家扬名天下，犹胜民国初的老南园。

20 世纪 50 年代后期，政府为接待外宾的需要于此新建此园林酒家，由著名建筑师莫伯治设计。1963 年开业，其园林环境令国内外宾客激赏。六七十年代，南园酒家以经营潮菜最出名，主厨为特级厨师李树龙。名菜有佛跳墙、豆酱鸡、护国菜、扒大翅、北菇鸭掌、素珠蟹丸等。80 年代，南国酒家的名菜美点有海南椰子盅、琼山豆腐、竹园椰奶鸡，以及三色马蹄糕、椰酱焗蛋角等。

扫一扫，更精彩

第五章

新派粤菜

食在广州 还看今朝

广东的特殊地理位置使广东形成了"华洋杂处，西风东渐"，与其他省份有完全不同的地域文化风俗。广东在改革开放中领天下之先，使粤菜成为中国现代化的代表菜系。粤港澳一体化不仅推动了现代思潮的发展，更让广东以粤菜为先锋引领着创新的热潮席卷全国。所谓"新派粤菜"，指的就是40多年来粤菜在坚守中创新，把具有地域特色、原生态的食材以及烹饪技术与国内外的菜系流派融合而产生的产业现象。

新派粤菜倡导绿色生态，注重环保、简朴，不仅具有异邦风情、人文底蕴，而且还有浓郁的商贾饮食文化色彩。粤菜的繁荣，以新派粤菜为代表。新派粤菜是"食在广州"的城市密码。新派粤菜在社会经济发展中不断变化和转型，它与各菜系在"你中有我，我中有你"的兼容中富有个性地发展。粤菜在当代的繁荣告诉我们：菜系无所谓优劣，也不分高低，关键在成长中能否做最优秀的自己。

258

港式生活标签：香港茶餐厅

茶餐厅是一种香港独有的快餐食肆，它在香港满城开花，集快餐店与餐厅的特色于一身，提供糅合了香港特色的西式餐饮，是香港平民化的饮食场所。

多年来，茶餐厅已经成为香港电视剧里最常见的场景。茶餐厅里的美食有欧式的、美式的、中式的，快餐、冷饮、热饮集聚一堂，动辄上百个品种，更有不少香港独有的饮品和食品。

所以，有人提议用茶餐厅"申遗"，因为它是香港"特产"。

到茶餐厅感觉最温暖的是一坐下就有侍应端来一杯茶和一张宽页菜单。这杯茶是不需要下单的，像问候语，喝完还能续。

没去过茶餐厅，等于没去过香港。茶餐厅的灵魂，就是港式奶茶。它起源于英国的下午茶。英国人流行喝下午茶，他们把喝下午茶的习惯带到了旧时的香港。当喝茶成为大众风尚时，港人按照自己的口味把英式下午茶改造成港式奶茶，也叫丝袜奶茶。到茶餐厅必点丝袜奶茶。港式奶茶的茶

胆，是斯里兰卡红茶和中国红茶，前者香滑后者味浓。每家茶餐厅会根据街区人群的口味调整茶胆，茶叶搭配、加入淡奶比例的细微变化，导致同名的港式奶茶的口味绝不雷同。有意思的是，香港把调茶叫"拉茶"。师傅一手拿着长如袜子状的纱布袋作为盛载茶胆的网兜，一手高举电热壶，让沸水从高处冲下，撞入茶叶里面，反复几次，然后再焗茶，这样的"拉"＋"焗"，让茶水浓香顺滑且不苦不涩。

　　香港著名作家李碧华说过，每次从外地返港，一下飞机便急匆匆扑过去的，不是情人的怀抱，而是茶餐厅，一杯又香又浓又滑的丝袜奶茶下肚，方把思念填平，魂兮归来。

◎英式茶点昂贵，还不一定合口味

　　100 年前，香港普通人是吃不起西餐的。西餐馆环境高大上，出品昂贵，让人望而生畏。然而愈畏惧愈向往，西式生活成为一种高端时尚的代表。第二次世界大战结束后，香港街头渐渐出现了仿西式的冰室，先是卖冷饮糖水，渐渐地添加一些仿西式饮品及西点小食，如咖啡、奶茶、红豆冰等饮品配以三明治、奶油多士，有的还有面包工场，提供新鲜菠萝包、蛋挞等。这些西饮、西点的售价便宜且不收小费，一时间大众趋之若鹜，坊间口碑传扬，从冰室到西饮西点，再到中式小炒、晚饭小菜、粥粉面饭，名品除了丝袜奶茶还有鸳鸯奶茶、菠萝油面包、鸡尾包、墨西哥包、蛋挞、炒饭、奶油多士、餐蛋面、炒公仔面……真正的中西合璧，海纳百川，多元并存。

　　客人点得最多的，是奶茶、蛋治（鸡蛋三明治）、西多士。此三款经典成为茶餐厅的标配。

　　它拥有快餐店特有的效率，由点菜至结账都讲求速度，与繁忙的香港人的生活节奏完全吻合。顾客刚坐下，就可从各种预设好的常餐、快餐、午餐、特餐中选取所需。从客人落座、点单，到制作、上菜，15 分钟内一气呵成，全单上齐。

每逢午饭时段，地盘工人、售货员、办公室职员以致不少行政人员都喜爱光顾这里。最后结账时，自行到收银处交付，好处是免了餐厅里付小费的一环。

茶餐厅里面的桌子是紧紧凑凑的，但店家在靠墙处又设一排排卡座，于有限的空间中营造一个个半封闭的小格子，布光柔和，给情侣、朋友、客商辟出一个离群避世的空间，竭力挤出点浪漫。这个场景让人想起香港动画片里的麦兜。那个肥嘟嘟的麦兜，扭着可爱的肥腰，在茶餐厅门口迎客："埋边（里面）请埋边请，埋边有卡位！"不同阶层、行业的顾客都聚集在茶餐厅内，边吃饭，边高谈阔论、阅读马经，成为香港独有的"茶餐厅景观"。

茶餐厅成为人们心目中为人民服务，平、靓、正、快的饮食场所。

扫一扫，更精彩

扫一扫，更精彩

『东方之珠』领航：港厨主理时代

　　1983 年，一家身处广州西濠二马路名不见经传的人人酒家正式开启港厨主理粤菜的时代。

　　故事要从 20 世纪 60 年代说起。

　　1968 年末，经历全球流感瘟疫大爆发的香港，民心颓废，港英政府决定举办一系列的大型活动及加强基础建设来振奋人心。这一举措使香港由小渔村陡然变身成为国际大都市，腾飞成为"亚洲四小龙"之一，享有"东方之珠"的美誉。

　　经济是饮食发展的晴雨表，腾飞中的香港促使饮食业也随之蓬勃发展起来。

　　香港有"唐和番合"的地缘优势，香港人有机会与西餐、日本料理、东南亚风味料理等充分接触，从中认识到别人的优势和自己的不足。一直以来，香港的粤菜都按照粤菜大本营——广州的方法依样画瓢，菜式做法大多耗时费工，例如"扒鸭"，预加工就耗费近半天的时间。

　　在风云际会之下，香港人把握了先机，吹响了粤菜改革的号角。

香港粤菜改革不是一蹴而就的。所谓"工欲善其事，必先利其器"，首先要对炉灶进行改革，用清洁干净的柴油炉替换乌烟瘴气的燃煤炉。

这一改动，不仅提高了工作效率，令粤菜馆摆脱旧貌，还令厨师的衣着干净整洁起来，与时代步伐无缝接轨。

与此同时，香港粤菜改革的步伐并没有减慢。紧接着耗时耗工的烹饪技法被一一淘汰，结合西餐、日本料理、东南亚风味的特点，重新整理出融汇中西特色的崭新烹饪工艺。

实际上，广州粤菜烹饪在100年前已有炒菜用芡汤的工艺，本已开启标准化的先河，可惜没有受到足够的重视，标准化的进程趑趄不前。

如今，香港厨师重整旗鼓，运用咖喱酱、黑椒酱、西柠汁等汁酱，既改变了粤菜烹饪的调味风格，也提高了粤菜烹饪标准化的程度。

1976年是香港粤菜再攀高峰的年份。

此时，位于香港仔（地名）海湾水面上的珍宝海鲜舫正式对外营业。该海鲜舫最大的特色是除保留少数享有盛名的家禽、家畜类菜式之外，其他菜式全部改以海鲜飨客，使粤菜食材变得更加广博。

在广东人由来已久的"皇帝脷"（指能灵敏地分辨食物味道及质感优劣的舌头）的鞭策下，珍宝海鲜舫的厨师发挥粤菜烹饪的优势，采用即点即宰、即宰即烹的策略去烹制海鲜，在确保海鲜原汁原味的基础上，充分展现海鲜本身爽、脆、嫩、滑、弹的美妙质感，令中外食客对香港粤菜刮目相看。

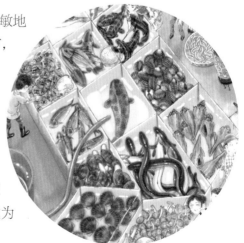

值此，生猛海鲜的做法打出的威名，使香港粤菜蜚声国际，也使香港仔这个地方成为

生猛海鲜的集散地及食肆的聚焦点，时称"尝鲜一条龙"圣地。

如果说位于香港仔海湾水面上的珍宝海鲜舫烹制的海鲜是以清蒸为特色的话，那么位于香港仔港湾陆地上的避风塘酒家则以炸炒为特色。后者的调味风格十分鲜明，就是以蒜头、豆豉增香，因此形成避风塘菜式的风格。其中最著名的莫过于避风塘炒蟹。海蟹鲜活宰杀，用猛油炸熟，再用蒜头、豆豉翻炒增香，味道奇妙非凡。

至此，香港酒家形成两种经营模式：一种是以家禽、家畜作菜式的传统酒家模式；另一种是以生猛海鲜作菜式的海鲜酒家模式。

经历将近 10 年的改革创新之后，香港培养和积累了一大批技术高超的新秀厨师，是时候让这些厨师回流粤菜大本营——广州进行技术改革了。

随着改革开放政策向前推进，广州食肆开始接纳香港厨师回流。香港厨师分三波回流广州，每一波都促使广州粤菜飞跃发展。

事实上，广州粤菜既有百年执世界烹饪牛耳的雄风，身怀精湛技艺的厨师又不在少数，只是未发挥潜能而已。港厨回流粤菜大本营会不会是"班门弄斧"呢？

第一波回流广州的港厨为慎重起见，选择了位于西濠二马路而名不见经传的人人酒家练手，而且深藏不露，不急于引入早已蜚声国际的生猛海鲜的做法，而是不声不响地对广州的传统菜式进行改良。例如当时广州仍以"大红乳猪"的做法制作烧乳猪，人人酒家则改为"化皮乳猪"的做法。这一改变立即引得整个广州烧味界的厨师争相仿效。

港厨主理广州粤菜夺了个头彩。

第二波回流广州的港厨更多，他们开始选择主理广州的高档酒家。当时引起关注的是主理下九路百年老店陶陶居和主理在西濠二马路新开张的"东方之珠"酒家。

这一波同样没有引入生猛海鲜的做法，除遵循第一波的做法外，只是将汁酱调味的理念引入广州。

不过，这一波同样成功。以至于后续广州新开的酒家、酒店都有港厨的身影。

第三波回流广州的港厨对广州粤菜的改革正式全面铺开，他们引入大型的海鲜池，使广州市民随时可以品尝到只有在海边才能品尝得到的生猛海鲜的美味。

由此也使广州粤菜厨师真正领悟到清蒸海鲜的妙处。以往的清蒸河鲜都是铺上肉丝、菇丝，抑制河鲜快速致熟。美其名是为河鲜增味，实为河鲜爽、嫩、滑的质感。所以，粤菜清蒸在此之后都改成猛火蒸熟，撒上姜丝、葱花，再攒入热油、浇入酱油。

这一波可以用成绩斐然去形容，这之后广州几乎所有酒家都设有海鲜池以供应生猛海鲜飨客，塘鱼甚至河鲜险些在菜牌上销声匿迹。

经过港厨三波主理广州粤菜之后，粤菜烹饪技术焕发青春。

到了 2003 年，港厨回流广州主理粤菜已有 20 年光景，随着创新改革常态化，港厨主理粤菜时代渐渐落幕。

266

自成一派的澳门风味美食

澳门在回归祖国弹指一挥的 20 多年间，发生了翻天覆地的变化，成为集手信礼品、美食、旅游发展于一体的大都市，值得世人倾慕和举杯相庆。

澳门地处珠江三角洲的西岸，自明代嘉靖三十二年（1553年）被葡萄牙以种种借口对其实施殖民统治后就成为中西文化汇聚之地。现在已经没有人记得，广东省中山市著名的神湾菠萝，就是在这个背景之下从澳门登岸引种而来的。更没有人想到，广州人早在 135 年前就已品尝到澳门的美食。

早在光绪十一年（1885 年），曾经在旗昌洋行学艺、后来挑着担子随街售卖牛扒的徐老高决定以"太平馆"的名号全面经营西餐生意。当中的招牌菜除牛扒及烧乳鸽之外，还有葡国鸡。

当然，葡国鸡在那时还算不上澳门的美食，但至少是由居住在澳门的葡萄牙人传授过来的。

根据 1963 年广州市饮食服务业高级技术学校编印的《名西菜点教材》介绍，太平馆的葡国鸡是将煎过的鸡块加上洋葱、马铃薯、黄姜粉、面捞（面粉炒熟后的制品）、浓汤、奶油及椰汁入烘炉焗熟的。粤菜后来称焗法来源于西餐，也是用这道菜作为例证。

澳门回归祖国之后，葡国鸡自然成为澳门的美食。

饶有趣味的是，如果要品尝百年风味的葡国鸡，不妨去广州太平馆。但如果要品尝正宗葡萄牙风味的葡国鸡，就必须要去澳门了。

因为具有融汇中西文化的优势，澳门的美食往往既有中式制法又有西式元素，自成一派。

先以葡式蛋挞为例。

蛋挞是广州点心师创制出来的酥类点心，原称岭南蛋挞，是将水油酥面皮擀薄放在小铁盏内，再注入鸡蛋液烘制成酥脆、嫩滑的美食，是"食在广州"的标杆美食之一。

回归前，澳门人将这种广州点心融汇西式的元素加以全面改良，先是将水油酥皮改为酥脆程度更高的奶油酥皮，并且分两次注入鸡蛋液烘制，使鸡蛋液致熟后保持嫩滑。更有趣味的是，在蛋挞烘熟之后，趁热将糖浆淋在鸡蛋液的表面，再用喷枪高温加热糖浆，使糖浆瞬间变成香气四溢的焦糖，令蛋挞除喷发奶油香、鸡蛋香之外，还喷出诱人的焦糖香。食者无不大加赞叹，乐也融融。

猪扒包的做法与葡式蛋挞的做法恰恰相反，是将西餐的美食加入粤菜元素创制而来的。

猪扒包是 Sandwich（三明治）或 Hamburger（汉堡包）的改良版本。所谓"Sandwich""Hamburger"，都是夹入馅料的面包，其馅料大多是用 Mince（译音免治，绞碎的肉）制作，肉料欠缺嫩、滑、弹的质感。澳门人将此美食与粤菜做法结合，将馅料由原来绞烂的形式改为片块的形式，先以粤菜的腌制技术对肉块进行预处理，然后再以粤菜烹饪的方式将肉块连同洋葱丝等料炒香炒熟，让肉块保持嫩滑多汁，最后与牛油片夹入刚出炉的面包内。因面包热辣、馅料多汁嫩滑，引得各地游客都慕名前来品尝。

从这两种美食可以窥见，澳门人已经具备将中西文化融汇在一起的天赋。可惜长久以来，澳门都以单一的博彩业主导经济及社会发展，市场空间狭窄，澳门人调理美食的优势得不到充分发挥。

1999 年 12 月 20 日之后，在历届领导的悉心关怀和指引下，澳门迎来翻天覆地的变化，旅游业、饮食业异军突起。葡国鸡、葡式蛋挞和猪扒包立即成为澳门美食的亮丽名片，与其他众多美食合力助推澳门发展，澳门在不经意间跻身为手信、美食的大都会。

现如今，澳门清平直街与福隆新街这两条呈十字形的小马路上，鳞次栉比地开着数十家食品商店，人称手信一条街。手信街内商店货架摆放着琳琅满目的各色食品，从杏仁饼、凤凰卷，到牛肉干、猪肉干，再到话梅、姜糖、柠檬干、八珍果、花生糖等食品应有尽有。游客慕名而至，常常流连忘返，不吝消费，满载而归。

如果说手信一条街的美食可以带回家慢慢品尝的话，澳门地道的水蟹粥和虾籽捞面则不能带走，必须亲自光顾才能品尝得到。

澳门三面环海，咸淡水交界，是梭子蟹的最佳苗床之一。这里的梭子蟹膏肉虽然没有其他地方的梭子蟹那么丰满，但鲜味却无以复加。澳门人称这样的梭子蟹为"水蟹"，用之煮粥，鲜甜美味。粥店门前必定是一派"水蟹粥，水蟹粥，蚝镜街边争尝鲜"的景象。

虾籽捞面也是旅游澳门不可不尝的美食。捞面仍然保持广东蛋面擀制的特色，用粗竹竿将用鸭蛋揉开的面团撳压，使面团收紧，制成面条后弹力十足，再拌上澳门水域海虾所产的虾籽，真是味道、质感的双重享受，趣味无穷。

270

新派『即宰即烹』与自梳女的清蒸河鲜

广东人挂在嘴边的"新鲜"，是指食材的一种状态。蔬菜是迎着第一道霞光进城的，他们会说："呵，好新鲜！"

"鲜"是一种味，具有令人愉悦的口感。"鲜"总是和"新""生（活）"联系在一起。改革开放前，我们难以吃到生猛的塘鱼，更不要说生猛的海鲜了。我儿时放学回家，见到搪瓷面盆里盛着一条活鱼，就高兴得蹦蹦跳，哇哇叫："今晚有活鱼吃了！""快来看活鱼，好生猛啊！"

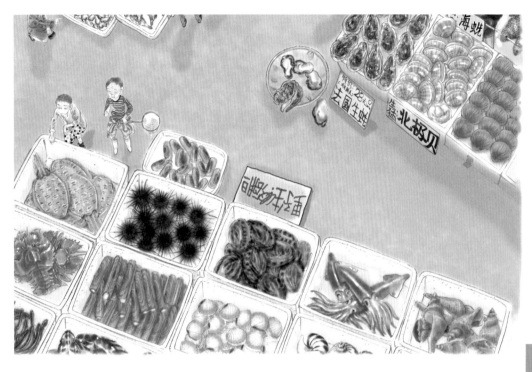

　　吃生猛的水生动物是我们童年的美梦。与洗脸盆里的活鱼嬉戏，是儿时的一大乐趣。没想到，改革开放后，儿时的美梦成真了，吃生猛海（河）鲜成了新派粤菜开一代食风之先的重头戏。

　　20世纪80年代初，胜记老板温万年建起了海鲜池，他克服了海水配比、水温、灭菌、培养等一系列困难，从深圳盐田把海水运回广州。温万年还托人到香港购买了一套养海鲜的设备，这是一套制冷、制氧系统，通过调节海水的咸淡比例，提供适合各种海鲜生长的自然生态环境，使水族箱从淡水到咸水，从单个到十数个。胜记用事实把粤菜对"鲜"的追求诠释为"鲜活""生猛"；把海产品的生猛调高至"鲜"的境界；把品尝生猛海（河）鲜升级为追求自然本源的高端享受。这不仅丰富了鲜味的内涵，还从此开创了新派粤菜在生猛海（河）鲜烹饪上的先河。

刚开始，胜记海鲜池摆在店门口，显得有些零星落索。有些餐饮老板便吐槽："没有宏大的气派，做海鲜怎么成世界？"即便如此，依然引来无数学步者。南海渔村的海鲜（河）池，面积扩展到近千平方米，品种常有数百种之多，来自国内外的顾客无不感慨：粤菜的海鲜真是名副其实的"海鲜世界"啊！

即宰即烹是粤菜保持"鲜"与"新"的重要手段。它本是粤菜的传统作派，不过，新派粤菜把即宰即烹发挥到了极致。

提到"鲜"，不得不提清蒸河鲜。清蒸河鲜是粤菜中的经典，但没有多少人知道，清蒸河鲜的"大师傅"竟是来自顺德的自梳女（俗称"姑婆"）。

19世纪中叶，顺德的自梳女与金兰姐妹一起租赁物业同居。自梳女们凭着以往的经验和一双巧手，创造出不少可口美味的菜肴美点。到处是桑基鱼塘的顺德使自梳女们吃鱼最为方便，先淘米煮饭，然后到鱼塘捞鱼，顺手摘一片鲜荷叶，再回到姑婆屋；把荷叶和鱼弄干净；此时锅里的米刚开始成饭，饭面呈现"虾眼水"时，将荷叶包鱼放在饭上面，盖上锅盖，待饭焗透，鱼也蒸熟了；拿出来舍弃荷叶，把鱼置于碟上，淋上生抽熟油，荷香鱼便烹成了。这种做法就本质来说，与广府菜中的清蒸河鲜是一样的，关键是火候，蒸鱼不老火，恰到好处：鱼才能鲜嫩！顺德自梳女实乃今天广州的巧妇师奶和酒楼大厨的"师傅"。

时至今时今日，粤菜的食材，特别是猪、牛、羊、鸡、鹅、鸭、海（河）鲜，都是即宰即烹。

一位淮扬菜师傅感慨地说："粤菜讲究即时。白切鸡是即宰的，海鲜是即捞的，蔬菜是早上打着露水采摘的，连豆腐也是现磨的。即宰即烹真正体现了广东人对食材新鲜的追求。"

新派粤菜还对粤人"不时不食"做了最新注解：不时，不仅是不合时令的食材不食，还包括不够新鲜和不是即时烹饪的美食，都要弃用，不能登上我们的餐桌。

©顺德自梳女结成姐妹同住，创出多种美味佳肴。

物尽其用的绿色「新派食风」

粤菜选料广博奇杂。在倡导绿色、保护生态的大环境下，广东人养成了不择食、不偏执的食风。

20世纪80年代中期，一位到广州旅游的美国老太太在一次粤式自助餐中，打开了一个圆形的不锈钢食鼎。她一看，当场吓坏了：原来器皿中放了满满一盘的卤水凤爪。

在美国，一直以来鸡爪之类的食材是肯定要弃用的。没想到，在广东，它却是深受欢迎的美食。广东餐厅把鸡爪烹成各种美食——豉油皇凤爪、豉汁蒸凤爪、白云凤爪、醋泡凤爪、滋补凤爪等，五花八门。排骨卖得比猪肉贵，鱼头比鱼肉贵，猪腰子、猪心、猪舌头更比猪肉金贵。而牛杂在早茶中作为极品，成为价格高昂的点心。这在外国人眼里都是匪夷所思的。

而广东人却认为，且不论中医食疗的"以形补形"说法，单就可作为食材的动物的特殊部位来说，都会有其独特的味道。它们是动物中不可多得的迷人的部分，不仅提供充足的能量和丰富的营养给人类，而且经过独特的烹调，自有其独特的风味，人类

实在不应该浪费大自然界的馈赠。20 世纪 80 年代，广东菜市场里的鲜鱼档把一条活鱼宰杀后，可以分出 8 个部分出售：鱼头、鱼腩、鱼片、鱼蓉（鱼糜）、鱼鳔、鱼肠、鱼骨、鱼子（鲤鱼居多）等。这在当时被誉为市场经济中买方市场活跃的例证，而以这 8 个部分为主料的名菜则在广东大为风行。被外邦人鄙为"秽物"的鱼肠，被广东人视为上品。丰润的鱼肠具有鱼油特有的甘香，与鸡蛋同焗，顿时浓香扑鼻。80 年代后期，在珠江三角洲一带，鸡蛋焗鱼肠、鸡蛋焗禾虫被誉为传统粤菜新派演绎的先锋，一度被高消费水平食客作为时髦粤菜来追捧。

在新派粤菜时代，选料奇特，粗料精制，又不择食偏食的特点更加鲜明。粤菜变得更为精致和典雅。广东人对食材的充分利用，使国人看到一股保护饮食资源的力量在成长。为了保护地球的资源，粤菜几乎是"化万物为美味"，不仅物尽其用，还使食材变得优质和完美。

传统粤菜虽然个性突出，地域味浓，但并不排异。粤菜的兼容性随处可见，比方粤菜里面有名的京都骨、炸溜钳鱼，很明显是吸取了京菜的口味创制的；而铁板牛肉、鱼香鸡球则源自川菜的风格；至于粤菜的五柳鱼、东坡肉更不是粤菜独有，而是一度被称为"浙味浓郁"的跨界菜。

新派粤菜更多地体现在对食材的纵深挖掘上面，在"新料旧做"上大做文章，还针对现代人营养过剩的特点，往健康减油脂方向发展。比如毋米粥，把白粥做成牛奶状海鲜稀粥；炳胜酒家把蒸肉饼的猪肉换成银鳕鱼肉饼；广州酒家把炒牛奶大胆改成炒黑豆浆；白天鹅宾馆更是把传统粤菜的猪油渣炆柚子皮演绎为桂花柚子皮。

粤菜味道最大的特点是唯鲜味，求清新，以鲜为先。新派粤菜在对食材的探索中，把粤菜的唯"鲜"发挥到极致，且始终坚持本味主义的原味烹调。它虽然简约，但这种追求清新、淡雅的风格，正是烹调上的一种高贵形式。

"港式""广式"：精致韵味成升级符号

新派粤菜之风从香港传到广州。改革开放之初，广东餐饮喜欢打出"传统粤菜，港厨主理"的广告，以港派风格为时尚，形成一种崇拜港厨、模仿港风的做派。

不过，"广式"粤菜进步很快。几经沧桑，同为粤菜菜系的"港式""广式"做法，虽有差异，但在外邦人看来，已经没有很大分别，都同归粤系。在升级转型的道路上，港派和广派在新派粤菜的走向上都趋于"简、小、轻"。

在一次广东餐饮协会招待外邦餐饮协会的菜系交流会上，许多外地餐饮大师翘首盼望能一睹升级粤菜的风采，希望能一尝顶级食材禾麻鲍、吉品鲍的新派烹法，以及来自加拿大海鲜的美味。在期待中，这是一场富豪级盛宴。结果看到的却是一场"轻食秀"。

广东同行向外邦师傅展现的是，用家常菜演绎的、营养丰富的、健康美味的一桌酒席，令外邦师傅感慨万端。粤港两地在粤菜的升级转型中，坚持高质量的烹调、高质量的服务，却不奢侈浪费。一场宴席，给顾客带来轻盈、清爽、绿色、和谐的崭新风貌。

在许多新派粤菜餐厅里，粤港两地的师傅都坚持一个"升级"新观念：光给顾客带来新鲜感是不够的，必须给顾客带来亲切感

◎櫻花虾葱油稻庭冷面（徐博馆）

和精致感。

　　一位四川记者在广州考察了粤菜升级表现后，总结如下：

　　核心菜品的表现一定要优质；

　　给顾客从"物有所值"到"物超所值"的惊喜；

　　用科技的力量激发出优质食材所隐藏的风味。

　　他向我们讲述了粤菜白灼虾仁的例子。由于运用急冻技术，
九齿扇贝虾会变得肉质丰满，呈半透明状，口感脆，味道爽，整

◎高汤煎面焗龙虾（渔民新村）

只虾渗透着鲜甜。这样的优质虾，无须作太多的加工，采用白焯、低温慢煎的烹法，鲜虾就更为清甜。他深有体会地说，粤港在烹饪技术上的"升级"，注重在精细、精致上下功夫。比如咖啡牛排这个新派菜，粤菜的做法就是用优质的香料咖啡汁把牛肉浸透，使咀嚼牛肉时有淡淡的咖啡香，还需要用高质量的咖啡设备保证咖啡的最佳用量，从而突出咖啡的甜，弱化咖啡的苦。烹制完成后，搭配咖啡汁蘸料，与浸料的味道呼应，层次感十足。

粤港澳的餐饮同行，一直信守这样的观念：高质量的饮食，不仅要果腹，更要吃得有滋有味，吃得心满意足。所以他们都注重气氛的营造，构筑粤菜升级的新场景。

许多葡萄酒丰沛的果香与雅致的单宁成为绝配，以致回味深长，余韵绵绵。侍酒师把葡萄酒配以七味烤羊排，新鲜可口，调性相符，此间，服务员呈上由百年古茶树出产的熟普，使顾客得到惬意满足。把美酒、美食和靓茶相融合，饮食文化遂有了更丰富、更高雅的品鉴内容。

引领广州海鲜潮流30年

以港式经营风格立足于广州的南海渔村，曾带动广州的"海鲜潮"，以其30年历史书写了"食在广州"的新篇章。

1986年第一家南海渔村开在环市路上，里面有排列整齐、氧泡不绝的玻璃水族箱，装着悠然戏水的各种鲜活海产，鱼、虾、蟹、鳝、贝等。餐厅率先引入日式海鲜刺身，此举惊艳广州。1991年，"南海渔村"流花湖店开业，这家餐厅占据着流花湖公园东北角，成为广州最大、最具代表性的海鲜园林餐厅。南海渔村当年风头无二，曾是外国政要、各界精英及从外地到访广州高端游客的聚集点。

2015年，广州市林业和园林绿化工程建设中心投资近3000万元对流花湖公园园区进行总体提升，对不合规范的餐饮点进行整改。白宫、流花粥城、观鹭台等先后撤场。南海渔村流花湖店亦于2018年5月暂时停业。2019年12月复业并更名为"南海渔村孔雀楼"，旨在打造"城市中的渔村"，展示国际化食材。结果久负盛名，增设了17个河鲜海鲜池、6个

时令特产展示区，各式新鲜食材琳琅满目。

早在 2008 年，南海渔村在珠江新城中轴线、饱览江景的信合大厦楼顶开设"空中一号"，开始向东拓展版图。后来的"徐博馆""二沙 1 号"均在广州新兴的文旅轴线上设店。其中"徐博馆"是以"春苗夏花，秋果冬根"为食材而定位的养生粤菜食肆。

2018 年 3 月，南海渔村全新品牌"小蟹哥 crabbrother"，成为广州第一间食蟹专门店，主打阿拉斯加深海蟹、澳洲水晶蟹、松叶蟹等多种进口海蟹，拥有全广州最大的蟹池，可容纳近 1500 千克蟹。这里以日料为主，使用隔空电磁炉纸火锅。这种火锅是新科技，不见明火，却热力沸腾，瞬间蟹熟菜香。在餐桌"蟹"字的位置，摆放一个竹篮，篮里垫着火锅纸，纸里盛着黄金贝汤，汤底放着一块电磁感应加热的金属圆板，接通电源后，汤水很快沸腾，随意涮煮。

南海渔村的招牌菜包括 4 种：

五谷杂粮浓汤堂灼菲律宾东星斑。将 8 千克的东星斑起出双飞片，堂灼是晒货手段，东星斑优劣立判。油润微稠的五谷杂粮浓汤与爽实的东星斑鱼肉搭配，可口美味。

老黄瓜瑶柱炖翅群。老黄瓜清热解燥、滋阴生津。鲜美的汤水，滋味蕴藏着传统的火候和足料的食材。

酸汤灼深海龙趸。新派粤菜中导入肴馔的酸汤约有 4 种：一是番茄酸甜汤，二是潮汕咸酸菜汤，三是贵州木姜子酸辣汤，四是青柠檬汁、黄灯笼辣椒汁、玉米汁、鸡汤调校的酸汤。南海渔村采用第 4 种酸汤，微鲜微辣，汤汁金黄，鱼片鲜滑。酸汤宜与海产品搭配，味鲜而不腥。

柚子汁牛肉骨。日本柚子汁用特殊配方调制，酸中带有蜂蜜的香甜。牛肉骨选用安格斯牛肉骨，稍大火煎香外表，锁住肉汁，避免鲜味流失、汁液流失。

扫一扫，更精彩

做鱼生起家获『米』最多的粤菜餐厅

鱼生，开启了一间粤菜食肆的传奇。

不知从什么时候开始，广州人吃顺德鱼生再不用专程奔往顺德，羊城老饕公认"吃鱼生，去炳胜"。除了鱼生，炳胜还凭借烧鹅挤进了广州新中轴线。在珠江新城，大量新广州人的社交饭圈，还有一种说法就是"去炳胜，吃烧鹅"。

1997—1998 年，炳胜逐步红火起来，海印总店一直在扩张：从 86 米² 到 200 米²，再到 375 米²，到 2004 年发展为 5000 米²。但不管怎么扩张，依然需要等位就餐。从 2002 年开始，炳胜开始向其他区扩张，到天河石牌开店。2009 年，炳胜用数千万元在珠江新城打造了一间全新的炳胜旗舰店。自 1996 年创业至今，炳胜已经拥有"炳胜品味""炳胜私厨""炳胜公馆""禅意茶素""小炳胜""金矿食唱" 6 个品牌。2019 年，是炳胜的"米其林年"，"炳胜公馆""炳胜私厨"荣获米其林一星；"炳胜品味"荣获米其林餐盘奖，炳胜成为广州一年里收获米其林奖项最多的粤菜餐厅。

诞生于 1996 年 8 月 8 日的炳胜，当时仅是一间

占地 86 米 ²、路边摆 10 张台的小店，蜷缩于海珠区海印桥边的蓝海印俱乐部的一角，连大排档都算不上。之所以起名炳胜是因为创始人卢润炳人称"阿炳"，在海印一带比较出名，人脉较广，无人敢欺。这一点对创业初始的小餐馆非常重要。炳胜的另一位创始人，是来自广东清远的曹嗣标，阿炳的妻弟。

炳胜在起步阶段，生意甚差，近乎倒闭。卢润炳、曹嗣标看到周边的餐馆非常火爆，潜心钻研，并决定从鱼生做起。炳胜鱼生，长盛不衰的原因是把握了 4 个关键步骤：一是鱼的本质，用山泉水储养 45 天以上，使鱼健康有原味；二是放血，经过特殊技巧的处理，腥味辟除无遗，进一步突出鱼质之鲜美；三是刀工的讲究，薄如蝉翼，透明爽嫩；四是入口冰爽，首创冰盘盛载鱼生片，让薄鱼肉片在低温下为唇舌带来畅快愉悦之感。

炳胜集团董事长兼总裁曹嗣标说："炳胜是朝着百年企业的方向发展的。所以，我希望炳胜能成为陪伴广州人成长的闪光点。因此，在品牌定位的设置上，不同品牌针对的是不同年龄段的客人，可谓老、中、青都兼顾。'小炳胜'对应的是年轻人，小年轻追求的就是平、靓、正、快、时尚；当年轻人慢慢成长起来，有了一定阅历和社会经验，那么，'炳胜品味'对他们来说就最适合不过了，能让人从菜品中品味到人生的酸、甜、苦、辣；当年轻人经历过摸爬滚打，有一定成就时，'炳胜私厨''炳胜公馆'就是他们的饭堂。"

炳胜名菜有 4 种：

灌汤烧鹅：突破传统的鹅腔腌抹填料法，首创灌汤烧鹅，是广州名菜大PK评选活动之"最好食烧鹅"十强之一。将秘制酱料、料酒和高汤灌入鹅的内膛,然后缝肚。烧制时,汤在内膛翻滚,香味散发到鹅全身,鹅的肉汁混合在汤汁中,吃起来肉更嫩汁更鲜。鹅要选用不上棚的草鹅,养殖时间要达到120天。不上棚可以保证烧鹅不肥,且由于日龄长,肉香得到了保证,更易入味。灌汤烧鹅的鹅皮香脆、肉质鲜嫩兼多汁、味香浓、色均匀。针对烧鹅在空调环境下15分钟后鹅汁油遇冷变得腻口,炳胜为烧鹅配置了持续保温的燃烛陶瓷炉盘。

◎胡椒清汤鲟龙鱼筋(炳胜)

炳胜叉烧:有"黑叉"和"脆叉"之分。秘制黑叉烧是对传统蜜汁叉烧的做法的改良及创新,厨师们经过足足8个月的试验,终于发现肥而不腻、鲜嫩爽口的秘密,该菜品在广州(国际)美食节名菜名点评比中获得"特金奖"殊荣。秘制脆皮叉烧诞生于2000年,是广州(国际)美食节"名牌美食"之一,金黄色的外衣内,包裹着嫩白的三层花腩,像嫩白美人披着金黄色的花衣一样。

冷水猪肚:原为广东韶关市武江区龙归镇的特色传统名菜,是炳胜的"四大美人"之一,被评为广州(国际)美食节的"名牌美食"。选用新鲜不注水的猪肚,爽口弹牙,配以葱香味浓的红葱头及花生伴食,增加了菜式的香度。

白切荔枝鸡:以原味新鲜受到大众喜爱,2012年荣获广州"十大名鸡"之一,皮爽肉滑,鸡肉紧实恰好,口感丰富。

扫一扫,更精彩

从边缘陪衬到掀起都市『茶楼热』

从前，广州的茶市经营，在酒家酒楼中被叫作"二奶仔"。因为茶市不赚钱，只是饭市的陪衬。2012年，全日直落无休的广式茶楼点都德在广州龙津中路开业。没想到一开业就人气爆棚，全天候热闹。酒家老板如梦初醒，茶市竟然也能赚钱。于是引发了后来的"茶楼热"。

在广州，全日制供应广式茶点的茶楼截至2020年3月达到105间，而在2012年仍屈指可数。

络绎不绝的茶客，已不再局限于"茶钉"。这个"茶钉"，是酒楼对长期固定在同一间酒家茶楼、同一张桌子、同一个座位的忠实茶客的别称。过去，细心的店家通常会考虑"茶钉"的感受，会保护他们的"领土"不被抢位侵占，否则"茶钉"们全天身心不畅。

如今，新开的茶市点心种类已可满足大家的口味偏好，更多的广州新生代和五湖四海的新广州人把茶楼当成了社交客厅，邀约人数随意，消费预算仅为饭市的七成甚至两三成，应酬成本可控，"埋单"（粤语，意为买单）方式自由，甚至在茶楼茶市采用"AA制"——平均分摊餐费的客人比酒楼酒家饭市的多得多。

点都德的特点是场大位多，点心限量。动辄800~1000个餐位，是广州同类茶楼的四五倍，而点心单供应蒸渌、煎炸、烘烙、炆煲的品种却只有80多款，其中2/3的点心为销量前列的点心，1/3的点心属于研发的当季点心。店家清晰了解餐饮消费的群聚性，掌握市场投资的洼地效应，至2020年已经在广州、上海、深圳、南京、珠海、佛山、阳江等地拥有50多家直营门店。全天候茶市直落，坚持古法技艺，以全手工制作引领点心风尚，以非物质文化遗产保育单位的要求自律约束，致力于传承老广州饮茶文化。在装饰上以镂金窗格、青砖白缝、牡丹吊顶、满洲窗花、卡位圆台为特征，再配上饮茶漫画，营造广式叹茶氛围。

2017年，点都德的升级版"毕德寮"在广州天河珠江新城开张。这是广州星级版的新茶寮，环境时尚简约典雅，250个餐位错落有致，没有点都德茶市那样的人声鼎沸。在必点热销的虾饺上，采用"下单定制"的方式，提供4项烹调方式、3种饺皮颜色、3款不同口味、4类馅料配菜，组合而成的144款定制虾饺。这是依照"即点即包即蒸"的标准而设计的个性化点心。

"点都德"的粤语谐音意思是"干什么都行"；"毕德寮"的

粤语谐音意思是"不得了"。背后掌舵人沈志辉将粤菜点心演绎得出神入化，成为市民追捧、行家学习甚至模仿的典范。成功的秘诀除了出品的创新，模式的创新是核心所在。沈志辉曾私下透露过："我有空会玩电子游戏，买的是最潮的设备。"电玩未必丧志，擅于把握攻略并将其领悟转化，电玩就会成为广式茶楼生意场上激发灵感和创意的工具。

点都德老板沈家祖籍广州市白云区，是饮食世家。沈志辉的爷爷早在民国时就已经营酒楼"德香楼"。沈志辉父亲为广东餐饮名人沈振伦，母亲曹玉维，两夫妇从第一家"豪贤饭店"到"南国酒家""东兴顺"，一路打拼。沈志辉从小耳濡目染，对饮食有一种天生的敏感和痴迷。2006 年，他大学毕业那天，父亲问他："辉仔，毕业后回广州想做什么？"他毫不犹豫地说："爸，我回广州跟你做饮食。"

2010 年沈振伦把两本房产证交给儿子，让他重新打造一家粤式茶楼，振兴广式点心。沈志辉有着自己的想法：创立全天候茶市的点心茶楼，继承传统又要突破传统。

沈志辉属于"海归"一代，生于 1984 年，到国外读本科，2006 年毕业归来，开过奶茶档和快捷酒店。他认为：茶楼文化与酒楼文化有很大不同。在过去，茶楼与酒楼是有严格区分的，经营的重点不同。如今，两者已没有明确界限，但对于地道"老广"来说，在消费习惯上还是有所不同：上茶楼，消费压力小，多是亲朋好友闲话家常，时间允许的话，可以一坐就坐上半天，体现的是生活的休闲；上酒楼，喝酒更有气氛，以朋友聚会或商务应酬居多。"一盅两件"是广州饮食文化的精髓，他希望将它百分百地移植到广东省外，做到无差异化。同时，坚持点心必须由店里师傅亲手制作，绝不假手于工场配送。他发现：在深圳这个生活节奏很快的移民城市，消费者没有太多时间去叹"一盅两件"。但奇怪的是，他们愿意去等位，点都德深圳店的火爆程度比广州

◎点都德出品总监：黄光明

店更厉害，可见他们对茶楼文化是何等渴望。

强调手工现场制作的 50 多间点都德，有多少位点心师？3000 多位。怎么指挥这支大军，沈志辉用了一个人，他就是出品总监、"南粤厨王"黄光明。黄光明管理着各地各店 3000 多名点心师，他们协同合作，手工制作，才能满足全天直落茶市的点心需求。

点都德的名点心：

金莎海虾红米肠：加入了红曲米的米浆，丰富了广式拉肠的视觉效果，亦成为茶客拍照晒图的热门点心。软糯的红米肠里包裹着酥炸的鲜虾丝网卷，外层红亮、中层金黄、里层洁白，搭配豉油与花生酱，吃起来则外光滑、中酥脆、里爽弹，口感层次丰富细腻。

金牌虾饺皇：弯梳型十三褶的半透明饺皮吹弹可破，鲜甜虾仁若隐若现，咬下去滑润弹牙，美味的馅汁鲜而不腻。

金牌靓油条：炸发成品体量相当于普通油条的2倍。"豆角泡，棺材头，菊花芯，丝瓜络"，油炸需功夫和时间因而食客应尽量不要催促加单。纯手工不断打制面团，每一根油条如手臂般粗壮，入口时仍带着刚刚炸起的热度，外脆内软，几乎是每一张茶桌必点的小吃，又被称作"今日头条"。

特色蒸鲜排骨：选材上一改之前的冷冻肉排，限定选用新鲜猪肋排，酱汁调校得到位，微咸有鲜，惹味带甜，放入香芋一起蒸制，鲜而不腻。

日式青芥三文鱼挞：将日式食材与广式点心巧妙结合的创新点心。上层芝士，内馅沙律混合三文鱼，夹杂着淡淡的芥末味道，底部是酥脆的蛋挞，将蛋挞的奶香味和三文鱼的鲜味、青芥的辣味融合在一起，口感层次丰富。

以『啫啫』体现粤菜极致火候

"广州的啫啫煲起源于大排档，最初是为深夜食客提供快捷的美味菜肴。如今，惠食佳已将这款大排档菜式打造成高档粤菜。厨师为严控火候，甚至会计算厨房到餐桌的距离。啫啫煲端上桌时，吱吱作响，开盖后香气氤氲，是烟火气的幸福感。"

以上是粤式啫啫煲风行八方的历史说明，也是大众点评网"黑珍珠餐厅指南"向广州惠食佳颁发"一钻"等级时所给予的评价。

惠食佳创于 1992 年，地点在西关，是一间 58 平方米的大排档，有 8 位员工。

至 2020 年，惠食佳已成为广州、上海著名粤菜餐厅。它旗下拥有"惠食佳""上海名豪""上海朱雀茶室""惠食佳啫八""流水古巷"等店号。2016 年惠食佳上海店被选为米其林推介餐厅。2019 年"惠食佳滨江大公馆"入选《2019 广州米其林指南》一星餐厅，评价是："店内以啫啫系列闻名，其中生啫大黄鳝大受欢迎；招牌菜椒盐富贵虾外脆内嫩，味道鲜甜"。

"关于火候，广东菜中有更极致的例子'啫啫煲'。追求食物的新鲜生嫩，猛火急攻，尽可能缩短烹饪时

294

间。不仅如此，厨师还要根据餐桌与炉灶的距离，调整火力和'抄起'沙煲的时机，奔跑的过程，烹饪仍在继续。如果这是一出戏，只有大幕拉起，也就是享用的那刻，食物才完美亮相。"这是央视纪录片《舌尖上的中国》第二季《心传》里面，为广大观众展现"啫"声溢屏的画面和文字。

惠食佳从广州西关龙津路开始，一直坚持传统粤菜。28年来，通过不断发掘、改良和创新，完善着啫啫系列。掌门人伍超亮特别喜欢研读旧菜谱和美食典故，他认为："旧菜谱和美食典故，是惠食佳传承传统文化的资源，传统粤菜为'食在广州'赢得了世界赞誉，做出不朽的贡献。惠食佳团队非常珍惜每一次学习、研讨机会，每一款经典菜的重现，都经历过无数次的试验。"

1996年，惠食佳专门研究"啫啫"用的煲，普通煲高10厘米，惠食佳的煲矮了2.5厘米，内高只有7.5厘米；煲底平正，与普通砂煲的微圆凹底相比，受热更均匀。惠食佳"啫啫煲"变浅了，热能更集中，成熟更快，也节省了燃料。

惠食佳的名菜：

生啫黄鳝煲：这是惠食佳的首创菜式，也是镇店之宝。特点是爽脆惹味，火候达到极致。制作秘籍有四大招：第一招，计算起炉至餐桌的距离而控制火候；第二招，仅铺一层鳝段，受热均匀，用秘汁芡浇淋，两葱一蒜；第三招，订制啫煲，即使用铁线箍煲，使用次数也有限，每天啫裂几百只瓦煲而废弃；第四招，入厨10年的厨师才能晋升为"啫神"。

椒盐富贵虾：始创于1992年，外脆里嫩，鲜香带辣，手臂粗般的泰国巴东濑尿虾，俗名不好听，便改为"富贵虾"。

扫一扫，更精彩

客家人历来有入仕的理想。随着更多的客家人步入仕途，抚慰乡愁的客家菜便盛行起来。2010 年前后，传统客家菜在广州成行成市，之后式微。到 2013

年，客家菜换了一番新姿态重新登场。吃客家菜的群体从中老年客家人扩展到非客籍年轻人，从前"土得掉渣儿"的传统客家菜变得时尚潮流起来。在这股潮流里，"客语"脱颖而出，成为新锐客家菜的代表。2020 年 4 月，"大众点评"显示，"客语"在广州有 12 间，在深圳、珠海、东莞、佛山、中山、江门、惠州等有 25 间连锁店，均开在人流量大的商业广场。

灯光的明暗对比，空间分隔相对私密，既有客家文化气息又有潮流小资情调的布局，符合年轻人群选择新锐客家菜作社交餐饮的定位。从商标设计到餐厅环境的布置，再到菜品的包装，通过一系列精心打造的视觉系统，向年轻人传递时尚符号，让客家菜以崭新姿态取代乡土形象。

"客语"源于 2003 年成立的广州恒信客家王饮食发展有限公司，其于 2013 年将客家菜往"快时尚餐厅"方向打造。其创始

用『轻巧美』重塑客家概念

人许可鹏对"客语"的经营策略，融入了自己对客家菜的观察。他认为："恒信客家王代表的是客家菜的传统形象，而'客语'这个品牌，为的是在不失客家菜传统的基础上，找到一个令年轻人不再觉得客家菜太土的突破口。所以这个品牌，注重'语'字，就是语言、文化，着重在概念上开始洗脱传统客家菜的印象。"

"客家菜的商场版，菜分量变小，消费没压力，频密赚碎钱，流水毛利够。"这是行内人士对"客语"的评价，仅有情调而没有定价奇招是不行的，"客语"一开始就"因价就量"，从年轻食客群体"有限钱、常外吃"的角度考虑，推出后来被业内同行认可、被"商场铺"借鉴并大行其道的半例菜、小份菜，减量不减质，摆盘须精致。这个方法果然赢得口碑，得到年轻食客长期排队等位的效果。

追求产品相对标准化，却坚决不搞中央厨房。"客语"董事长许可鹏说道："很多人问我，'客语'的中央厨房在哪里？我说，在大山里！"在他眼里，客家菜有诸多优势，应跻身第九大菜系。

"客语"名菜如下。

客语土猪汤：先喝汤，再吃饭，原汁原味，慢火蒸制，是来自梅州乡下的土猪与农夫山泉水的完美组合。不隔餐，不隔夜，新鲜到餐桌，全程专人专做，只放盐和白胡椒，一口原汁原味的土猪汤，回归久违的土猪味。

古法手撕盐焗鸡：客家人的头牌菜，咸香鲜嫩，骨头都有味。客家古法，盐焗烹饪，每一只鸡都是新鲜现做。表皮细腻爽滑，肉嫩多汁而富有弹性，连骨头也咸香入味，新鲜鸡的美味彰显无遗。

客家酿豆腐："芳龄十八"的豆腐，又白又嫩，新鲜现做。客家山区的黄豆，配以万绿湖的水，加上传统制作豆腐的工艺，保证了豆腐的豆香浓郁、嫩滑可口。

扫一扫，更精彩

叔

鱼腥草

炒黄豆

生抽

香茅草

芥末

姜丝

腌蒜片

葱白丝

自榨花生油

泡鱼片

6. 过一遍花生油

7. 准备配料蘸料

航母体量的海鲜『联合国』

改革开放以来，广东的餐饮集团专注于演绎新派粤菜，坚持岭南风格，追求创新，烹饪手法不拘一格，构筑起一个绚丽多彩的饮食世界。

一些集团式经营粤菜的餐厅，因为餐饮规模宏大，产生集聚效应。如广州东江集团有几十家分店，在坊间形成口碑："吃海鲜，到东江！"

它旗下的渔民新村，是经营鲜活海鲜的"航母"。正是集团式经营，才使渔民新村筹集重金，一举成为经营海鲜的"巨无霸"。在这里，"没有哪只海鲜能活着游出去"。东江集团属下的每家酒楼，都自带巨无霸体量的海鲜池，俨然一个航母级别的海鲜超市。番禺的渔民新村，海鲜池内有数百种海鲜，成本价值以数百万计。客人来这里可谓大开眼界，能见到闻所未闻的大小海洋鱼类及贝类。光是龙虾就有多个品种，蟹更是不下10种，其中，波士顿龙虾、阿拉斯加帝王蟹都是成吨进货。由于量大、周转迅速，其价格自然有优势。为此，渔民新村的帝王蟹一度成为广州最便宜的长脚蟹。东江集团招牌菜——避风塘炒蟹，把巨蟹降服于满天飞舞的"金蒜黄沙"之中，巨蟹在一锅油里慢火浸炸，蟹外壳

◎咖喱皇炒蟹（渔民新村）

金黄酥香，而里面的蟹肉丝毫不干，依然细腻嫩滑，体现出非常接地气的新派广式海鲜风格。招牌菜还有招积蒸龙趸、高汤煎面焗龙虾、非一般糯米炒蟹、原只番茄煮鲜鲍等。

东江集团旗下的东江海鲜酒家，早在约 2000 年前就率先将超市模式引入酒楼，实行海鲜点菜超市化。其特点是一大、二多、三平。大是海鲜池大，如同水族馆，可支撑百人同时点菜；多是海鲜品种多，从名贵的东星斑、帝王蟹、澳洲龙虾到一般的小鱼、小贝类都有，明码实价，还标上烹法让客人选择；平是因为进货量大，成活率高，成本降低，所以海鲜价格平过一般海鲜市场。为了确保海鲜新鲜，东江集团专门设立物流中心（当时物流尚不发达），在黄沙海鲜批发市场设立中转站，专门配车队运送海鲜，实行采购运输一条龙。东江海鲜酒家的烹饪也丰富多样，为了吸引客人，店家还从香港请师傅来专门制作"避风塘菜"。

东江海鲜酒家的招牌菜有清蒸东星斑、避风塘炒虾姑、避风塘炒阿拉斯加帝王蟹、芝士焗加州龙虾等。

这样的海鲜超市，给酒家平添了活力，引发了一股吃生猛海鲜的旋风。东江海鲜酒家也因此门庭若市，人山人海。

扫一扫，更精彩

潮汕『渔栏』登堂入室显气派

近几年，广州崛起最快的潮菜连锁店要数海门鱼仔。它成立于 2007 年，如今已有 8 家分店，成为广州比较有影响力的餐饮集团。

"鱼仔"二字来自潮汕地区独有的鱼仔档食肆，有最具潮汕本色、最民间、最日常的含意。它的店面都非常开阔，是体现式设计：在入门最抢眼处摆放潮汕式大排档，广州人叫"鱼栏"，上面陈列来自潮汕的最新鲜海鱼，场面蔚为壮观，来什么货卖什么货，每天不固定。店里不设菜单，点菜全部按大排档样式：客人一个个排着队等服务员过来带路，然后看见什么点什么，哪个新鲜要哪个，整个过程充满惊喜。客人一边指指点点，还一边告知服务员烹饪方式，一切都显得那么新颖、别致。

鱼栏上陈列的，除了冰鲜海产，还有各种潮汕粿品、琳琅满目的咸杂，另设卤水档。最抢眼的是"生腌"菜式。潮汕一般人家都不做"生腌"，因为它对海鲜的新鲜度要求太高了。海门鱼仔敢做，是因为其背后有庞大的渔业产业链。

海门鱼仔的海鲜全部来自汕头海门渔港，这是"海门"二字的来源。这样的远程供货得益于集团式的经营，具有雄厚的资本，以及一定的规模，才做得到最新鲜食材的广销地直线运达。除了成本可控，还得有保证冰鲜质量的完善配送系统。因此海门鱼仔能将潮汕地区正宗的生腌海鲜原汁原味地带到广州。

海门鱼仔的大厅，似一望无际。不过环境布置却非常用心：横竖交错，采用的是小格局、多变化的摆桌方式，充满了"交流无障碍，抒怀任自由"的温馨氛围，显示出新派粤式酒楼的活力，被媒体称为"杂而不俗，鲜而不腥"的"有品位的大排档"。

海门鱼仔的名菜有海门招牌含花甲，生腌虾姑，生腌螃蟹等。

被评为广州地标美食的菜式是"海门招牌含花甲"。花甲本是粤菜中最便宜的海鲜，它的入选，足见新派粤菜的平民化特点及大众的认可度。

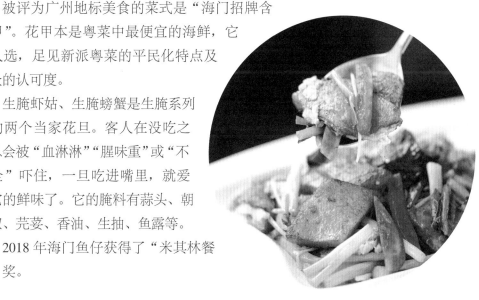

生腌虾姑、生腌螃蟹是生腌系列里的两个当家花旦。客人在没吃之前总会被"血淋淋""腥味重"或"不安全"吓住，一旦吃进嘴里，就爱上它的鲜味了。它的腌料有蒜头、朝天椒、芫荽、香油、生抽、鱼露等。

2018年海门鱼仔获得了"米其林餐盘"奖。

星级享受：白天鹅宾馆的『葵花鸡』

　　"米其林"刚进入中国时多少有些"水土不服"。餐饮界普遍认为它不接地气，不如"大众点评"的"黑珍珠餐厅指南"。

　　获得广州"黑珍珠餐厅指南"三钻、米其林一星的广州白天鹅宾馆玉堂春暖餐厅，被评价为"既有传统广府功夫菜，又有创新融合菜，如葵花鸡、卤水掌翼。""必试菜式有每天由百万葵园送到的新鲜白切葵花鸡，皮爽、肉滑且口感鲜香。"

　　一致好评的"白切葵花鸡"，既是粤菜打卡刷屏的网红鸡，又是广州最受欢迎的白切鸡。

　　2003年10月，时任白天鹅宾馆常务副总经理的彭树挺读报得知：番禺南沙有一农场，种植了大量的夏威夷木瓜，卖价比广州市面便宜得多。他立刻让宾馆的采购员去探究虚实。结果，不仅找到了品质好、价钱又便宜的夏威夷木瓜，还带回来一只葵花鸡。彭树挺一试，发现意外惊喜："这只葵花鸡不但有很鲜的鸡味，而且皮下脂肪很少，皮脆肉滑，非同凡响。"于是马上安排厨师们去实地考察饲养环境与饲养过程。

　　这个农场，就是南沙百万葵园。这里大面积种植向日葵，将观光、旅游、养殖、种植结合起来，葵花多，葵花籽自然多。葵园园主谭剑兴灵机一动，想到用葵花籽养鸡，葵花鸡就是这样来的。之后有研究发现，这种吃葵花籽长大的鸡，皮脆肉滑，鸡味浓郁，维生素E含量比普通鸡高10倍以上。

白天鹅宾馆由此与百万葵园合作。葵花鸡很快成为广州一只叫得响、吃得开的顶级名鸡。

如今的白天鹅宾馆副总经理余立富回忆："当年香港特首董建华和夫人吃过后，提出把鸡打包，带回香港与家人分享。董特首还专门让香港礼宾府的师傅上门交流。后来'白切葵花鸡'也成了香港礼宾府的宴请专用鸡。"

荣获广东省直（属）企业"十大工匠"称号的白天鹅宾馆行政总厨梁健宇，善于领悟葵花鸡的粤菜文化基因。2018年新春，他创制了一款"捞起葵花鸡"的意头菜，绕开广府人在春节佳期忌谈"白切""白斩"的字眼，将葵花鸡切条，与北极贝条、已腌蒸并冻切的葵花鸡肝相伴，撒上黑松露片，瞬间带来另一番香滑美味的鸡馔，同时此菜名更象征"捞鸡，搞掂，百事皆顺"的吉祥喻义。

白天鹅宾馆的名菜如下。

白切葵花鸡：这道菜怎么吃？首先要舔"鸡啫喱"。葵花鸡的啫喱，在室温下渐渐软融而成为汁油，丰富口舌品鉴的层次感。粤菜的白切鸡，经过后续过冷工艺，在皮与肉之间形成一层半透明状、凝胶质的"鸡啫喱"，它是鸡的渗出油脂和渗出肉汁在低温下凝结的物质。有此"鸡啫喱"，说明鸡已含汤汁并充分饱和。好吃的白切葵花鸡，少不了鸡啫喱，而带着葵花清香的"鸡啫喱"更为稀罕。由此派生的"葵花鸡粥"，

充分利用鸡之精髓，呈现葵花鸡本来的黄色，行话称为"出晒黄油"。此鸡粥鲜甜，鸡件滑嫩。

即点即烧伊比利亚黑毛猪叉烧：这是明炉美食，上桌前已为成品。用 54 度的天津老字号玫瑰露酒，燃起瓷盘里的海盐，酒盐香气遇上火焰，在叉烧上形成焦黑的小点，行内人称之为"叉鸡"。创制此菜的黄伟超是"广式烧腊二代"，他承继白天鹅宾馆烧腊开山鼻祖——黄祖（黄伟超父亲）的手艺，叉烧肉质润而不柴，香口好味，嚼有余韵。"叉鸡"，是靓品叉烧的标志之一，很多老饕厨神也未必了解其中的奥妙。顺德美食家廖锡祥在《寻味顺德》里特别提及："出炉后的叉烧香喷喷，肥肉爽而不腻，瘦肉甘香而不柴，每串叉烧几乎都带有两颗指甲大的焦黑'叉'。别小觑这颗'叉鸡'，它显示火候恰当，用料纯正而均匀，仿佛清代官员帽顶上的花翎能够证明此官的身份一样，足以证明此乃货真价实的传统叉烧。"

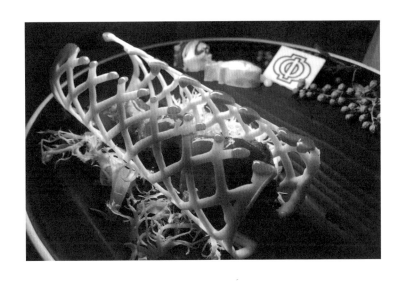

「扬帆满载」：演绎「中酒」35载传奇

　　"扬帆满载"是一道菜名。2019年4月，广州中国大酒店（简称"中酒"）以"缔35载餐饮传奇，品70道粤菜风味"为主题庆祝创店35周年，陆续推出70道经典粤菜。由中餐行政总厨、"粤菜师傅"工程名厨徐锦辉主理，以年代为界，精心呈现一系列蕴藏时代故事、深受欢迎的粤式美馔，供食客品鉴和怀旧。

　　70道菜带我们重温中酒的成长岁月。

　　早在20世纪80年代，改革开放为粤菜发展提供了历史机遇，港厨走遍南粤大地，带来了精细的烹饪技术、创新的

食材和科学的管理方式，引领粤菜改革创新。避风塘炒蟹的港式风味，格兰酿响螺繁复精细的制作技艺；果汁猪扒汁酱的创意，均体现着当年"港厨"对传统粤菜的推陈出新。

20世纪90年代经济腾飞，粤菜迎来辉煌时代。在经济发达的珠江三角洲地区，赚到第一桶金的广东人带动了粤菜的高端消费。诸如"鱼翅捞饭""红烧鲍鱼""佛跳墙"等经典名菜轮番上阵。这些名菜食材矜贵，雕花摆盘，配合金银器皿，每一道菜都是碟上的艺术品，以显示客人尊贵的身份，体现宴席的排场阵势。

千禧年之后，健康养生的理念越来越普及，粤菜老饕们开始抛弃大鱼大肉，崇尚养生，讲求饮食的营养价值，重视食材的新鲜和原汁原味，口味回归清淡，搭配注重营养均衡。"荷花宴""养生宴""茶宴"等特色宴席在星级酒店流行开来。

中酒名菜如下。

沙姜海蜇捞封开杏花鸡：广东四大名鸡之一的封开杏花鸡，肉质良好，鸡身皮下脂肪均匀，口感不肥腻，借鉴顺德捞起的做法，加以创新，用多种配料搭配鸡肉，口感更加丰富。"捞起"的做法，在岭南文化里有风生水起的美好寓意，是宴席上不可缺少的意头菜。

扬帆满载：典型的中西合璧做法，摆盘讲究，鳕鱼块用中式酥炸的方式盛放在用白巧克力制成的"渔网"里。香炸鱼块浇上殷红的酸甜热汁，白巧克力笼子寓意猪笼入水，遇热张开。这一道菜寓意扬帆远航，满载而归。上桌后，浇上融合了湘川风味的热汁，融化的巧克力慢慢散开，让人体会到捕鱼丰收的喜悦，颇有仪式感。

状元红蒸富贵鱼：状元红酒香馥郁芬芳，酒味甘香醇厚。把酒混入蛋液中，蒸出来的鱼鲜爽嫩滑，口腔里回荡着酒的芳香。

胭脂红番石榴慕斯：神来之合，忌廉芝士与番石榴汁的精妙"联姻"，作为粤菜筵席的单尾甜品，比普通的糖水高贵且赏心悦目。

308

新派创新名点：
『融会东西』吸引新生代

中国粤菜故事

2010 年之后，粤式点心（简称"粤点"）开始在同质化的激烈竞争中，谋求新一轮变革。

不少点心师四处观摩，碰到靓点心即虚心学习。随着"烘焙热"进入千家万户，点心界把西点烘焙及蛋糕专门店的成品形象、色彩搭配，用到粤点创新上来，于是创制出多款吸引新生代眼球的粤点和小吃。

大量"80 后""90 后""00 后"的新食客，从小受到超市食品的熏染，味蕾偏爱香精，变为"超市一代"。复合味、日韩味、西洋味成为他们欣赏创新粤点的标准。

前段时间，有些酒楼把虾饺变成黑色，炒饭弄作"蜂窝煤"状，令一些粤点老师傅气愤不已，拍案训斥。这些颠覆传统色、形、相的创新粤点，虽然未在行业里引起共鸣，但是十分受终端的新生代食客群体的喜爱。或许，叛逆求变的不仅是年轻点心师，茶楼酒家的茶市点心单也经常调整，在传统与创新、老客与年轻人之间左右摇摆。因而，一般把创新粤点的品种和数量比例控制在 20%~25%。当然，破局者更是一步到位，直接冲击传统粤点，就像"蔡澜港式点心专门店"的"酥皮山楂叉烧包""青姜蓉鸡肉拌饭""竹叶糯米鸡""抹茶杏汁炸脆汤圆"等，赢得满堂喝彩，排队等位的现象也一直存在。

　　新派名点如下。

　　虾饺巨无霸：俗称"虾饺皇"，体形略大于乒乓球，细数有七八只鲜虾做馅料，体形和饺皮的厚度等于3只传统虾饺。由于要迁就食客"饺形要大、馅料要原只大虾"的偏好，加上匍匐才能蹲稳，这款虾饺皇把"薄皮弯梳饺"的传统形状变为"厚皮屁股饺"。虾饺皇是肥胖翘臀的"屁股饺"卖相造型，甚至使用齿剪或直剪修剪虾饺的边缘，这已成为2010年以后粤点行业的新常态，此举也遭到粤点老师傅的批评。"显褶翘边挺臀"是"弯梳虾饺"的传统包法，原来"弯梳"成形的手势在于最后一道工序，用右手掌的大鱼际部位轻压饺唇，使其弯梳并上翘。"薄皮弯梳饺"具有选材和技术的合理性。当年选用珠江流域野生河虾的虾仁，鲜甜爽口，大小如孩童的尾指，澄面拍皮而成的薄皮既容易让虾饺煮熟，又能呈现半透明的美感，嫣红的虾仁若隐若现。近年普及成风的"屁股饺"选用的是大虾仁，大小如成人的大拇指，鲜味和脆质虽不及河虾仁，但大虾具有"唚唚是肉"的口感，备受食客追捧。为迁就食客对大虾饺的偏好，茶楼酒家的点心师唯有"无可奈何"地包制出大大的、圆圆的、趴在笼子里的"屁股饺"。

红米肠：由广府传统的白色米浆拉肠演变而来，加入了少量红曲米的米浆。在软糯的红粉皮与虾仁或牛肉滑等馅料之间，还卷着一片具香脆口感的"金丝网"，丰富了广式拉肠的感观，亦成为茶客拍照晒图的热门点心。后来，受红米肠的启发，出现了"翠绿肠"，全名为"翠玉海苔肠"，粉浆加入适量的菜汁或翠绿的海苔碎，粉皮卷着紫菜，馅料为贡菜、茶树菇、猪肉、冬菇粒等。卷为条状的红米肠多在茶楼酒家的茶市出现，基本不会在街头的肠粉小店蒸售。

黑金虾饺：颠覆广府虾饺百年传统的白色饺皮。传统弯梳型13褶的虾饺，白里透红，半透明的饺皮吹弹可破，鲜甜虾仁若隐若现，咬下去滑润弹牙，美味的馅汁鲜而不腻。而黑金虾饺在澄面粉中加入了黑色的竹炭粉，为了强化视觉冲击力，一些茶楼还在黑饺皮上贴金箔，在以虾仁为主的馅料里加入黑松露等。黑松露味浓，热虾仁味鲜，它们碰撞出的味道是否美妙，见仁见智。不过有食客追捧，食肆也愿意为之。

大油条：炸发成品体量相当于普通油条的2倍，具有"豆角泡、棺材头、菊花芯、丝瓜络"的特点，油炸需功夫、耗时间，故店家通常会恳请食客不要催促加单。每一根油条如手臂般粗壮，是纯手工不断打制面团的结果。入口时仍带着刚刚起锅的热度，外脆内软，几乎是每桌必点的小吃，有些茶楼称之为"今日头条"。后来的茶市，基本以儿童手臂大小的"大油条"取代了擀面棍大小的传统"油炸鬼"。

天鹅酥：小小的天鹅头，S形的天鹅颈，这是一款造型别致的象形酥皮点心。外形美观舒展，口感酥脆，香甜味美，极其诱人，丰酥入骨。鹅头和鹅颈为模具制成的鹅黄色硬饼条；天鹅身由酥皮与馅料组成，酥皮为直纹酥条切片擀制，馅料有榴梿肉、紫薯、木瓜蓉、栗子蓉、红豆沙、莲子蓉等比较有粘附性的材料。后来，在网络销售平台上亦有提供鹅头连鹅颈、包含馅料的鹅身出售，是半成品食肆在鹅身上插上鹅颈便可油炸为成品。

原只鲍鱼酥：原料是鲜鲍鱼。先用老鸡、排骨、猪手、火腿、赤肉、干瑶柱、干鲍鱼仔、冰糖等熬制成高汤鲍鱼汁，慢火煨煮鲜鲍鱼1个多小时。千层酥皮像一只盛托馅料的容器，馅料由烧鹅肉粒、鲍鱼菇粒混兜拌匀，惹味诱人，口感"上糯软、下酥松"。

榴梿芝士流心挞：在传统的岭南蛋挞皮里，填装味道五花八门的香味流质，再加入芝士、牛奶、奶油等制成蛋挞，其中以风行大江南北的东南亚水果之王——榴梿为主料制成的榴梿芝士流心挞最受欢迎，成为年轻食客的首选点心。智能烘焙炉大促销、视频分享蓬勃兴起及家庭烘焙等热潮，使到易学易成的蛋挞迅速普及化，并向百变多样化发展，反过来推动茶楼酒店对传统蛋挞进行各种创新。

芝士糯米鸡：这款并不复杂的点心竟然成了网红粤点。它的创新点，仅仅是在剥去干荷叶后的传统糯米鸡上覆盖一大片芝士或撒一撮马苏里拉芝士，放入烤箱烘焙15分钟，即成一件深受年轻人喜爱的粤点。本来，传统糯米鸡被新生代疏远，岂料一片芝士改变了它的命运。

竹炭薄撑：受西点烘焙的影响，黑色的竹炭粉被添加进糯米粉和澄面粉中，所煎的甜或咸薄撑，外表呈灰黑色或乌黑色，与传统薄撑的焦黄色有着较大的分别。一时间"竹炭黑风"横扫茶

市，诸如竹炭紫薯马拉糕、竹炭黄金流沙包、竹炭核桃包、竹炭抹茶蛋糕卷、竹炭肉松雪山包、竹炭脆虾肠粉、竹炭炒饭蜂窝煤等纷纷登场。

甘笋流沙包："甘筍"即胡萝卜，这是香港人为讨口彩而改的，取"甘甜顺利"之意，"顺"与"筍"为粤语的同音字，后来胡萝卜被榨汁加入面粉中，成为改变包子皮色的调色材料。珠江三角洲酒家茶楼，把"筍"字改成更多人熟知的"笋"字。与胡萝卜汁那橙红诱人的包皮颜色形成潮流包子的，是流泻出来的带着沙质口感的黄色馅料，这馅料由蒸熟碾碎过筛的咸蛋黄、奶粉、吉士粉、白糖、炼奶、黄油、粟粉、牛奶、鱼胶粉等组成。

核桃包：外形和颜色酷似大核桃。使用面粉、可可粉、红糖等原料搓揉成褐色的包皮，在一块光滑圆形的包皮上，使用核桃包模具压出核桃纹路的包皮，再包着由白巧克力、核桃和白糖调成的甜馅。由于核桃包带着养生保健的理念，营养可口又富有质感，因此大受欢迎。

金丝芥末萝卜糕：传统的腊味萝卜糕被切成了条块，外表裹着一层千丝万缕的面包丝，经过油炸后，在外表浇画菱形格纹的芥末奇妙酱，入口先感受到微微的呛辣，接着咬便是外层香脆、内里软滑的惹味萝卜糕。

青芥陈醋无骨鸭掌：筋多、皮厚、无肉的鸭掌脱骨后，经过陈醋、青芥等烹熟腌制，爽脆略带呛辣，微酸、微咸、微甜，又开胃，是排在"广式凤爪"之后的热门禽脚。

蘑菇包、土豆包、西瓜包、榴梿包、猪仔包、刺猬包、熊猫包，这些新款的蒸制象生包子，惟妙惟肖，造型可爱，包皮软熟，馅料多为莲蓉馅或奶黄馅，成为年轻食客拍照晒图的主要道具。

扫一扫，更精彩

扫一扫，更精彩

第六章

域外粤菜

粤菜的影响力

中国人向海外移民的历史，可以追溯到秦汉。不过，大规模的移民发生在近代。岭南濒海，明清以来背井离乡乘船往海外闯世界的广东人不计其数。"华侨"一词最早在广州出现，是出自清代两广总督刘坤一及张之洞之口。[1]

清代旅美的粤籍华人，把粤语、粤菜、岭南服饰及岭南建筑带到了太平洋东岸。这个群体所显示出来的文化积淀，让西方人产生了浓厚的兴趣。据说，早在 1849 年，旧金山就出现了第一间粤菜酒家。

伟大的革命先行者孙中山曾说："中国所发明之食物，固大盛于欧美；而中国烹调法之精良，又非欧美所可并驾。故近年华侨所到之地，则中国饮食之风盛传。在美国纽约一城，中国菜馆多至数百家。凡美国城市，几无一无中国菜馆者。美人之嗜中国味者，举国若狂。而且中国烹调之术不独遍传于美洲，而欧洲各国之大都会亦渐有中国菜馆矣。日本自明治维新以后，习尚多采西风，而独于烹调一道犹嗜中国之味，故东京中国菜馆亦林立焉。是知口之于味，人所同也。其议论所基，当然是粤菜了，故所举

---

1 卜松竹：《"华侨"这个词最早从广州开始使用》，广州，广州日报，2019年1月29日。

例证，也多属粤菜。"

革命领袖写这段文字已是做大总统多年以后。维新派领袖梁启超，直接称颂广东人的功劳：早期的中餐馆特别是杂碎馆，基本是广东人在开。杂碎得名之记述，国人所见，最早也正属梁启超因1903年访美而作的《新大陆游记》："杂碎馆自李合肥游美后始发生。前此西人足迹不履唐人埠，自合肥至后一到游历，此后来者如鲫。西人好奇家欲知中国人生活之程度，未能至亚洲，则必到纽约唐人埠一观焉。合肥在美思中国饮食，属唐人埠之酒食店进馔数次。西人问其名，华人难于具对，统名之曰杂碎，自此杂碎之名大噪。仅纽约一隅，杂碎馆三四百家，遍于全市。此外东方各埠，如费尔特费（费城）、波士顿、华盛顿、芝加高（芝加哥）、必珠卜（匹兹堡）诸埠称是。"美国华侨几乎都为粤人，开餐馆又是华侨的主业之一，故梁启超对此甚有感触："李鸿章功德之在粤民者，当惟此为最矣。"

扫一扫，更精彩

早期海外尤其是美国的中餐馆，无不以"李鸿章杂碎"或简称"杂碎"招徕。唐人街之外的中餐馆，则几乎家家都高悬杂碎（CHOP SUEY）的招牌，即便唐人街内地道的广东菜馆，外人也常以"杂碎馆"相呼。然而，证诸史实，李鸿章访美，先到纽约，后往华盛顿、费城，再折返纽约，然后西行温哥华，取道横滨回国，既未去旧金山，也未去芝加哥，即便在纽约，也并没有吃过杂碎。据《纽约时报》报道，虽然纽约华人商会曾于1896年9月1日在华埠设宴招待李鸿章，但李鸿章因当天手指被车门夹伤而缺席。所谓"合肥在美思中国饮食"之说更属无稽，因为李鸿章随身带了三个厨子，并备足量的茶叶、大米及烹调佐料，完全的饮食无虞。当然也有人据此编排说，李鸿章要回请美国客人，出现了食材不够的情形，于是倾其所有，拉拉杂杂地做了一道大菜，却意外受到欢迎，于是引出了李鸿章杂碎。可据刘海铭教授考证，当时《纽约时报》每天以1~2版的篇幅报道李鸿章的言论和活动，巨细无遗，却只字不提杂碎，显系华人好事者，主要是中餐馆从业人员的凭空编排。而其编排的动机在于，利用李鸿章访美大做文章，试图向美国公众推销中国餐馆。因为李鸿章作为清政府当时最重要的官员，在访美期间受到官方很高的礼遇和媒

体的高度青睐，一批美国记者和外交官先期赶到中国，以便能与他同船赴美，跟踪详细报道；甚至对其饮食方面的细微报道，也是从轮船上就开始了。如 1896 年 8 月 29 日《纽约时报》的报道 *Viceroy Li While at Sea*, 说其自带的厨师，每天在船上为他准备七顿饭，饭菜中有鱼翅和燕窝等；还报道说，即使抵美后，李鸿章也基本只吃自备食物。1896 年 9 月 5 日《纽约时报》的报道 *The Viceroy Their Guest* 也说，李鸿章参加前国务卿 J. W. 福斯特的招待晚宴，"只饮用了少量香槟，吃了一丁点儿冰淇淋，根本就没碰什么别的食物"。其自备食物的具体情形，报道过的一次是"切成小块的炖鸡、一碗米饭和一碗蔬菜汤"。这一次也就成了华道夫·阿尔斯多亚酒店第一次由中国厨子用中国的锅盆器具准备中国菜；他们烹制的菜比这位赫赫有名的中堂本人引起更多的好奇和注意。正是这种好奇和注意，使"杂碎"成为传奇；大多数惟中餐馆谈商务的华人，更加着意好奇地从中寻觅和创造商机。

遥远的东方来了一个李鸿章，锦衣玉食的他当然不屑于一

尝"杂碎"，但却无疑为草根的
杂碎做了极佳的代言，使"杂碎"
一夜间高大上伟光正起来，如
Frank Leslie's Illustrated 画报所言：
"尝过'杂碎'魔幻味道的美国人，
会立即忘掉华人的是非；突然之
间，一种不可抗拒的诱惑猛然高
升，摧垮他的意志，磁铁般将他
的步伐吸引到勿街（mott street,
纽约唐人街内的一条街）。"受媒

体关于李鸿章访美报道的影响，成千上万的纽约人涌向唐人街，
一尝杂碎的味道，连纽约市长威廉·斯特朗也为此于 1896 年 8 月
26 日探访了唐人街。华人们开始编故事，美国人也就信以为真，
就像喜欢高颧骨、塌鼻梁、黄皮肤的中国"美女"一样迷恋起"杂
碎"来。

　　需求刺激发展和提高，在记者路易斯·贝克于 1898 年出版
的《纽约的唐人街》一书中，杂碎馆的形象已变得高大上起来：
至少有 7 家高级餐馆，坐落在"装饰得璀璨明亮的建筑"的大楼
里，"餐厅打扫得极为干净，厨房里也不大常见灰尘"。为了迎
合美国人的需要，1903 年，纽约一个取了美国名字的中国人查
理·波士顿，把自己在唐人街的杂碎馆迁到第三大道，生意火爆，
引起效仿热潮，"几个月之内，在第 45 大街和第 14 大街，从百
老汇至第八大道之间出现了一百多家杂碎馆，相当一部分坐落于
坦达洛因"。这些唐人街之外的杂碎馆，大多是"七彩的灯笼照
耀着，用丝、竹制品装饰，从东方人的角度看非常奢华"，以与
其他美国高级餐馆竞争，并自称"吸引了全城最高级的顾客群"；
一家位于长岛的杂碎馆还被《纽约时报》称为"休闲胜地"。可
以说，"从全市中餐馆的暴增来看，这座城市已经为'杂碎'而

疯狂"。[1]这就是梁启超访美时所见的杂碎馆的繁盛景象。

大势所趋,旧金山这样老牌的华人聚居重镇也难以例外,从20世纪20年代后期起,中国商人就开始在唐人街以外地区经营全方位服务的饭店了,也就是说,既要照顾中国人,也要迎合美国人。像1927年开张的新上海露台饭店,有中餐、西餐同时供应。而唐人街格兰特大道有一家上海楼饭店,饭店正面有一个很大的"炒杂碎"的招牌,同时又做广告招徕顾客:"本店提供最上乘的中餐,价格公道,服务一流⋯⋯惠顾敝店,就如同亲临中国一样。"返璞归真,"杂碎"愈益美国化的同时,广东菜的正宗性也渐次得到强调。1935年的一则报道称:"如果你知道怎样点菜,那么在好几家中餐馆都可以品尝到正宗美味。如果你要点炒杂碎,他们就会把你当成新顾客而格外关照。正宗的中餐精致而稀罕,应该说是用来细细品味而不是开怀大吃的,因为菜的品种

1 杂碎馆,纽约,纽约时报,1903年11月15日。

非常之多……炖燕窝非常鲜美，任何人都会舍皮蛋而取之。"到了这个份上，"杂碎"的名分就不用争了；不用争也意味着中国菜在美国被广泛地接受、欢迎。1940 年，《圣·路易斯邮报》声称"中餐是世界上最美味的菜肴之一"；1941—1943 年，旧金山唐人街的中餐馆生意猛增了 300%。[1]

而这些杂碎馆，又几无不是广东馆："美国之中菜馆，纯为广东菜清一色，因为老板大都是广东籍华侨。"[2]美国如此，欧洲的英国亦然。中英之间商务往来远比中美要早，而外洋轮上多雇广东人；英国人罗伯茨认为，早在 18 世纪，即有少数中国船员从上岸落脚的利物浦来到伦敦东部，到 19 世纪 80 年代末，毗邻西印度码头的伦敦莱姆豪斯区已出现了中国杂货铺、餐馆和会所。[3]"第一家正式的中餐馆开设于 1908 年，位于东伦敦中国人的聚居区。随后几年又陆陆续续在同一地区开张了 3~5 家，它们均以面向中国船员为主，规模很小，而且十分简陋。到 19 世纪 20—30 年代时，在伦敦约有十数家此类低档次的中餐馆，其服务对象主要是当时在英国求学的中国留学生，以及少数属于英国社会下层的工人。"[4]而直到张朝的探花楼出现，

---

1 约翰·安东尼、乔治·罗伯茨：《东食西渐：西方人眼中的中国饮食文化》，北京，当代中国出版社，2008 年。

2 钟宝炎：《美国的中国菜馆》，《艺文画报》，上海，艺文画报，1947 年，第 5 期。

3 约翰·安东尼、乔治·罗伯茨：《东食西渐：西方人眼中的中国饮食文化》，北京，当代中国出版社，2008 年。

4 李明欢：《欧洲华侨华人史》，北京，中国华侨出版社，2002 年。

那才真是英国中餐馆的高光时刻："壁卡底里的探花楼，排场很大，穷学生是不去的。"特别是新探花楼，"吃饭的不仅是中国人，暹罗人（泰国人）也常来，不尽的东方情调"。[1]中国著名演员胡蝶1935年访欧抵英时，就曾列席于此，并会见了同籍广东的好莱坞第一位华裔女明星黄柳霜。"当日的（使馆）茶会中，黄柳霜女士也在座。当中一位马太太给我们介绍。黄女士身材很高大，面擦黄粉，唇涂得很红，穿的是一件五色斑斓、袖子很阔的衣服。头戴一顶黑色的草帽（帽子的式样和清朝的兵士所戴的一样），我们见面之后，我便用广州话和她说了几句应酬的话，随后再和她说时，她大概广州话不大会多说，只会说台山土语，所以大家便没有细谈下去。第二天在探花楼吃中饭，又遇见了在巴黎时也遇见到的那位姓李的先生和他的夫人及戚属等。这位先生不仅是广东人，而且出生于鹤山县，和我同县。"[2]邹韬奋1933年访英，大赞广东人开的中餐馆："华侨中开菜馆的已算是顶呱呱的了！东伦敦华侨里面有一位名为张朝的，在伦敦开了三十年的菜馆，现在算是东伦敦华侨的'拿摩温'（Number One）的领袖。"[3]

1 华五：《伦敦素描·中国饭馆》，上海，宇宙风，1936年，第9期。

2 胡蝶：《欧游杂记》，上海，上海良友图书公司，1935年。

3 邹韬奋：《萍踪寄语·英国的华侨》，上海，生活·读书·新知三联书店，1987年版。

民国时期，欧洲的中餐馆多集中在英国、法国及德国，然而国人旅欧，途次中餐馆亦多佳赏，荷兰当居其首；到后来，荷兰中餐馆的人均数或地均数竟高居欧洲各国之首，仿佛应和着广东名曲《步步高》的节奏。早期移民欧洲的华侨，多是洋船上的粤籍水手杂役出身；荷兰居航线之中，自是早有粤籍水手涉足落地。这些水手居留其间，因而荷兰也就早早有了风味甚佳的中餐馆。1916年2月11日，荷兰《大众商报》记者光顾了阿姆斯特丹内班达姆街的一家名为隆友的华人小餐馆，之后说："倘若中国人的美味佳肴传开之后，我们又该如何制订我们每日的食谱呢？"[1]著名政治学者、社会党创始人江亢虎1922年到访荷兰另一个著名的港口城市洛特达模（Rotterdam，今译鹿特丹）时，但见"海港深阔，帆樯集中，中国水手往来甚盛，居留者平均恒七八百人，粤人约十之六七"，自然也发现"有杂碎馆，有食货店……杂碎馆最大者为惠馨楼。"[2]1939年间，有人历数了当时

1　李明欢：《欧洲华侨华人史》，北京，中国华侨出版社，2002年。

2　江亢虎：《荷兰五日记》，上海，东方杂志，1922年，第3期。

荷兰的7处中餐馆，均系粤人开设，有店名人名，有籍贯出处，是很宝贵的资料。

　　我国之最足以自豪于世者，乃为肴馔品类之美备与丰富，而其中尤以粤庖独擅其妙。统观欧美各国华侨所开之餐馆，惟巴黎市资格最老之萧厨司为南京籍，余者几乎尽为广东宝安籍。其设于荷兰者有七处，最老者为袁华主之中国楼，次为吴富所创之广兴楼（涵塘内番担担，今译为阿

姆斯特丹），又次为邓生经理之中山楼（洛塘），又次为张国枢之远东饭店（海牙和平宫畔），又次为吴子骁之大东楼（涵塘研钵街七十二号），又次为文酬祖之南洋楼［海牙同生路（Thomsonlaan）五十号］，而最小者为冯生之好餐馆［莱汀（Leiden，今译莱顿）市管丛街二十一号］。七家尽以宝安人为铺主。[1]

晚清以来，西贡是出使、留学英国、法国等的必经之地，关于西贡的饮食记忆，留下了颇多精彩的篇章。早在同治五年二月十四日（1866 年 3 月 30 日），其时法人统治西贡未几，清朝第一个走出国门出使欧洲十一国的使臣斌椿到达西贡，同行的张德彝则敏锐地观察到粤人的营生："按年往粤省贩卖越南米粮，又自粤省运货在此售卖，如此往来，获利甚重……街市铺户，多是粤人开设，虽不华丽，亦颇整齐。往来种作，老幼咸集。"[2]十几年后，光绪六年（1880 年）张德彝再次随曾纪泽出使英国、俄国途经西贡，所见华人"房屋加增数倍"[3]，可见华人社会在法国人统治之下的蓬勃发展，也才会有《情人》风靡年代（1929 年）的法国少女向华人富少投怀送抱，同上中餐馆的食色风流。

至 1859 年，西贡"沦陷"后，在法国人的统治之下，经济繁荣，被誉为远东明珠。法国人的浪漫与美食，都可为其生辉。如果看过杜拉斯的名著《情人》，以及改编的同名电影，且又是广东人，则更会对华人富商之家的少爷带着法国少女进出中餐馆的印象特别深刻。西贡多华人，西贡多华商。法国美食与中国粤菜交相融合，自然在国际饮食界独占鳌头。以至于学术大师季羡林先生 1946 年 3 月在留德归国途中，经过居停西贡 2 个月的观

1　佚名：《海外之粤菜馆》，南宁，1939 年，第 2 期。

2　张德彝：《航海述奇》，长沙，岳麓书社，1985 年。

3　张德彝：《随使英俄记》，长沙，岳麓书社，1986 年。

察和体会，感慨道："从前有人说，食在广州。我看，改为'食在西贡'，也符合实际情况。因为他看到西贡，特别是离市中心不远的堤岸一带，不管是极大的酒楼，还是摆在集市上的小摊，都一律售卖广东菜肴，广东腊肉、腊肠等挂满了架子，名贵的烤乳猪更是到处都有，那是广州本土都难以比拟的。"[1] 他在日记中记载了好几次在当地最大的粤菜馆当然也是当地最大的饭馆——新华大酒店吃饭的情形。如 3 月 12 日 "吃的全是燕翅席，还有整个的乳猪，可以说是有生以来第一次"；3 月 21 日 "出来到新华大酒店去吃饭，又是燕窝鱼翅……如此奢华，当然是别人请客了，主要是广东富商宴请，因为那里触目所见，几乎率皆广东人。我们到了这里已经觉得到了中国，中国有的东西这里几乎全有……同士心出去到一家中药铺去买药，我们不会说广东话，看到那些伙计脸上的怪样，心里真有点不解。"[2]

民国时期，越洋旅行要乘坐海轮，速度迟缓，路程漫长，又全为洋轮，船上饮食基本是西餐，国人很难适应，停船靠岸，得尝一顿中餐，不仅是味觉大解放，也堪慰乡思。欧西一线，海轮沿途停靠之港，除西贡，孟买也往往是必停之地，孟买再过去，则进入欧洲了！整个东南亚，千年来都是粤人商旅卜居之地，西贡粤人云集，饮食可轶广州而上，孟买亦有可观。例如，储安平 1936 年赴英途中，一到孟买，讯知有华侨一千余人，即心中已知必有中餐馆，遂又问有没有中国饭店，果然——"他们给我们介绍了一家'群乐楼'。我们在十点左右，便招呼车夫开到'群乐楼'。"结果是喜出望外，因为其味道堪比上海粤菜馆的地标——

1　季羡林：《留德十年》，北京，外语教学与研究出版社，2009 年。

2　季羡林：《季羡林日记》，南昌，江西人民出版社，2014 年。

冠生园。[1]

　　民国时期，国人越洋旅行，日本（东洋）可谓目的地之一，同时也常常是前往西洋的经行地，特别是前往美洲时。"中国和日本虽然是贴邻的两国，可是在吃的方面却形成极有趣的对比：一个是最考究吃的国家，一个却是不考究吃的国家……他们的吃法实在太单调、太缺乏变化了。"改变这种局面，得靠咱们广东人。1859 年横滨开港后，最早和大量涌入日本的就是广东人，并

1　储安平：《欧行杂记》，北京，海豚出版社，2013 年。

迅速形成了"广东帮"。据国民政府侨务委员会1945年的统计，日本全国华侨有850多万人，其中广东籍有600万人，占比70%。[1]广东人所从事的职业，除了贸易，就是餐饮，这方面日本人的观察最有发言权："广东人是做餐馆生意的，这是一件很可能获利的生意，在各大城市中如东京、横滨、大阪、长崎等，都有中国的食品。"[2]

陈以益先生说，日本饭菜中最能体现广东人影响的，当数馄饨与云吞的称谓及其风行："日人呼面曰'Udon'，疑其音之与馄饨相似，料系日人在昔留学吾国，讹面为馄饨矣。"殊不料这Udon并非指馄饨，而是指面条，"旅游日本，见面店招牌，果书馄饨（此等面店并不兼卖馄饨）"。而

真正的馄饨，日本人则以馄饨的广东方言"云吞"来表示与书写："料理店一律写作云吞，日本语呼为Wantan，现代日本虽三尺童子亦知云吞之可供狼吞也。"所以，不得不感慨，还是广东菜势力大影响深："云吞之称，原为广东方言，日人最喜广东料理，遂以云吞为馄饨。"由于广东食品的味道特殊，以至于十分讲究卫生的日本人，也能接受挑担云吞，而从事此营生的大半为广东籍，本小利大。"日本猪肉虽贵且肥肉均弃去不用，由精肉上割弃之碎肉半红半白，适合馄饨之用，而成本极轻，莫不利市三倍，故除面馆以外，尚有贫苦侨胞肩挑馄饨担以行商者，一如本国。其价格比面馆更为便宜，大约叉烧面或馄饨均卖十钱。"[3]

1 刘权：《广东华人华侨史》，广州，广东人民出版社，2002年。

2 ［日］Bhaikov：《在日本的中国人》，贵阳，南风，1935年，第3期（原载伯明翰，The Chinese Weekly，1935年，第9期）。

3 《馄饨与云吞》，苏州，珊瑚，1932年，第9期。

Stories of Chinese Cantonese Cuisine

　　早期的海外移民，由于地缘与历史，大多数是广东人；广东三大民系或族群中，广府人主要移民北美，潮汕人则集中在东南亚；陈刚父先生对此有切近的观察。[1]因为商业的开辟，潮汕人移民南洋甚早，元朝时即已"驾双桅船，挟私货，百十为群，往来东西洋，携诸番奇货"[2]。1860年汕头开埠后，香港—新加坡—曼谷—汕头之间的贸易通道更加繁荣，中山大学亚太研究院院长滨下武志教授称之为"潮州人的商业网络"。"下南洋"者更加汹涌澎湃，研究认为今天的海外潮汕人总数已超过1000万人，约与本土人数相埒。

　　就像潮州菜难以原味进入广州一样，因为原材料的限制、当地食材的引入，以及与当地食客口味和气候等相适的要求，香港尤其是南洋各地的潮州菜，便各自呈现自己的特色，不妨戏称为"潮州杂碎"，也可谓"杂碎"的别传。当然，这种"潮州杂碎"，除了乡土味相对弱一点，味道未必弱。比如在香港，传统

1　陈刚父：《闽粤人眼中所见的华侨》，上海，南洋情报，1933年，第6期。

2　汪大渊：《岛夷志略》，沈阳，辽宁教育出版社，1996年。

的转口贸易被称为南北行，集中在上环文咸东街与文咸西街。那里也被称为食材的天堂，除了高档海味干货，还有元贝、蚝豉、螺片、鱿脯、虾干、鱼唇、火腿、咸鱼、菌笋、发菜、腊鸭等，普天之下只要你想象得到的任何食材，几乎都可以在这里买到。你还能够用潮汕话跟店主们讲价交易，因为他们大部分是潮汕人。所以，香港的潮州菜是高度繁荣的；吃潮州菜叫"打冷"，据说就成于香港，"内销"于潮汕；唐振常先生为潮州菜争八大菜系之名，所据主要也是香港鳞次栉比的潮州酒楼。

在南洋，尤其是华人最为聚集的新加坡，酒楼基本为粤人所开。王韬在《漫游随录》中说："酒楼茗寮仿佛粤垣，登楼买醉所饮无算。"钱德培在《欧游随笔》中也说："长街数里尽属华肆，大有粤东景象。"其中潮菜，比之广府粤菜有过之而无不及。晚清潘乃光的《海外竹枝词》说："买醉相邀上酒楼，唐人不与老番侔。开厅点菜须庖宰，半是潮州半广州。"有此基础，更养成了一批潮州菜百年老楼，其最著名者数创立于1845年的醉花林——早期新加坡潮籍华侨四大富中的陈成创立的潮州富商俱乐部，里面的美味佳肴需熟人引进方得品尝，堪比粤菜在上海的新雅饭店，留下不少脍炙人口的故事。比如1940年，执掌《星洲日报》

副刊的著名作家郁达夫，曾应邀到醉花林赴宴，即席赐赠一联："醉后题诗书带草，花香鸟语似上林。"名传于今，于右任、饶宗颐等文化名人也曾先后题赠，最堪表征潮州菜在南洋新加坡的源远流长及领导地位。

扫一扫，更精彩

英国的三丝炸春卷

华裔厨师谭荣辉在英国电视屏幕活跃了 30 年。他说："虽然英国现在除了粤菜还多了川菜、湘菜，但在 20 世纪 90 年代之前，大多数英国人对中餐的看法就是刻板化的粤菜。最常见到的是炸春卷以及广式糖醋排骨。"

起初，人们吃春卷是为了迎春，广式茶市上经常见到春卷。殊不知，这个让"老广"熟悉又钟爱的春卷早已成为英国人心目中的中餐点心。

春卷在英文里是 spring roll，是中文"春"和"卷"的直接翻译。"炸三丝春卷"也有自己的英文名字：spring roll with three delicacies。这里面的"三丝"被英国人翻译成 three delicacies，转成中文即"三种美味"。

在广东，最常见的传统炸三丝春卷是用"梅头肉"配以冬菇丝、胡萝卜丝及韭黄作为主料进行制作的。将上好的"梅头肉"切成丝状，上湿粉、拉油，辅料有冬菇、胡萝卜、韭黄等，调味的有白砂糖、精盐、胡椒粉、鸡粉、生抽等。肉丝用马蹄粉打芡后倒入锅中，加入韭黄段，制成春卷馅儿。用春卷皮包馅儿后用面粉浆粘牢收口，最后用烧熟的油将春卷炸到金黄即可。除此之外，广东还有用新鲜虾仁、鸡肉丝乃至香芋丝作为主料进行制作的春卷。

炸春卷传到英国后，在色泽与形状上与广东传统炸春卷保持一致。不过，为了迎合当地人口味，英国的中餐馆对春卷进行了一番改良。

首先，英国炸春卷几乎不使用猪肉。在猪肉与鸡肉之间，英国人更倾向于食用鸡肉。英国 BBC 电视台在官网上把鸡肉和火鸡肉划分为含有更多优质蛋白的"瘦白肉"，英文称 lean options，并呼吁大家多食用鸡肉和火鸡肉，以保持健康的体重，降低低血糖的风险和减轻饥饿感。另外，英国炸春卷几乎一律采用鸡胸肉进行制作，因为鸡胸比鸡的其他部位脂肪含量低。

除用鸡肉取代猪肉以外，英国炸春卷还用豆芽菜或黄芽白切丝取代了韭黄段。在调料上，英国炸春卷会额外加入姜米和五香粉以增香。在外形上，英国炸春卷大小像一个小汉堡包：正方形，边长约 20 厘米；最小的是条状，与广东炸春卷差不多大，约 9 厘米长、3 厘米宽。在制作步骤上，英国的中餐馆也是先把肉丝与冬菇丝、胡萝卜丝及调味料一起下锅稍炒，豆芽菜或黄芽白最后放，保持脆的口感，最后用马蹄粉打芡，油炸致熟。

英国炸春卷还常常以素春卷形式出现，英文里称 vegetable spring roll。"最佳英国大厨"（Great British Chefs）网站提供的素春卷主材料有黄芽白、豆芽菜、胡萝卜及粉丝。调味料则有姜米、芫荽、蒜蓉、芝麻油、绍兴酒、生抽、盐和白砂糖。

现在，英国几乎每家中餐馆，以及中西融合菜馆里面都能找到炸春卷的身影。更有甚者把炸春卷放到下午茶上。在伦敦名媛的聚会上或是奢华酒店的下午茶中，炸春卷会作为其中一款点心

与司康松饼、迷你会所三明治、草莓奶油蛋糕以及柠檬挞一起出现在大雅之堂上。炸春卷就像一位百变星君，可以优雅，可以大俗，可以高端，也可以亲民。有家媒体曾经做过英国人点外卖情况的调查，在所有国家的菜系中，英国人最喜欢吃的外卖是中餐，点得最多的竟然是炸春卷。炸春卷当仁不让地成为英国外卖的销售冠军。

2019 年，BBC 电视台的美食节目《英国最棒的外卖》（*The Best of British Takeaways*）曾经拍摄过中餐外卖的专题。这期节目邀请了数家在英国有着好口碑的中餐馆参加外卖擂台争霸赛。在传统炸三丝春卷做法上加入了黑木耳的创意炸春卷，成为最后胜出的外卖冠军菜点。炸春卷征服了在座的所有评委以及米其林星级厨师。由此可见，英国人对炸春卷的迷恋实在非同一般。

就连英国驻华大使吴百纳（Barbara Woodward）也说，她在中国度过多个春节，第一个春节是在 20 世纪 80 年代。从那时起，她的年夜饭肯定有炸春卷和面条。这两样是她至爱的食物。

让『老美』魂牵梦绕的甜酸咕噜肉

如今在美国，走入任何一家中餐馆，几乎都能点到甜酸咕噜肉（sweet and sour pork）。作为一道源自广东顺德的地道粤菜，甜酸咕噜肉成为美国当地人最熟悉又常点的中国菜，真的特别给广东人"长脸面"。

甜酸咕噜肉历史悠久，最早的做法始于清代广东顺德四大名镇之一的陈村。甜酸咕噜肉脱胎于当地一道名叫菠萝生炒骨的菜肴，酸酸甜甜，醒神开胃。广东人很喜欢吃排骨，但由于当年远道而来的洋商们不习惯吐骨头，陈村的厨子们为了迎合西方人的口味而用五花肉取代小排骨，从此诞生了甜酸咕噜肉。

甜酸咕噜肉选用上好的五花肉，以淀粉、鸡蛋清、盐、油和生抽腌制以后滚上面粉下油锅炸至酥脆。山楂汁、米醋、白糖、生抽和湿淀粉调制出的料汁下锅用中火烧开，熬至黏稠时倒入炸过的五花肉块，配上新鲜菠萝以及青红椒翻炒即成。

关于甜酸咕噜肉是如何传到海外的，坊间的一种说法是在 19 世纪由广东移民传入美国的。后来，我在读《美国文化与习俗》（*Culture and Customs of the United States*）时印证了这个观点。其作者美国史学家本杰明·希勒（Benjamin F. Shearer）提到，19 世纪 40 年代，美国加利福尼亚州出现了淘金热，迅速吸引了来自全球各地的劳动

扫一扫，更精彩

力到此，其中包括多名来自广东的移民，他们是将广东菜引入加利福尼亚州的第一批人。

根据史料记载，19 世纪 50 年代已有将近 3 万名广东劳工去加利福尼亚州当矿工。他们将三藩市称为"金山"，三藩市因此得名"旧金山"。

广东移民从家乡菜中找寻对家乡的思念，闲来喜欢聚在一起烹饪粤菜解馋。由于采矿生活艰辛，收入不高，为了养家糊口，不少广东移民通过开食档、卖家乡菜来增加收入。美国华裔史学家刘海明所著的《从广东餐馆到熊猫快餐》(*From Canton Restaurant to Panda Express*) 里也提到，美国历史中最早有文字记载的中国菜餐馆于 1849 年在旧金山开门营业，由广东移民开办，名字就叫 Canton Restaurant（广东餐馆）。

根据美国史学家本杰明·希勒在其《美国文化与习俗》的记载，从 19 世纪末开始，美国中餐馆的菜单上例牌包括甜酸咕噜肉（sweet and sour pork）、云吞汤（wonton soup），以及炒烩杂碎（chop suey）。

甜酸咕噜肉穿越半个地球来到美国，菜谱在当地迅速被改良。首先，原版甜酸咕噜肉里的山楂产地为中国，又属季节性食材，在美国几乎无法买到。要想将甜酸咕噜肉大批量生产，做成有利润的产品推向市场，必须在美国本土找到山楂汁的替代品。

很快，广东移民们想到了一个好法子。他们看见美国人喜欢吃番茄酱（ketchup），而番茄酱与调制出来的山楂汁味道接近，便就地取材，即兴发挥，用番茄酱替代山楂汁来达到咕噜肉里的"甜"。

美国烹饪史学家安·门德尔森在她的《炒杂碎：美食以及美籍华裔的旅行》(*Chow Choy Suey: Food and the Chinese American Journey*) 提到，广东移民为了节省时间、降低成本、快速获取利润，改用了罐装菠萝来替代菠萝鲜品。他们还用价钱更实惠，但

是味道更重的白醋取代了传统的、味道细腻的米醋。

被美式化了的甜酸咕噜肉以番茄酱、白糖、白醋、生抽、盐、食用油、淀粉、水淀粉，以及面粉作为调料。除此以外，酱汁里放入比原版多两倍的淀粉，五花肉在下油锅炸前也是滚上好几层的面粉，导致口味比在国内吃到的更浓重。

不过，被改良过的甜酸咕噜肉倒是快速成为中国餐馆里的明星菜肴，除了吸引当地华裔，还得到不同种族人群的捧场，获得美国主流社会的青睐。美国人把包括甜酸咕噜肉在内的一众粤菜视为充满着异国情调和异常美味的食物。

美国驻广州总领馆原文化领事文森特·奥布莱恩曾说，说到中国美食，美国人第一个想到的就是甜酸咕噜肉。他还说，从小在美国长大没有吃米饭的习惯，但是甜酸咕噜肉却很下饭。现在在广州吃甜酸咕噜肉让他想起家乡（美国）。

看来，这世间恐怕只有未到过中国的美国人，却没有不曾品尝过甜酸咕噜肉的美国人。

甜酸咕噜肉还使得甜酸酱走红美国，被广泛使用。1983年，麦当劳为它的麦乐鸡块推出了4款口味的搭配酱汁：烧烤酱、芥末酱、蜂蜜酱，以及甜酸酱，并称其甜酸酱的灵感来源于甜酸咕噜肉。甜酸酱因此走入美国千家万户，美国人拿它和各种蛋白质肉类搭配着吃。

显然，甜酸咕噜肉在美国已经成为一个象征。它代表着粤人的荣耀，见证了广东一代移民在烹饪方面的智慧，以及将其"识饮识食"的特质在海外发扬光大的故事。

"很多加拿大人是通过品尝粤菜开始认识中国的。"加拿大总督 David Johnston 这样说。确实，在加拿大的中餐馆里普遍能吃到柠檬鸡、芝麻鸡、甜酸咕噜肉、西兰花炒牛肉、炸云吞等粤式菜肴。虽然也有北京片皮鸭和左宗棠鸡等非粤式菜肴，但可能是先入为主吧，给多数加拿大人留下深刻印象的肯定是粤菜。

加拿大于 1971 年实行多元化政策，结束了对华人的排斥，由此吸引大批来自中国的移民。新移民纷纷在加拿大开起粤菜馆。20 世纪 80 年代末至 90 年代中期，新一波移民来自中国香港，他们当中不乏顶尖粤菜厨师。与此同时，多家源自中国香港的粤菜酒家例如"新同乐鱼翅酒家"等在加拿大开设分店，将更多粤菜引入加拿大。当时甚至有媒体评论，中国香港最好的厨师在那个年代都移民加拿大了，所以，加拿大粤菜达世界一流水平。

加拿大粤厨以传统烹饪技艺，结合当地新鲜食材，创出多道广受欢迎的粤菜。广州半岛餐饮管理集团董事长利永周曾担任广州南海渔村的行政总厨，后来在加拿大、美国开设粤菜馆。他说，加拿大人普遍对粤菜非常接受。比如，这道

采用广东传统"煎""炸"技艺制作的柠檬鸡，在加拿大就非常受欢迎。"煎"与"炸"本来也是西餐的主要技法。在加拿大做粤菜，并不需要刻意过多地改变什么。

传统柠檬鸡用鸡腿肉去骨进行制作，鸡腿肉香、滑、弹且有嚼头，符合广东人的口感。不过在加拿大的粤菜厨师却从来不用鸡腿肉制作柠檬鸡，而改用童子鸡的鸡胸肉。

这一点要归功于加拿大得天独厚的自然养殖环境。

根据加拿大鸡农联盟（Chicken Farmers of Canada）提供的资料显示，市面售卖的肉鸡超过 99% 都具备产蛋能力，但是从未下过蛋，是童子鸡（broiler chicken），被称为"鸡项"。加拿大的"鸡项"都是无笼饲养，肉质爽、脆、嫩、滑，口感一流。现在，在绝大部分加拿大中餐馆吃到的柠檬鸡都取材于当地的"鸡项"。

加拿大人把鸡胸肉视为白肉，鸡其他部位的肉则是红肉。白肉的蛋白质含量更高，脂肪含量更少，而红肉不仅脂肪含量相对高，其中的激素和其他有害物质会明显高于白肉，所以当地粤菜馆多采用"鸡项"胸脯白肉来制作柠檬鸡。加拿大的鸡肉原材料中，鸡胸肉的价格也是最贵的，大约比鸡腿肉贵三倍。

据走访了解，加拿大中餐馆的柠檬鸡有两种做法，两种都有

别于传统的广东柠檬鸡。

第一种做法常见于做中西合璧融合菜的加拿大中餐厅。将"鸡项"胸脯白肉用盐抓一下后，再用搅碎的鸡蛋黄拌以少许糖、白胡椒粉、淀粉、白葡萄酒和油腌制，煎炸。然后用一个新鲜柠檬萃取的汁液、雪碧、糖和调制酱汁淀粉倒入锅中，炒至酱汁变稠，倒在鸡肉上面即成。在这种做法中，加拿大中餐厨师利用新加入的鸡蛋黄、白葡萄酒、雪碧饮料，以及更多分量的白砂糖对柠檬鸡的传统做法进行了改良。这种柠檬鸡吃起来比在广东吃到的口感更丰富，更甜。

第二种做法常见于大众化中餐馆。店家不用白葡萄酒，而改用番茄酱。这些在加拿大的粤菜厨师在广东传统柠檬鸡的芡汁（包括新鲜柠檬汁、糖和淀粉）中加入了加拿大番茄酱和更多分量的白砂糖。可别小看这一动作，优质番茄酱让芡汁变得浓稠，为鸡肉增添厚味，让菜肴看起来橙红发亮，诱人食欲。

媒体曾多次称加拿大番茄酱为世界最优质的番茄酱，是加拿大人最爱的调味酱。加拿大《农业产品法案》规定：番茄酱必须从新鲜番茄内榨出来，不允许掺加化学添加剂，例如增味剂等。加拿大粤菜馆还会在用了番茄酱的柠檬鸡旁配上新鲜水果，例如大草莓或者菠萝，清甜爽口的水果有效地帮助唤醒食客的味蕾，中和酱汁的浓稠，让人感受到一碟柠檬鸡，既鲜、香、嫩、脆、滑，又酸甜可口。

中国粤菜故事

每一位秘鲁女人都会做广东炒饭

毫不夸张地说，炒饭已经成为秘鲁的全民美食，当地人称之为 arroz chaufa，这个 "chaufa" 源自 "炒饭" 的粤语发音。根据秘鲁驻华使馆提供的资料，广东炒饭是最早为秘鲁食客所熟知的中餐菜品。

19 世纪中期，超过 10 万广东移民远渡重洋来到秘鲁，成为当地劳工。为了节省时间、节省钱，他们经常将剩下的米饭和一些蔬菜炒在一起。经济状况好时，会搭上一些肉炒在一起。慢慢地，这道省时、省力又饱肚的菜肴便在当地流传开来。

1921 年，当第一家名为 Kuong Tong（意为 "广东餐馆"）的中餐馆在秘鲁首都利马问世时，广东炒饭已经在当地流行。秘鲁美食家 Julio Patino 当时只有 10 岁，他目睹了 "广东餐馆" 的开幕，印象尤其深刻的是该餐馆出品的炒饭，美味无比。每周四，他都会和弟弟去唐人街购物，买炒饭和炸馄饨。

秘鲁文学家 Estuardo Nunez 说："广东餐馆是个很体面的地方。它利用利马的一所老房子经营。在这个高档的餐馆里，有混搭的菜单。在这里，秘鲁的知识分子和艺术家也是座上宾。"

说到炒饭，不得不提一下秘鲁人对大米的钟爱。在拉丁

美洲没有任何一个国家像秘鲁人民那样钟爱米
饭。水稻起源于东南亚和印度，最初由西班牙
人引进秘鲁，但是一开始在秘鲁并不流行。当
地人将大米煮熟以后搭配炸土豆、烤肉及美味
的黄土豆酱吃。

　　19 世纪中期，广东移民到达秘鲁后，秘鲁
人才开始将大米列入消费名单。著名秘鲁评论
家 Jose de Acosta 说："可以确定的是，来自中国的水稻和大米品
种更好。广东移民还教会了秘鲁人制作炒饭，因为炒米饭的做法
在秘鲁烹饪中是没有的。"

　　传统广东炒饭的配料及制作步骤并不复杂。在广东，炒饭的
做法沿袭至今没有太大变化：先把大米放在比平日少一点的水中
煮熟，尽量让饭粒干爽不黏。起油锅煎蛋，炒到五成熟以后加入
米饭、火腿片或者腊肉丁、灼熟的豌豆和胡萝卜丁，最后放入葱
花及盐翻炒一下即可。

　　炒饭被广东移民引入秘鲁以后，为了更好地迎合当地人的口
味而进行了改良。秘鲁驻广州前总领事 David Gamarra Silva 曾说，
炒饭是秘鲁中餐馆菜单上的明星菜肴，最常见到的有特色炒饭
（special fried rice）及牛肉炒饭（beef fried rice）。

　　最明显的改良在食材方面，传统广东炒饭里的火腿片或者腊
肉被换成了 3 种以上不同种类的肉丁，最常见的
有烤鸭肉丁、烤猪肉丁以及鸡腿肉丁。除
此以外，还会放入海虾仁。

　　另外，在秘鲁吃到的炒饭一律都
会放入老抽、酱油，所以米饭看上
去是浅褐色的，而非原有的米白色
或者米黄色。这种改良跟秘鲁人爱吃
重口味的菜肴有关。秘鲁福临门大酒楼

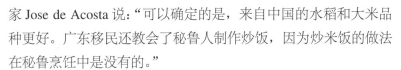

（Royal Restaurant）的老板 Cesar Loo 曾说，鉴于秘鲁客人极爱酱油，他会事先在每一张桌子上放一瓶广东酱油，有的客人来到餐馆，甚至都还没有尝试饭菜，就直接把酱油倒在刚端上来的饭菜上（包括炒饭）。其实，炒饭里已经添加了老抽。很明显，秘鲁人偏爱酱油炒饭。

除了老抽，秘鲁的广东炒饭里还会加入五香粉及芝麻油，这为广东炒饭添加了额外的香味。我们都知道，做炒饭一定要放油，最好是放猪油。用猪油炒饭，猪油煎蛋，猪油爆香葱粒，才真是香气逼人。但是在秘鲁，当地人普遍没有用猪油做菜的习惯，因为他们觉得猪油不够健康。为了增添香味，秘鲁的粤菜厨师会使用芝麻油加花生油来烹饪炒饭，而且很讲究"抛锅"，也就是把饭抛起来炒，同时用大火来保证油温。

有一位旅居秘鲁多年的优秀粤菜厨师，在回国后说："秘鲁人真的很喜欢吃炒饭。在广东，做炒饭通常会有相对固定的搭配。但是在秘鲁，他们可以将任何食材、配料、酱汁拿来搭配着做炒饭，怎么吃都吃不腻。"

其实，炒饭并不是广东的主流菜式。小时候，市面上的食材供应还不甚丰富。为了不浪费食物，家里人经常会用前一晚剩下的白米饭和鸡蛋、葱花炒在一起。当时吃起来感觉它就是天上佳肴一般的美食，特别解馋。后来随着经济状况的改善，炒饭吃得越来越少。

但是，秘鲁人对于炒饭的热爱却提高了它的价值和名声。秘鲁驻广州前总领事 David Gamarra Silva 说，每一位秘鲁女人都会做广东炒饭。除了在秘鲁的唐人街粤菜馆里能够吃到炒饭，在日常的秘鲁人家庭厨房里，每周或者每半个月也会做炒饭。住在沿海地区、生活水平高的家庭会放入海贝、鱼、鱿鱼和虾，做成海鲜炒饭。生活水平稍低的家庭则会在炒饭里放入肉末和咸虾酱，无论哪一种都是令人垂涎的美味。

1850 年西澳大利亚淘金热开始，招引大批中国移民。在大城市悉尼和墨尔本，华人聚居，出现唐人街。此后，以粤菜馆为主的中餐馆逐渐涌现。澳大利亚知名美食作家 Cath Ferla 曾经说，帮助中国菜在澳大利亚成形的是广东移民。

广东人将粤菜的烹饪方式结合当地食材，衍生出各种中西合璧的美味珍馐。

『淘金热』把『广式椒盐』带到澳洲

©悉尼唐人街

澳大利亚有着干净的海域和极其丰富的物产,盛产各类深海海鲜,包括澳洲龙虾和皇帝蟹。粤菜厨师喜欢用澳洲龙虾做菜,他们用得最多的是产自澳洲南部海域的南部岩石龙虾,英文名为 **southern rock lobster**。这种龙虾属于名贵虾种,通体呈火红色,浑身多刺,爪为金黄色,体大肥美,一年四季都可以捕捞到,肉质被公认是世界所有龙虾品种中最鲜美香甜的。

澳大利亚本地西餐厅吃龙虾时多用白水灼熟,再拌以牛油果、盐和黑胡椒或者蘸着牛油汁一类的酱汁吃,方法比较单一。相比之下,粤菜馆的烹饪方式则丰富得多。走进悉尼和墨尔本的粤菜餐馆,龙虾可生吃、可椒盐炒、可焖、可焗、可伴姜葱炒、可清蒸、可避风塘炒……琳琅满目,各种口味应有尽有。其中,最受欢迎的是椒盐龙虾及龙虾刺身。

曾任广州中国大酒店中餐部主厨的"肥仔泉",移民澳洲 30 余年,现任悉尼唐宴海鲜酒家的行政主厨。他对粤菜及中西合璧菜深有研究,并分享了澳洲大龙虾、皇帝蟹的粤式做法。

首先，选取鲜活的澳洲南部岩石龙虾（广东人吃海鲜讲究生猛）。喜欢吃鱼生的可用刀在龙虾尾巴的外壳划一刀以后将肉取出，用纸将肉上的水略微吸干以后放于包了保鲜膜的冰盘上即可上桌，配以酱油、芥末酱食用。剩下的部分用刀切件做成椒盐龙虾，这是"龙虾二食"的第二道吃法。

制作椒盐龙虾的关键在于椒盐料头的调配。传统广式椒盐，是先将大约 10 克颗粒最小的精盐和 2 克左右五香粉炒香晾凉，再放入白胡椒粉、干红辣椒粉、鸡精，以及沙姜粉各 1 克炒香而成。由于澳洲许多人不能接受味精（英文缩写：MSG），所以澳洲粤菜馆大多选用鸡精替代。

椒盐料头做好后起锅，待用。锅内放入花生油，烧至七成熟，将龙虾切件裹上生粉以后下锅泡油至七成熟捞起。澳洲南部岩石龙虾来自十分干净的海域，食材接近零污染，所以只需泡至 7 成熟即可获取龙虾肉的嫩脆和水分充足的口感。把龙虾的油沥干，另外起一只锅，用 1~2 滴油炒香葱花、蒜蓉，以及辣椒圈，把炸过的龙虾回锅。龙虾下锅后均匀地撒入椒盐料头，急翻快炒，10 秒即可熄火，盛碟上桌。切记，龙虾肉炒久了容易老。

广东椒盐虾的传统做法会在翻炒虾的时候放入绍兴酒。但是，在澳洲吃到的椒盐龙虾却没有丝毫酒的味道。"肥仔泉"说这是因为澳洲南部岩石龙虾要保持其嫩脆的口感，而下了酒容易让龙虾肉回软，所以省去了绍兴酒。

"照板煮碗"，椒盐还可以用来烹饪皇帝蟹，也是极受追捧的。皇帝蟹，英文名为 king crab，多生长在澳洲南部深 160~200 米处的海域，外壳坚硬，蟹爪粗壮，指钳为黑色，并且肉质饱满。椒盐皇帝蟹的料头、做法和椒盐龙虾的一

样，只不过有人担心吃了巨蟹湿寒，会在翻炒时加入姜米。

椒盐龙虾、椒盐皇帝蟹将广东传统烹饪技艺"椒盐"与澳洲出产的海鲜结合得恰到好处。入口鲜香嫩脆"啖啖肉"，让人隔三岔五地念起它的美味。

在澳洲，椒盐海鲜除了受到华人的青睐以外，也得到澳大利亚人，以及其他族裔人群的追捧。澳洲当地人很喜欢在吃饭的时候喝点儿葡萄酒，尤其是果味儿浓、口感偏甜的霞多丽干白葡萄酒。

澳大利亚 ABC 国家电视著名主持人 Gus Worland 曾说，从他很小的时候起，几乎每个周日都会到位于悉尼唐人街的粤菜馆吃饭。进门处的巨大海鲜水族箱给他留下深刻印象，里面游着各种海鲜：皇帝蟹、龙虾、鲍鱼、青衣鱼。他们家喜欢点用椒盐烹饪的菜式，例如椒盐海鲜、椒盐炸豆腐。他还说，自 1850 年悉尼涌入大批广东移民起，粤菜已经成为澳大利亚人外出就餐的重要选项。

泰国早在第一代王朝（素可泰王朝）时就与中国建立了友好关系，双方互派使者多达 12 次。后来著名潮汕籍将领郑信建立了吞武里王朝，被拥立为泰王。从那时起便有大量的华南移民涌入泰国中部地区（包括曼谷等大城市），其中又以潮州人为主。现今泰国的大多数省份，尤其是泰国的中部、北部，聚居着许多潮汕移民，在这些地方都能找到潮汕菜。在泰国最常见到的潮汕菜品有潮汕卤味、蚝烙和砂锅粥。

潮汕人有句口头禅："酒起鹅肉剁，无鹅不成宴"。潮汕做卤味的鹅是狮头鹅，即必须采用五谷杂粮和虫子天然喂养 36 个月的鹅才算地道，才算上得了台面。当年潮汕人移民到泰国时，把狮头鹅一并带去，在当地实施批量圈养。狮头鹅体型巨大，头顶及两侧都长着大肉瘤，肉瘤晃晃荡荡，形似狮头，故而得名。现在，泰国潮菜馆里的卤水鹅全都选用狮头鹅炮制。

卤水鹅的卤水仿如卤味的花魁，是灵魂所在。潮汕移民很注重给卤味着色，不仅在卤水里用老抽，有的还会使用糖色，以及黄栀子让卤味呈现出棕红的色泽。

泰式潮汕卤鹅

第六章　域外粤菜

在广东，红卤水的香料有八角、花椒、肉桂皮、甘草、豆蔻、南姜，加入酱油、高粱酒、油、冰糖、精盐，以及蒜头和清水，按比例搭配卤制而成。根据泰国国家旅游局驻广州办事处提供的信息，泰国的潮菜馆为了更好地迎合当地人的口味，还会在卤水中加入泰国鱼露、香茅，以及棕榈糖。

其制作方式也有所不同，姑且称之为"泰式"。泰式卤鹅的做法通常是起油锅放入冰糖使其熔化，用糖色的则放入糖色一起炒，再放盐、酱油、高粱酒、蒜头，以及要卤的食材，全部拌匀，等上好颜色后再转入瓦锅，与香料及水一同煮沸。当地人管这个烹饪步骤叫 Paluo，也就是"拍卤"，因为源自闽南语，所以发音也与闽南语里的"拍卤"一样。卤完了，撇掉卤水面上的油，捞起肉渣，把卤水收起来，下次再按比例放入香辛材料加水继续卤，汁液还是那些汁液，可不断循环使用，有的陈卤历时半个世纪，成为许多潮汕餐馆的镇店之宝。

泰式卤鹅上桌时端给客人还会配上辣蒜蓉酱。这种酱用蒜泥、柠檬、醋、盐、白糖、辣椒作为主要原料，味道杂而全，恰能迎合泰国当地人的重口味。

泰国国家旅游局广州署署长英泰拉女士（Ms. Intira）说，多数泰国人都钟爱吃粤菜，卤水菜肴在泰国很有市场。只是，卤水狮头鹅用料名贵，价钱不菲。为了打开市场，让更多人吃得上卤味，不少泰国的潮菜馆会用鸡和鸭替代狮头鹅。

泰式卤水传承了广东烹饪技艺，承载了潮汕移民的乡情。

扫一扫，更精彩

芋头扣肉尽显大马粤人传统

提及马来西亚（简称"大马"）的扣肉，就不得不提客家人。大马流行一句顺口溜："客家人开阜、广府人旺阜、福建人占阜。"根据大马笨珍客家公会的资料记载，早在 18 世纪中后期，就有大批客家人漂洋过海到南洋的大马来谋生。他们多从事矿业、中药材业、裁缝业、开学办私塾及餐饮业。

大马华人社区有客家烙印。最常出现在客家人餐桌上的要数客家芋头扣肉。大马最悠久的华人第一大媒体《星洲日报》把客家芋头扣肉誉为年夜饭的必备美食。实际上，芋头扣肉已经成为大马华人文化的一个重要组成部分，除了婚丧嫁娶都要吃，过年或与亲朋好友聚餐也绝对少不了它。

客家芋头扣肉用到的主佐料与客家梅菜扣肉有几分接近，其中包括客家黄酒、老抽、花生油以及白砂糖等，除此之外还有五香粉、胡椒粉、南乳以及八角。据说，梅菜在大马不易栽种，制作梅菜干更是耗时费力，而芋头起源于印度、大马和中国南部等炎热潮湿地带，用它来替代梅菜制作扣肉是不二之选。现今，很多大马华人会在自家屋子后的空地上种芋头，为的就是做芋头扣肉。

大马客家文化协会（Persatuan Kebudayaan Hakka Malaysia）提

供了一份大马芋头扣肉菜谱。从中可见客家扣肉改姓"大马"后的模样。主料是 500 克左右的芋头 1 个、中段的五花三层肉 1 块约 500 克。调料有精盐 5 克、白砂糖 20 克、老抽 10 克、客家黄酒 5 克、南乳 15 克、五香粉 15 克、胡椒粉 5 克、姜 1 个、大蒜 8 瓣、红葱 1 个、青葱 3~4 根、八角 6 粒、生粉 3 克、花生油 600 克。

大马华人偏爱香口食物，所以会在这道菜里放入更多的五香粉和胡椒粉。不过他们不喜欢油腻，所以用油减少，以求得芋头扣肉肥而不腻的口感。

这款大马芋头扣肉深受欢迎，但也非一些媒体吹捧的那样接近"国菜"。因为大马是穆斯林国家，华裔只占 20%，这款美味只是大马华人圈中的明星菜肴。

脆皮烧鸭给大溪地带来烟火气息

　　粤菜走遍世界已经成为不争的事实。

　　法属波利尼西亚（国人称大溪地），是位于南太平洋的群岛之国，共由 118 个岛屿组成。这里民风淳朴，物产丰富，四季如春，被称为"最接近天堂的地方"。没想到，在这个人口只有 28 万的岛上也能轻易地找到粤菜的身影。

　　最常见的是源自广东的脆皮烧鸭。这道菜出自当地的广东客家移民之手，味道独特。早在 1865 年，岛上便有了第一批广东移民，其中以客家人为主。现今，广东移民人口已经占到当地人口的 10%。

　　大溪地没有食用鸭养殖场，当地政府也不允许食用野生水鸭子，所以脆皮烧鸭一律以从中国进口的冰鲜白鸭作

356

为主料。这也是为什么像烧鸭、烧鹅这类粤菜在最近几十年，中国与大溪地开启了航空运输以后才在当地出现。

从中国进口的鸭子通常已被充气，皮与肉充分分离。广东厨师把鸭的内脏掏干净以后，用以八角粉、沙姜粉、五香粉、糖和精盐炒香的料头涂匀鸭腔，缝好内腔以后再依次完成用滚水给鸭子定型、上脆皮水、风干，以及放入烤炉烧制等步骤。广东传统的脆皮烧鸭多用荔枝柴烧制，但大溪地政府觉得柴火和炭烧都难以避免其对环境造成污染，所以烧脆皮鸭都使用天然气烤炉。所谓"针无两头锋利"，顾了环境，不用炭火，难免会影响鸭子的风味。

脆皮烧鸭通常在刚出炉、新鲜滚热辣的时候吃味道最佳，皮也最脆。

在大溪地，有的广东厨师会把鸭回炉 10 分钟以上让皮再次脆起来。有的粤菜师傅则会使用炸法，把烧至八成熟的油直接浇淋在鸭皮之上，使鸭皮变得更香更酥。

在广东，吃传统脆皮烧鸭会用酸梅酱作蘸料伴食。在大溪地，客家厨师们极少用酸梅酱，而是会研制出各种不同风味的酱汁，各施各法，像勾芡那样直接浇淋在脆皮烧鸭之上。故大溪地脆皮烧鸭的芡汁，有的吃起来像海鲜酱，有的则是柱侯酱来点花生酱再加点蚝油的味道。当地没有生产广东酱料的工厂，所有酱料都是从中国进口的。

祖籍为深圳龙岗村的客家移民巧妮介绍说，大溪地当地人喜欢吃鸭皮和肉都比较软一点的烧鸭，淋了芡汁的鸭皮既酥又软，容易入口，口感更加讨喜。巧妮在大溪地茉莉雅岛上开设的粤菜馆金湖酒家算是当地粤菜名店，出品各类广式烧腊和粤式点心，得到包括大溪地副总督在内的多位政要及名人捧场。

在大溪地想吃广东脆皮烧鸭，除了选择客家移民开办的粤菜馆，还可选择当地人开设的早集市以及开在夜晚露天停车场的"大排档车"（food truck）。客家移民经营的"大排档车"将一部"van 仔"厢车改造成厨房，售卖粤菜。有人说，广东脆皮烧鸭让这个如仙境般的南太平洋岛国增添了熟悉的烟火气息。

参考文献

安德鲁·科伊，2016. 来份杂碎：中餐在美国的文化史 [M]. 北京：北京时代华文书局 .

Bhaikov，1935. 在日本的中国人 [J]. 南风（3）：23-24.

曹聚仁，2000. 上海春秋 [M]. 北京：生活·读书·新知三联书店 .

陈刚父，1933. 闽粤人眼中所见的华侨 [J]. 南洋情报（6）：298-301.

陈以益，1932. 馄饨与云吞 [J]. 珊瑚（9）：1-3.

储安平，2013. 欧行杂记 [M]. 北京：海豚出版社 .

房学嘉，2006. 客家民俗 [M]. 广州：华南理工大学出版社 .

龚伯洪，1999. 广府文化源流 [M]. 广州：广东高等教育出版社 .

龚伯洪，2013. 百年老店 [M]. 广州：广东科技出版社 .

广东省立中山图书馆，2012. 旧报新闻：清末民初画报中的广东 [M]. 广州：岭南美术出版社 .

广东省政协文史资料研究委员会，1987. 广东风情录 [M]. 广州：广东人民出版社 .

广州市地方志编委会办公室，1989. 广州著名老字号（续集）[M]. 广州：广州出版社 .

广州市工商业联合会，1990. 食在广州史话 [M]. 广州：广东人民出版社 .

广州市民间文学三套集成编委会，广州市民间文艺家协会，1998. 广州话熟语大观 [M]. 北京：中国文
    联出版公司 .

何世晃，2018. 何世晃经典粤点技法 [M]. 广州：广东科技出版社 .

呼特，2009. 厂州番鬼录，旧中国杂记 [M]. 冯树铁，沈正邦，译 . 广州：广东人民出版社 .

华五，1936. 伦敦素描·中国饭馆 [J]. 宇宙风（9）：459-461.

黄振华，2020. 黄振华经典粤菜技法 [M]. 广州：广东科技出版社 .

季羡林，2009. 留德十年 [M]. 北京：外语教学与研究出版社 .

季羡林，2014. 季羡林日记：留德岁月（六卷）[M]. 南昌：江西人民出版社 .

江亢虎，1922. 荷兰五日记 [J]. 东方杂志（13）：100-102.

江献珠，2010. 钟鸣鼎食之家 [M]. 广州：广东教育出版社 .

黎章春，2008. 客家饮食文化研究 [M]. 哈尔滨：黑龙江人民出版社 .

李明欢，2002. 欧洲华侨华人史 [M]. 北京：中国华侨出版社 .

李权时，顾涧清，2013. 广府文化论 [M]. 广州：广州出版社 .

李一氓，1998. 存在集续编 [M]. 北京：生活·读书·新知三联书店 .

李育中，邓光礼，林维纯，等，1991. 广东新语注 [M]. 广州：广东人民出版社 .

粒粒香，2013. 粤菜传奇 [M]. 广州：广东科技出版社 .

梁启超，1916. 新大陆游记 [M]. 上海：上海商务印书馆 .

廖锡祥，2015. 顺德原生美食：上 [M]. 广州：广东科技出版社 .

林乃燊，冼剑民，2010. 岭南饮食文化 [M]. 广州：广东高等教育出版社 .

刘海铭，2010. 炒杂碎：美国餐饮史中的华裔文化 [J]. 华侨华人历史研究（1）：1-15.

刘权，2002. 广东华人华侨史 [M]. 广州：广东人民出版社 .

刘硕，费腩明，李健明，等，2016. 寻味顺德 2：匠心独运 [M]. 广州：广东科技出版社 .

刘硕甫，1937. 谈信丰鸡 [J]. 家庭（2）：32.

潘英俊，2017. 粤厨宝典·候镬篇 [M]. 广州：广东科技出版社 .

钱德培，2016. 欧游随笔 [M]. 长沙：岳麓书社 .

秋容，1942. 食在广州？食在上海 [J]. 大众（1）：112.

饶原生，2014. 靠山吃山 [M]. 广州：广东科技出版社 .

施晓燕，2019. 鲁迅在上海的居住与饮食 [M]. 上海：上海书店出版社 .

舒湮，1947. 吃的废话 [J]. 论语半月刊（132）：42-44.

司徒尚纪，1993. 广东文化地理 [M]. 广州：广东人民出版社 .

宋钻友，2007. 广东人在上海 [M]. 上海：上海人民出版社 .

孙中山，2007. 建国方略 [M]. 广州：广东人民出版社 .

唐家宁，凌云，张新铭，2006. 上海饮食服务业志 [M]. 上海：上海社会科学院出版社 .

唐鲁孙，2004. 天下味 [M]. 桂林：广西师范大学出版社 .

汪大渊，1981. 岛夷志略 [M]. 北京：中华书局 .

王韬，2000. 漫游随录 [M]. 北京：社会科学文献出版社 .

冼剑民，周智武，2013. 中国饮食文化史 . 东南地区卷 [M]. 北京：中国轻工业出版社 .

肖文清，2000. 中国正宗潮菜（四）：甜品菜肴类 [M]. 广州：广东科技出版社 .

徐珂，1997. 康居笔记汇函 [M]. 太原：山西古籍出版社 .

许道明，1996. 深夜漫步：林微音集 [M]. 上海：汉语大词典出版社 .

扬眉，2019. 满汉全席 · 东巡 [M]. 北京：中国致公出版社 .

姚学正，2014. 粤菜之味 [M]. 广州：广东科技出版社 .

叶春生，施爱东，2010. 广东民俗大典 [M]. 广州：广东高等教育出版社 .

叶曙明，1999. 广州旧事 [M]. 广州：南方日报出版社 .

佚名，1939. 海外之粤菜馆 [J]. 健康生活（2）：41.

约翰 · 安东尼 · 乔治 · 罗伯茨，2008. 东食西渐：西方人眼中的中国饮食文化 [M]. 北京：当代中国
    出版社 .

曾远波，2011. 客家菜 [M]. 成都：成都时代出版社 .

张德彝，1985. 航海述奇 [M]. 长沙：岳麓书社 .

张德彝，1986. 随使英俄记 [M]. 长沙：岳麓书社 .

张新民，2011. 潮菜天下：上 [M]. 广州：中山大学出版社 .

张新民，2011. 潮菜天下：下 [M]. 广州：中山大学出版社 .

张新民，2012. 潮汕味道 [M]. 广州：暨南大学出版社 .

张亦庵，1943. 食在广州乎？食在广州也 [J]. 新都周刊（2）：14.

张亦庵，1943. 谈鸡 [J]. 新都周刊（9）：171.

张亦庵，1943. 谈鸡 [J]. 新都周刊（10）：191.

钟宝炎，1947. 美国的中国菜馆 [J]. 艺文画报（5）：15.

周松芳，2011. 岭南饕餮 [M]. 广州：南方日报出版社 .

周松芳，2013. 民国味道 [M]. 广州：南方日报出版社 .

周松芳，2015. 广东味道 [M]. 广州：花城出版社 .

周松芳，2017. 岭南饮食随谈 [M]. 广州：广东人民出版社 .

周松芳，2019. 岭南饮食文化 [M]. 广州：广东人民出版社 .

周松芳，2020. 海派粤菜与海外粤菜 [M]. 广州：广东人民出版社 .

周松芳，2020. 饮食西游记 [M]. 北京：生活 · 读书 · 新知三联书店 .

朱彪初，1994. 潮州菜谱：增订本 [M]. 广州：广东科技出版社 .

朱振藩，2006. 食家列传 [M]. 长沙：岳麓书社 .

邹韬奋，1987. 萍踪寄语 · 英国的华侨 [M]. 北京：生活 · 读书 · 新知三联书店 .

参考文献

后记

广东省"粤菜师傅"工程丛书之《中国粤菜故事》在广东省人力资源和社会保障厅的指导下,由广东省职业技术教研室组织专家编撰。《中国粤菜故事》在编撰过程中得到广东省人力资源和社会保障厅办公室、宣传处、规划处、财务处、职业能力建设处、技工教育管理处,以及广东省职业技能服务指导中心、广东省职业训练局的指导和支持。

《中国粤菜故事》立足粤菜文化研究,通过讲好粤菜故事,弘扬岭南饮食文化,努力提升粤菜在全国、在海外的影响力。全书共收录130个经典粤菜故事,每个故事都力求从历史、民俗、食材、技法、名店名厨等方面挖掘粤菜文化内涵,突出历史性、人文性和粤菜之鲜。

《中国粤菜故事》采用融媒体形式出版,在纸质图书中融入大量的视频链接和精美图片。全书结合"敢为人先"的广东精神,介绍粤菜名菜、名点、名店、名厨,岭南特色食材等,配套手绘图、民俗民风图和菜品图300余张,链接视频60个,纪录片30分钟。全方位呈现岭南饮食文化魅力,让读者能够立体化了解粤食之美!

为精准、细腻地体现岭南饮食文化的独特魅力,《中国粤菜故事》编撰团队由广东烹饪行业领军人物、岭南民俗研究专家、粤菜研究专家、著名美食评论家、美食博主、外交官看"一带一路"电视节目主持人等专家学者组成。他们各自挖掘自身经验，通过收集历史资料，研究广府菜、客家菜、潮州菜的发展成果，采风粤港澳大湾区粤菜名店、民间食坊，访问粤菜名厨、潮流人物、海外代表和部分国家驻广州大使馆总领事等，搜集写作材料和数据，博众家之长将《中国粤菜故事》编撰成书。在讲好粤菜故事，传播粤菜文化的同时，为广东省推进"粤菜师傅"工程高质量发展添加了浓墨重彩的一笔。

《中国粤菜故事》由广东科技出版社出版发行，融媒体视频由广东卫视《老广的味道》节目组制作。在编撰过程中得到广东省烹饪协会等单位和个人的大力支持！

在此，一并向关心、支持《中国粤菜故事》编撰的各级领导、部门（单位）和参与编撰工作的专家和工作人员致以诚挚的感谢！

广东省职业技术教研室

2020 年 7 月

粤港澳大湾区美食地图

香港
1 港式奶茶
2 碗仔翅
3 避风塘炒蟹
4 龙虾刺身
5 东星斑

澳门
6 鲜蚝
7 葡国蛋挞

深圳
8 新安盆菜
9 福永乌头鱼
10 沙井鲜蚝
11 西乡基围虾
12 石岩沙梨
13 南山甜桃
14 南山牡蛎
15 南澳鲍鱼

惠州
16 惠州盐焗鸡
17 客家酿豆腐
18 梅菜扣肉
19 三黄胡须鸡
20 大笼糍
21 福田菜心
22 观音阁花生
23 龙门话梅
24 南昆山青梅酒
25 南昆山观音菜
26 龙门年橘

东莞
27 保安围扣肉
28 东莞腊肠
29 烧鹅濑粉
30 麻涌香蕉
31 糖不甩
32 白沙油鸭
33 冼沙鱼丸
34 龙舟饼
35 麦芽糖柚皮
36 东莞谢岗苏木红团

广州
37 增城挂绿荔枝
38 增城小楼镇迟菜心
39 增城丝苗米
40 增城乌榄
41 山水豆腐
42 小楼冬瓜
43 全牛宴
44 客家焗鹅
45 竹筒饭

46 流溪河娟鱼
47 流溪大鱼头
48 吕田炆大肉
49 荔枝
50 三华李
51 从化红柿
52 香叶乌鬃鹅
53 桂峰酿豆腐
54 泥焗走地鸡
55 紫苏炒山坑鱼
56 山坑螺
57 艾糍
58 烧鹅
59 白切鸡
60 乳猪
61 月饼
62 虾饺
63 八宝冬瓜盅
64 传统布拉肠
65 泮塘马蹄糕

66 荷香糯米鸡
67 传统沙河粉
68 鲜虾云吞面
69 荔湾艇仔粥
70 乌鬃鹅
71 清远鸡

肇庆
72 肇庆裹蒸粽
73 鼎湖上素
74 文庆鲤
75 麦溪鲩
76 汶朗蜜柚
77 高要霸王花
78 德庆贡柑
79 德庆广佛手
80 封开杏花鸡
81 肇实
82 四会沙糖橘
83 河口吕宋芒

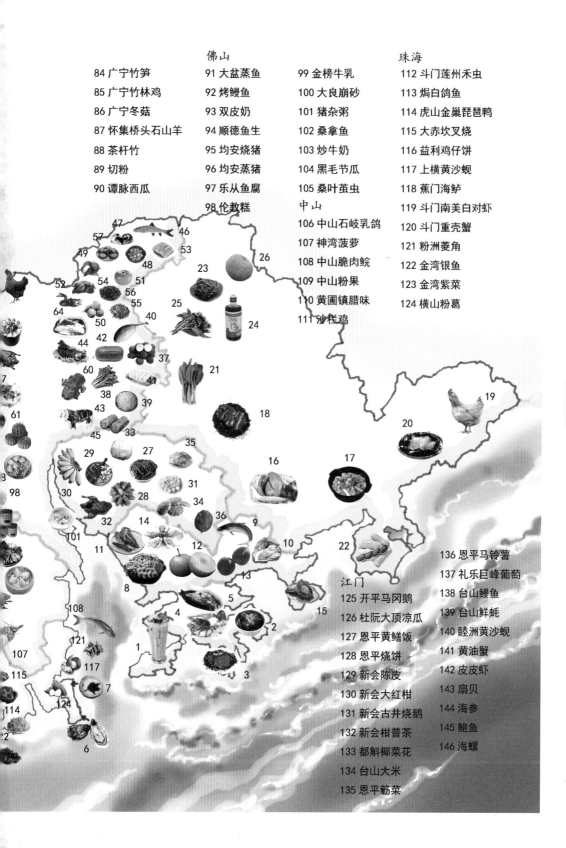

佛山

84 广宁竹笋
85 广宁竹林鸡
86 广宁冬菇
87 怀集桥头石山羊
88 茶杆竹
89 切粉
90 谭脉西瓜

91 大盆蒸鱼
92 烤鳗鱼
93 双皮奶
94 顺德鱼生
95 均安烧猪
96 均安蒸猪
97 乐从鱼腐
98 伦教糕

99 金榜牛乳
100 大良崩砂
101 猪杂粥
102 桑拿鱼
103 炒牛奶
104 黑毛节瓜
105 桑叶蚕虫

中山

106 中山石岐乳鸽
107 神湾菠萝
108 中山脆肉鲩
109 中山粉果
110 黄圃镇腊味
111 沙栏鸡

珠海

112 斗门莲州禾虫
113 焗白鸽鱼
114 虎山金巢琵琶鸭
115 大赤坎叉烧
116 益利鸡仔饼
117 上横黄沙蚬
118 蕉门海鲈
119 斗门南美白对虾
120 斗门重壳蟹
121 粉洲菱角
122 金湾银鱼
123 金湾紫菜
124 横山粉葛

363

江门

125 开平马冈鹅
126 杜阮大顶凉瓜
127 恩平黄鳝饭
128 恩平烧饼
129 新会陈皮
130 新会大红柑
131 新会古井烧鹅
132 新会柑普茶
133 都斛椰菜花
134 台山大米
135 恩平簕菜

136 恩平马铃薯
137 礼乐巨峰葡萄
138 台山鳗鱼
139 台山鲜蚝
140 睦洲黄沙蚬
141 黄油蟹
142 皮皮虾
143 扇贝
144 海参
145 鲍鱼
146 海螺